결국
해내는 아이는
정서 지능이
다릅니다

결국
해내는 아이는
정서 지능이
다릅니다

김소연 지음

지금 전 세계가 주목하는
새로운 사회정서 교육법

whale books

정서 지능이 높은 아이는
주체적으로 행복을 설계한다

한 김밥집 사장님이 식당 운영 자동화를 위해 김밥말이 기계에 천만 원이 넘는 금액을 투자했다는 기사를 접했습니다. 기술이 발전함에 따라 세상에 필요한 인력에 변화가 생기는 것은 당연한 수순인데요. 실제로 '로봇 변호사'라 불리는 두낫페이DoNotPay 서비스의 유료 사용자는 이미 15만 명을 돌파했고 빅 데이터를 분석해 치료법을 조언해 주는 '의료 로봇'의 상용화도 시간 문제일 뿐이라는 의견이 나오고 있습니다. 이처럼 당장 눈앞 십 년 뒤의 사회를 예측하는 것이 어려울 정도로 변화가 잦은 요즘 세상에는 과거의 선행 학습과 같은 지식 축적이 더 이상 큰 메리트를 갖지 못합니다. 따라서 지금 아이를 키우는 부모라면 대체불가능 토큰NFT 시대를 살아갈 우리 아이가 진짜 '대체 불가능한 존재'로 남게 해줄 교육이 무엇인지 다시 생각해 보아야 합니다.

 "열심히 공부하면 성공이 따른다"라는 말을 듣고 자란 이전 세대의 부모들에게 정서 지능은 성적이나 학벌을 향해가는 과정에 부수적으로 챙기면 좋을 선택의 영역으로 여겨져 왔습니다. 하지만 이와 같은 교육을 받고 자란 부모들 중에는 그토록 원하던 직업을 그만두고 나서야 진정한 행복을 찾았다고 말하는 이가 유독 많습니다. 학벌이나 돈, 명예와 같은 외적인 성취를 이루었더라도 비인지적 역량이 뒷받침되지 않은 상태로는 삶에 만족감을 느끼기가 쉽지 않기 때문입니다. 뛰어난 뇌가 항상 단단한 마음을 보장해 주는 것은 아니지만 신기하게도 정서적으로 안정된 아이들은 대게 훌륭한 '공부력' 또한 갖추고 있습니다. 감정적 자극을 잘 처리하는 능력을 지닌 아이들은 환경이나 조건 같은 외부적 요소에도 쉽게 흔들리지 않아 묵묵히 목표를 향해 나아가는 내면의 힘을 갖고 있기 때문인데요. 어려운 문제를 풀어나가며 얻게 되는 성취감과 도전 정신 같은 비인지적 역량을 통해 학업 자신감을 얻게 되니 공부 정서도 부족함이 없습니다. 결국, 단단한 마음 근육을 길러주려는 부모의 노력이야말로 일찍이 자신이 원하는 것을 인지하고 몰입하는 주체적인 아이를 만들어냅니다.

 아이의 정서를 살피고 마음의 근력을 키워주는 것은 미래에 필요한 인재를 키워내는 것, 그 이상의 의미를 갖습니다. 잘난 사람들이 가득 한 세상 속에서 우리 아이들은 빠르면 유치원 시기부터 '나보다 뛰어난 친구'를 만나는 운명에 놓이는데요. 문제는 정서 지능이 부족한 아이들은 이런 상황에서 자신의 장점을 제대로 찾는 경험을 해보지도 못한 채 타인과 자신을 견주는 구렁텅이에 빠지게 되기 쉽다는 점입니다. 이는 곧 '내'가 아닌 '남', 그리고 더 나아가서는 사회의 기준만을 쫓는 현상으로 이어지기 때문에 무엇을 해도 자신을 부족하다 여기는 부정적 사고 회로가 돌아가기 시작합니다. 반면 자신을 알아가고 아껴주는 법을 배우는 아이는 '남'보다 '나'를 살피는 데 집중합니다. 따라서 주체적인 삶의 행복을 설계해 나가는 힘은 단단한 자아를 키우는 것에서 출발한다고 볼 수 있는데요. 바로 아이의 자존감을 싹트게 하는 교육, 그리고 그 위에 자신만큼이나 타인을 귀하게 여기는 존중과 공감 같은 가치를 덧붙여 주는 것이 바로 마음 교육인 '사회정서학습'의 핵심입니다.

처음 미국 영재 초등학교에서 교사로서 사회정서교육을 접했을 때 느꼈던 설렘을 잊을 수 없습니다. 동시에 내가 어릴 때 이런 교육을 받았더라면 '나에게 중요한 인생의 가치는 무엇인가' 고민하며 보내온 시간이 조금 덜 아프지 않았을까 아쉬움 또한 느꼈습니다. 그렇게 이 책은 아이들만큼은 부모 세대처럼 이삼 십대에 들어서야 자신을 찾는 여정을 시작하지 않기를, 길을 잃은 적이 없어 길을 찾을 필요가 없기를 바라는 마음에서 시작되었습니다.

한 가지 강조하고 싶은 점은 이 책이 '미국식 사회정서학습'이 정답이라는 의도를 지니고 있지는 않다는 것입니다. 물론 미국 교실과 가정에서 시행하는 교육 이야기를 담고 있지만, 특정 제도를 칭송한다기보다는 아이들의 마음 교육에 주력해 온 국가의 사례들을 소개하기 위한 목적을 가지고 있습니다. 그 행보를 인지하는 것이 우리 가정에 필요한 교육 방향성을 설정하는 데 값진 재료가 될 것이라는 믿음으로 마음의 짐을 덜어낸 채 글을 완성했습니다.

크게 네 장으로 나누어진 본 책은 미국 교육이 어째서 사회정서학습을 '행복을 보장하는 유일한 교육'으로 바라보는지 그 유래와 정의를 소개하는 것으로 시작합니다. 이어서 아이의 중심이 되는 정서 교육, 마음의 주인이 될 수 있게 돕는 감정 교육, 그리고 마지막으로 타인과 관계를 형성하고 유지할 수 있게 해주는 사회성 교육을 다루고있는데요. 해당 가치를 아이에게 전하기 위해 부모가 생각해 보아야할 이론과 실전에 도움이 되는 활동들을 고루 담아내려 했습니다.

이를 단번에 실천하려 하기보다는 아이의 감정을 귀히 여기는 부모의 자세를 알아가는 데 가장 큰 비중을 두길 바라는 마음입니다. 내아이와 마주하는 시간을 어떻게 보낼 것인지, 그 가장 중요한 가치를세운 뒤 다시 책을 펼치고 다양한 적용 사례를 꺼내 보는 것을 추천합니다.

아직 한국에 많이 알려지지 않은 '사회정서학습'을 소개하지만 마치 이것이 부모가 짊어지고 가야 할 또 다른 숙제로 받아들이지 않았으면 하는 마음입니다. 책을 쓰는 동안 저희 가정에도 여러 번의 '소용돌이'가 몰아쳤습니다. 다행히도 대부분 날에는 책이 담고 있는 마음 다스리기 전략들을 사용하는 데 성공했지만, 그렇지 못하고 마음이 폭발하는 날이면 과연 내가 이 주제를 다룰 자격이 있는 사람인가 마음이 무거워지기도 했습니다. 교사가 아닌 엄마로서 아이를 만나는 것은 전혀 다른 일이기 때문에 책의 모든 내용을 완벽하게 실천하는 것은 어려웠습니다. 하지만 이런 죄책감이 찾아올 때마다 계속해서 되뇌인 것은 바로 정서 지능이 선택 사항으로 여겨지던 시대를 살아온 부모에게 사회정서학습이 낯설게 느껴지는 것은 너무나 당연한 일이라는 점이었습니다. 이 사실을 받아들이자 나를 탓하는 마음 대신 앞으로 실천해 나가야 할 것들에 초점을 맞추기 시작했습니다. 그래서 저는 이 책을 읽는 모든 양육자에게 부디 사회정서학습을 알아가는 동안, 자신에게 상냥함을 잃지 않기를 부탁드립니다. 내가 배운 그대로를 대물려주는 대신, 어려워도 옳다고 믿는 길을 개척해 나가려는 마음 자체가 이미 아이의 정서 돌봄을 중심에 두었다는 신호이기 때문입니다.

"자신에게 다정한 아이, 자신을 돌보는 아이는 반드시 주체적으로 행복을 찾는다"라는 저의 믿음을 글로 적어낼 수 있게 도와준 웨일북 이소영 편집장과 김효단 에디터에게 진심으로 감사합니다. 유독 마음의 파도가 잦던 저에게 나를 알아가는 삶을 만나게 해준 엄마 아빠, 그리고 온전한 나를 찾을 수 있도록 가정의 중심이 되어주는 나의 서윤에게 사랑을 전합니다. 따뜻하고 맑은 D가 앞으로도 자신의 안부를 살뜰히 살피는 삶을 살기를, 똑똑한 인재보다 행복한 사람으로 성장하기를 바라는 엄마의 사랑과 소망을 담았습니다. 이 책을 읽고 여러분의 마음에도 제가 처음 사회정서학습을 접하고 느꼈던 설렘이 전해지길, 그래서 우리 아이들의 마음 성장을 이뤄주는 계기가 되기를 바라봅니다.

차례

CHAPTER 1

미국 영재들은 정서 교육을 받습니다

CHAPTER 2

정서 교육 : 자아가 탄탄한 아이로 키우기

CHAPTER 3

감정 교육 : 자기 마음을 아는 아이로 키우기

CHAPTER 4

관계 교육 : 함께 사는 세상, 사회성 좋은 아이로 키우기

CHAPTER 1

미국 영재들은
정서 교육을 받습니다

주도적 행복을 보장하는
유일한 교육

영재도 자살을 생각합니다. 미국 영재 초등학교 담임 교사로 부임한 지 얼마 안 되어 목격한 이 일은 저에게 큰 충격으로 남아 있습니다. 첫째로는 고작 열 살 남짓한 아이에게 무엇이 그리 힘들었는지, 그리고 둘째로는 이것이 촉망받는 아이들이 모여 있다는 영재학교에서 일어난 일이라는 사실에 놀라움을 넘은 두려움을 느꼈습니다.

학교생활이 시작되면 저마다의 환경과 경험을 가진 아이들이 적게는 스무 명, 많게는 서른 명 정도가 교실에 모여 관계를 맺게 됩니다. 새로운 경험을 통해 가족 구성원으로 형성해 온 자아를 확장하는 이 시기는 바로 우리 아이들의 사회생활 첫 관문입니다. 이때의 긍정적인 경험이 중고등 시기를 거쳐 성인이 되었을 때 갖추어야 할 인지적 사회적 기술의 바탕이 된다는 것을 감안하면, 슬기로운 초등생활 그리고 이를 준비하는 학령전기는 삶을 바꾸기에 충분한 시간이라 표현할 수도 있겠습니다.

자녀를 채 품에 안기도 전에 산 육아서를 시작으로 최적의 환경 조성을 위해 애쓰던 부모는 초등학교 입학 시기가 다가오면 단일적으로 내 아이만을 바라보던 시선이 확장되는 새로운 경험을 만나게 됩니다. 혹시 부모로서 마땅히 준비해야 할 것들을 챙기지 못해 아이에게 불편함을 주지는 않을까 하는 마음에 자꾸만 검색 창을 열게 되는데요. 실제로 인터넷 검색 창에 "초등 입학 준비"라는 키워드를 검색해 보면 특목고 입학 요강에 기반을 둔 초등 시기 공부 로드맵과 과목별 꼭 사야 한다는 문제집, 그리고 초등 필독서 전집 리스트를 쉽게 찾아볼 수 있습니다. 이는 마치 잘 알지 못하는 미지의 세계에 발을 딛기 전, 이곳을 수백 번도 더 방문했다던 투어 그룹의 '안심 배낭'을 얻은 것처럼 미래에 발생할 문제를 단번에 해결할 비책으로 느껴집니다. 하지만 공부의 정석을 따르더라도 우리 아이 모두가 하버드 대학교에 갈 정도로 학업에 재능을 지니지 않았을지도 모른다는 점, 그리고 설사 그곳에 입학하더라도 하버드대가 삶의 행복을 전적으로 보장해 주는 것은 아니라는 점을 고민해 봐야 합니다. 많은 부모가 '성공 노선'으로 여기는 길 위에서도 불행한 아이들은 분명 존재하기 때문입니다. 그렇다면 공부를 잘하건 못하건, 인기가 많건 적건, 자신이 처한 상황이나 환경을 막론하고 주도적인 행복을 찾는 힘은 어디에서 비롯될까요?

진정 인생 자체를 누리는 법을 가르치기 위해서는 무엇보다 아이가 자신의 내면에 집중하고 그 안에서 스스로 행복을 찾도록 이끌어 주는 지혜가 필요합니다. 하지만 아이가 느끼는 감정과 생각보다 학업을 중요하게 여기는 사회적 환경은 아이들에게 자기 자신보다 사회가 인정하는 가치를 우선시하도록 지속적인 메시지를 보내는데요.

"쓸데없는 생각 그만하고 공부해야지!"
"마음 약한 소리 할 동안 문제를 풀었으면 벌써 끝났겠다."

어린 시절 우리가 많이 들었던 이야기, 그리고 어쩌면 내 아이에게 대물려 주고 있는 이런 표현들은 마치 감정을 갖는 것은 삶에 방해가 되는, 나약한 이들의 전유물이라는 생각까지 불러일으킵니다. 다행히 마음을 건강하게 표현하지 못했을 때 오는 꺼림칙함을 몸소 겪어온 요즘 세대 양육자들은 내 아이만큼은 '번아웃'을 겪은 뒤에야 뒤늦게 '갓생 살기'를 다짐한 자신과는 다른 길을 걷기를 바라는 마음을 품는 경우가 많습니다. 하지만 아이의 정서를 살피는 양육 방식을 지향하더라도 직접 배우지 못한 바를 체계적으로 가르친다는 것은 매우 어렵고 부담스러운 일입니다.

미국을 비롯해 캐나다, 영국, 호주, 싱가포르 등 다양한 교육 선진국에서는 감정 교육이 부재했던 기존 세대의 '마음의 병' 굴레를 깨기 위한 해결책으로 사회정서학습SEL, social emotional learning을 꼽습니다. 아이들에게 자신의 감정을 묻어두길 요구하기보다 이를 제대로 파악하고 표현하는 법을 가르치는 것을 시작으로 타인과의 관계 형성까지 지도하는 체계적인 교육과정을 연구해 온 것인데요. 이는 아이들의 학업 스트레스와 공부 정서에도 긍정적인 영향을 끼칠 뿐만 아니라 입시나 취업 등의 성공 여부에 구애받지 않는, 진정한 삶의 행복을 보장해 주는 교육이라는 점에서 세계적으로 높은 가치를 인정받고 있습니다.

사회정서교육이
도대체 무엇일까?

사랑스러운 아이를 처음 품에 안았던 날을 떠올려보세요. 솜털같이 가볍고 말랑한 아이를 바라보며 건강하게 자라주었으면 하는 바람 외에 또 어떤 모습을 꿈꾸었나요? 똑똑한 아이, 심성이 착한 아이, 성실한 아이…. 우리가 그렸던 이상적인 모습에는 조금씩 차이가 있을지 몰라도 그 속에는 분명 모두 아이의 행복이 들어 있을 것이라 생각합니다. 그런 점에서 '사회정서학습'은 아직 국내에서 많이 사용되는 표현은 아니지만 모든 부모가 아이를 위해 바라는 바를 담고 있는, 우리에게 아주 낯설지만은 않은 교육입니다.

1994년 설립된 이래 사회정서교육을 널리 알리는 데 크게 기여해 온 미국의 학업 및 사회정서 협회CASEL, Collaborative for Academic, Social, and Emotional Learning는 사회정서학습을 "어린이와 성인이 건강한 자아를 만들고, 감정을 관리해 긍정적인 목표를 설정하고 달성하게 하는 동시에 타인에게 공감하고 건강한 관계를 형성하고 유지하며 책임감 있는 결정들을 내리기 위한 지식과 기술, 그리고 태도를 습득하는 과정"이라 정의합니다. 이 다소 길고 복잡한 정의를 풀어보자면, 사회정서학습은 다음과 같습니다.

- 개인의 성격이나 관심사, 가치관 등의 형성을 도모하는 교육
- 나와 타인의 감정을 인지해 충동적인 감정 조절을 돕는 교육
- 타인의 상황에 공감하는 것을 도와 갈등 해결을 가능케 하는 교육
- 사회적 규범에 부합하는 결정능력을 키워주는 교육

즉 사회정서학습은 우리 삶에 꼭 필요한 다양한 가치를 포괄적으로 지도한다고 볼 수 있습니다. 일정 나이가 되면 아이들은 사회를 구성하는 다양한 규칙을 만납니다. 일반적으로는 아이가 만나는 사회의 폭이 넓어질수록, 접하게 되는 규칙의 종류와 형태 또한 자연스레 더욱 복잡해집니다. 양육자의 온전한 관심을 받으며 '나의 욕구를 채우는 것'에만 주력하던 아이에게 유치원 생활은 함께하는 법이라는 새로운 미션을 부여받는 것과 같기 때문입니다. 선생님이 말씀하실 때는 하고 싶은 일을 잠시 미뤄둔 채 귀를 활짝 열고 조용히 경청해야 한다는 규칙을 배우고, 친구들과 함께 쓰는 교실에서는 개인 공간을 존중해야 하는 것이 대표적인 예시인데요. 이와 같은 공동체 수칙

들은 간단해 보이지만 생각보다 높은 사회정서 역량을 요구하는 경우가 많습니다. 자신의 신체가 어느 정도의 공간을 차지하는지 인지하고 적절한 범위 내에서 움직이는 것은 자기 인식과 조절 능력 없이 어려운 일입니다. 친구들과 자유롭게 노는 시간에도 또래 교류는 끊임없이 이뤄진다는 점 또한 주목해야 합니다. 놀이를 하다 보면 경쟁에서 지게 되거나 함께 놀던 친구가 다른 놀이를 한다며 자리를 뜨는 실망감을 맛보게 되기도 하는지라 관계 형성과 유지 방법을 알지 못하는 아이는 학교생활 곳곳에서 잦은 막막함을 느낄 가능성이 크기 때문입니다.

"친구랑 사이좋게 지내야지."
"자신감 있게 발표해 봐."
"찡찡거리지 말고 예쁘게 말해야지."

문제는 안타까운 마음에 아이에게 건네는 부모의 대부분 말이 추상적인 요구를 담고 있는 경우가 많다는 점입니다. 물론 유독 사회성이 좋고 분위기를 잘 읽는 친구들 중 몇몇은 직접적인 지도 없이도 사회적 상황에 대처하는 데 뛰어난 능력을 보이기도 합니다. 하지만 보통의 아이들은 이런 명확하지 않은 지시 사항을 이해하는 데 어려움을 느끼기 쉬운데요. 특히 일상생활에서 자신의 마음을 조절하고 타인과 관계를 맺는 것을 어려워하는 아이일수록 더 체계적인 도움이 필요합니다. 다양한 단어를 접하고 사용해 본 경험이 아이의 탄탄한 어휘력을 쌓아주듯 사회정서적 역량 또한 단계별 연습이 필요한데요. 우리는 유독 아이들의 정서 혹은 사회성 발달은 저절로 이루어진다고 생각하는 경향이 있습니다. 하지만 "사이 좋게 지내라"고 말하기 전에 '사이 좋은 행동'이 무엇이고 '예쁜 말'은 무엇인지 탄탄한 개념을 세워주는 것, 또 자신감 있는 모습을 나타내는 표정이나 태도, 목소리 톤 등 비언어적인 표현력을 키워주는 것처럼 단계별 개입이 전제되지 않는다면 이는 제대로 된 사회정서적 배움의 과정이라 보기 어렵습니다.

소년원을 비롯해 다양한 환경에서 소위 다루기 어려운 아이들을 만나온 아동심리학자 로스 그린은 저서 《Explosive Child(폭발하는 아이들)》에서 "아이들은 할 수 있는 일은 잘 한다"라는 말을 남긴 것으로 유명합니다. 그린은 우리가 흔히 불량하다고 부르는 아이들의 문제 행동은 그들이 게으르고, 관심을 갈구하고 싶어서, 혹은 본성이 나쁜 아이여서가 아니라 '잘 행동하는 법'을 아직 습득하지 못했기 때문이라고 말합니다. 이는 교육을 통해 아이들의 감정 조절과 문제 해결 능력과 같은 비인지적 역량을 키워준다면, 바람직한 행동은 저절로 따라온다는 것을 뜻하기도 하는데요. 최고의 훈육은 예방이라는 말처럼 아이가 자신의 내면과 친해지도록 도우려면 아이의 마음 돌보기를 시작해야 합니다.

사회정서학습 다섯 가지 핵심 역량

가정에서 사회정서학습을 실행하기 위해서는 먼저 이를 이루는 다섯 가지 핵심 영역을 제대로 알아야 합니다. CASEL은 사회정서학습을 자기 인식, 자기 관리, 사회적 인식, 관계 형성과 유지, 그리고 책임감 있는 결정, 이렇게 총 다섯 가지 핵심 역량으로 구분하며 이를 균형 있게 교육하는 것에 대한 중요성을 특히 강조하는데요.

여기에서 '자기 인식'은 자신의 감정과 생각, 문화와 가치관 등을 이해하고 이것들이 행동에 미치는 영향에 대해서 파악하는 능력을 말합니다. 자기 인식이 강한 아이들은 자신의 장단점을 잘 파악하기 때문에 특정 분야에 자신감을 갖고 도전한다든지, 개선해야 할 보완점을 찾아가는 등 삶의 목적을 설정하는 데 탁월한 모습을 보입니다. 따라서 우리가 흔히 진취적이고 주도적이라고 표현하는 아이들을 잘 살펴보면 튼튼한 자기 인식 능력을 갖추고 있는 경우가 많습니다. 이는 중요한 결단을 내려야 하는 상황에서도 '나는 어떤 사람인가', '나에게 중요한 것은 무엇인가'를 생각하게 해주는 능력이기 때문에 충동적인 결정을 내릴 가능성 또한 줄여줍니다.

'자기 관리'는 다양한 상황 혹은 목적에 맞춰 감정과 생각, 가치관을 적절하게 대처하는 능력을 이야기합니다. 내가 언제 스트레스를 받는지 잘 알고 있는 아이는 이를 미연에 방지하기 위한 방법을 마련해 놓습니다. 만약 내가 약속 시간에 늦는 것에 큰 부담감을 느끼는 사람이라면 시간 차를 두고 알람을 여러 개 설정하는 것, 혹은 실천하기 어려운 일에 도전하는 중이라면 나에게 즐거움을 주는 일과를 적절하게 배치해 자신에게 보상을 주는 방법을 찾는 것이 이에 속합니다. 살다 보면 누구나 크고 작은 스트레스 요소를 마주하게 되기 때문에 이처럼 자신만의 규칙을 활용해 정서적인 안정을 도모하는 이 능력은 아이들에게 필요한 역량인데요. 시험 기간처럼 스트레스에 노출되는 상황이면 탄탄한 자기 관리 능력을 갖춘 아이들이 더욱 빛을 발합니다. 소위 강한 멘탈을 가진 아이들은 모두가 비슷하게 힘든 시기를 겪을 때도 좌절감에 머무르기보다는 강단 있고 현명하게 헤쳐 가는 방법을 찾기 때문입니다.

'사회적 인식'은 다양한 환경과 문화, 경험을 가진 타인의 관점을 이해하고 공감하는 능력을 바탕으로 두고 있습니다. 나와 생각이 다른 사람을 만나더라도 그들의 의도와 감정을 고려하려 노력하는 것은 사회적 인식이 바로 선 아이의 특징이라 볼 수 있는데요. 반대로 사회적 인식이 결여된 아이는 흔히 드라마에서 '비호감' 캐릭터로 그려지는, 똑똑하지만 자기밖에 모르는 사람과 같은 모습을 보입니다. 이는 그다지 큰 문제처럼 느껴지지 않을지 몰라도, 생각해 보면 외로움으로 향하는 지름길일 수 있는데요. "좋은 사람 곁에는 좋은 사람이 모인다"라는 말처럼 센스 있고 배려심 많은 아이에게는 긍정적인 관계를 맺을 기회 또한 풍부해지기 때문입니다.

'관계 형성과 유지' 능력은 표현 그대로 개인 혹은 집단의 일원들과 건강하고 긍정적인 관계를 형성하고 유지하는 역량을 이야기합니다. 매일같이 타인과 교류하며 살아가는 세상에서는 이와 같은 관계 형성과 유지 능력이 삶의 전반적인 만족도를 높이는 데 큰 기여를 하는데요. 나와 다른 의견을 가진 사람과도 집단 구성원으로서 평화롭게 차이를 조율해 나가는 소통 능력은 업무뿐만 아니라 관계 효율성 또한 높여줍니다. 따라서 유년기부터 가정에서 부모와 긍정적인 상호작용을 해온 아이는 사회에 나가서도 더 폭넓게 세상과 소통할 준비가 되어 있는 경우가 많습니다.

마지막으로 CASEL이 강조하는 '책임감 있는 결정'은 개인의 언행뿐만 아니라 사회적 상호 작용이 요구되는 상황에서 책임감 있는 선택을 하는 능력을 말합니다. 윤리적 도리와 사회적 통념을 따르고 최선을 다해 자신이 맡은 바를 마무리하는 마음가짐 등이 이에 속한다 볼 수 있는데요. 자신의 행동으로 인해 초래된 결과를 온전히 책임지고 실수에서 배움을 얻는 것이 대표적입니다.

사회정서학습의 다섯 가지 핵심 역량은 어느 한 가지 능력이 다른 능력을 전제한다기보다는 서로 밀접하게 얽혀 함께 성장합니다. 따라서 단기간에 어느 하나의 역량을 채워주는 데 집중하는 것으로는 진정한 사회정서적 안정감에 도달하기 어려울 뿐만 아니라, 지속적인 효과 또한 기대할 수 없는데요. 자신에 대해 잘 알고, 있는 그대로 자신을 수용할 줄 아는(자기 인지) 아이가 스스로를 더욱 사랑하고 존중하게 되는 것은 당연하며, 자신을 아끼는 마음이 감정 조율과 건강한 스트레스 해소로(자기 관리) 이어지는 것 또한 자연스러운 일입니다. 내 마음의 주인이 된 아이는 대인관계에서도 유연하게 대처하는 능력을 보이는데요(관계 형성과 유지). 그로 인해 파생되는 긍정적인 상호작용은 사회적 통념이라는 배경지식으로 축적되어(사회적 인식) 책임감 있는 결정을 내릴 수 있는 귀한 자원이 되기도 합니다(책임감 있는 결정). 반대로 이러한 과정들은 아이가 자신에 대한 긍정적인 인식을 강화하는 데도 도움이 되기 때문에 이 다섯 가지 핵심 역량은 서로 상생하는 관계입니다.

명시적, 암묵적, 융합적
지도법

그렇다면 사회정서학습의 다섯 가지 핵심 역량을 잘 기르기 위해서는 어떻게 접근해야 할까요? 현재 미국 내 사회정서학습을 대표하는 CASEL이 그 체제를 시각적으로 나타낸 캐슬 바퀴^{CASEL Framework} Wheel 그림을 보면 우리는 그 해답을 찾을 수 있습니다. 다음 페이지에 나오는 해당 그림은 원의 가장 중심에 사회정서학습의 다섯 가지 핵심 역량인 자기 인지, 자기 관리, 관계 형성과 유지, 사회적 인식 그리고 책임감 있는 결정이 자리하고 있는데요. 그와 동시에 이를 학급, 학교, 그리고 가정과 사회를 뜻하는 또 다른 네 개의 원으로 둘러 쌈으로써 진정한 사회정서적 학습은 여러 환경에서 동시 다발적으로 이루어질 때 가장 큰 시너지 효과를 기대할 수 있다는 점을 표현하고

있습니다. 아이들이 배우는 가치들이 단발성 교육에 머무르지 않기
위해서는 핵심 역량을 의미 있게 적용하고 다양한 시각으로 바라볼
기회가 필요하기 때문인데요. 이는 가장 효과적인 사회정서적 역량
의 발달은 명시적, 암묵적, 그리고 융합적 지도법이 함께 어우러져 교
육되었을 때 발생한다는 CASEL의 발표와도 일치합니다.

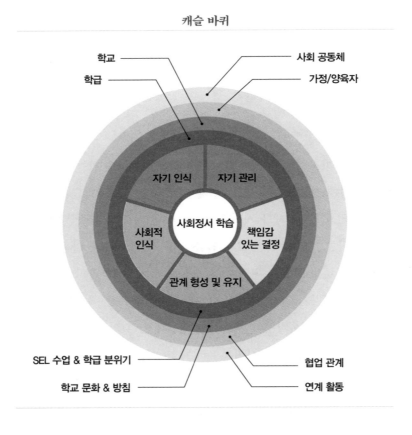

캐슬 바퀴

명시적 지도

CASEL이 권장하는 세 가지 지도법 중 첫 번째인 명시적 지도는 말 그대로 가르치고자 하는 내용을 대놓고 직접적으로 지도하는 방법을 이야기합니다. 어린아이들에게 수학을 가르치는 상황을 대입해 보자면 "오늘은 덧셈을 배울 거야. 덧셈은 두 가지 이상의 숫자를 더한다는 뜻이야"처럼 학습 목표를 직설적으로 전달하고 그 정의와 방법 등을 교육하는 모습을 떠올릴 수 있는데요. 사회정서적 교육의 경우 감정을 설명하는 단어 배우기, 친구와 화해하는 대화법과 같은 전략적 기술들을 개별적으로 교육하는 것이 바로 명시적 지도의 예시라 볼 수 있습니다.

명시적 지도의 가장 큰 장점은 사회적 경계에 부합하는 행동을 더 확실하고 직접적으로 배울 수 있다는 점인데요. "화가 날 때는 몸으로 쿵쾅거리는 소리를 내고 싶을 수 있지만, 그래도 네 몸과 주위의 안전을 위해서 마구 발길질을 해서는 안 돼"와 같은 직설적인 설명은 적절한 경계를 제시하는 데 탁월한 효과를 보입니다. "엄마가 지금 우는 건 슬퍼서 우는 것이 아니라 기뻐서 눈물이 나는 거야. 가끔은 이렇게 너무 행복할 때도 눈물이 난단다. 사람들을 이런 기분을 감동이라는 이름으로 불러"와 같이 감정을 나타내는 어휘의 명시적 지도는 아이들이 자신의 마음을 제대로 파악하고 전달하게 해줍니다. 아이들은 매일 놀이터에서 집에 돌아가야 하는 시간이 올 때마다 "싫어!" 소리를 지르고 떼를 쓰기보다는 "속상해요", "아쉬워요", "내일 또 오고 싶어요"와 같이 더욱 효율적인 표현 방법을 배울 수 있습니다.

　명시적 지도에서 우리가 기억해야 하는 중요한 맹점은 한두 번의 노출에 그쳐서는 안 된다는 점입니다. 최근 한 연구는 적어도 주 1회 이상 사회정서학습 프로그램을 사용했을 때 비로소 그 효과가 나타난다 발표했습니다. CASEL을 비롯한 다양한 교육 협회 또한 입을 모아 유년기부터 청소년기에 걸친 지속적인 지도의 중요성을 강조하고 있는데요. 이 조언을 따라 실제로 수많은 미국 초등학교가 많게는 매일, 적게는 주 1회 이상 프로그램을 진행하고 있습니다. 일반적으로 아침 조회 시간 혹은 종례 시간 동안 20~30분의 꾸준한 명시적 사회정서학습 지도가 이뤄지고 주간 통신물을 통해 가정에서도 이러한 활동이 이루어지도록 돕는데요. 특히 같은 주제의 교육도 아이 연령에 따라 그 깊이를 더하는 활동으로 장기간에 걸쳐 반복적으로 노출하는 방법이 권장됩니다.

　'감정 표현'의 영역을 예로 들자면, 유년기에는 기쁨, 슬픔, 화남 등 기본 감정을 말로 표현하는 것에 중점을 둔다면 학령기에 들어서는 질투, 민망함, 억울함과 같은 세부 감정을 다루는 방식으로 주제는 같지만 깊이 있게 다루는 것이 좋습니다.

암묵적 지도

　명시적 지도만큼이나 간과해서는 안 되는 것이 바로 은연중에 전달되는 '암묵적 지도'의 힘입니다. 감정 표현의 필요성을 부정하는 양육자 밑에서 자란 아이들은 자연스레 마음을 숨기게 되는 것과 마찬가지로, 아이 생각을 궁금해하는 양육자의 언행은 아이가 자신을 가치 있다 여기게 만들어주는데요. 중요한 존재가 나의 마음을 궁금해한다는 사실은 자연스레 자존감으로 이어지기 때문에, 자녀의 건강한 자아를 위해선 부모의 눈빛과 행동 또한 "네 생각이 궁금해, 네 마음이 알고 싶어"라는 말과 통일된 메시지를 전하는 것이 중요합니다.

한국에 "부모는 자녀의 거울"이란 말이 있다면 미국에는 "Apples don't fall far from the tree(사과는 사과나무에서 먼 곳에 떨어지지 않는다)"라는 말이 있습니다. 나라와 언어는 다르지만, 두 표현 모두 양육자가 아이에게 미치는 지대한 영향을 설명하고 있습니다. 가장 오랜 시간, 가장 친밀한 관계를 형성하는 가족 구성원들 간의 상호작용은 아이가 태어나 처음으로 접하는 사회정서적 교류이자 기준점이 되는데요. 이 때문에 부모 형제 간의 소통은 어린 시절 엄마가 해주던 집밥이 입맛으로 자리하듯, 아이가 평생 삶을 대하는 태도의 기반이 됩니다. 따라서 아이에게 의미 있게 느껴지는 사회정서학습을 시행하려면 자녀와의 상호작용, 그리고 아이를 둘러싼 환경이 명시적으로 지도하고자 하는 바를 제대로 반영하는지 수시로 점검해야 합니다. 열심히 그린 그림을 동생에게 빼앗겨 잔뜩 화가 난 아이에게 "물건을 던지는 대신 마음을 다스리기를 위한 심호흡을 해보자!"라며 아무리 효과적인 감정 조절 기술을 가르치더라도 정작 이를 가르치는 어른이 상습적으로 화를 참지 못하고 폭발하는 모습을 보이거나, 알려준 방식대로 감정을 조절하려고 하지 않는다면 아이는 그 방법을 신뢰하게 되지 않을 가능성이 더 크기 때문입니다. 아이가 자주 거짓 말하는 부모를 보고 자란다면 거짓말이 나쁘다는 이야기를 여러 번 들었어도 이를 대수롭지 않게 생각하게 되는 것도 이와 같은 맥락인데요. 아이들은 어른의 말보다 행동에 더 집중하기 때문입니다.

그렇다면 암묵적인 사회정서적 지도를 위해서 부모는 아이와 함께하는 동안 항상 완벽하게 감정을 조절하고, 매 순간 빛나는 사회성을 발휘해야만 할까요? 다행히도 그런 것은 아닙니다. 먼저, 감정을 가진 사람이라면 누구나 기분이 태도가 되는 순간을 만나는 것이 당연하기에 부모가 겪는 감정의 동요 또한 자연스러운 현상으로 비추는 것이 바람직합니다. 하지만 그보다 더 중요한 것은 바로 무언가를 해결하는 방법을 배우기 위해서는 이미 완성된 상태보다 그 과정을 관찰하는 것이 더욱 유용하기 때문인데요. 매사에 꼼꼼한 양육자보다 이따금씩 시간 약속을 잘못 기억하기도 하고, 수요일을 목요일로 착각하기도 하지만 같은 실수를 범하지 않기 위해서 다양한 전략을 사용하는 부모의 극복 사례가 아이에게는 오히려 배움의 기회가 된다는 것입니다. 즉 암묵적 사회정서교육을 위해 꼭 필요한 것은 항시 성공적인 모델링이 아니라 자신의 마음에 주인이 되려고 노력하는 부모의 마음가짐이라 볼 수 있습니다.

융합적 지도

한국의 학부모를 대상으로 미국 초등학교에서 이루어지는 사회 정서학습에 관해 강연한 적이 있습니다. 이때 몇몇 학부모들은 아이의 바쁜 일상에 추가적인 교육을 더하는 것에 대한 부담감을 표현했습니다. 세 번째 사회정서학습 지도법인 융합적 지도는 바로 이런 고민을 해결해 준다는 장점을 가지고 있는데요. 이는 교과 및 생활 지도의 순간에 사회정서적인 역량에 대한 교육을 더해주는 방법으로 오롯이 사회정서학습을 위한 시간을 마련해야 하는 번거로움을 줄여준다는 특징을 가지고 있습니다. 예로, 교사가 과학 수업 시간에 해당 교과목이 다루는 내용을 가르치는 데에만 집중하는 것이 아니라 동시에 아이들이 실험을 진행하는 데 필요한 협동 방안을 구체적으로 제시하게 한다든지, 의견의 불일치를 해결하는 전략들을 함께 소개하는 융합 학습을 꼽을 수 있겠는데요. 이런 전략들을 배우며 즉시 적용해 보는 연습 기회가 연달아 제공된다는 점 또한 장점 중 하나입니다.

학교뿐만 아니라 가정에서도 가족 여행 계획을 세우거나 저녁 메뉴를 정할 때 토너먼트 차트나 T차트를 활용해 아이가 자신의 취향을 파악하도록 도와주고, 상대방의 의견이나 감정 신호를 점검하는 기회를 만들어본다면 가족 간의 유대 관계와 정서 지능을 함께 키우는 융합적 지도의 기회를 마련할 수 있습니다.

미국 정부가
150조를 투자한 이유

사회정서교육의 시작은?

미국에서 사회정서학습은 이제 아이뿐만 아니라 성인을 대상으로도 주목받는 교육 트렌드이지만, 불과 이삼십 년 전까지만 해도 교육학을 전공하지 않은 이들에게는 낯선 단어였습니다. 하지만 사회정서학습의 근거와 역사를 살펴보면 어째서 미국 정부가 이에 150조 원이라는 거금을 투자할 만큼 큰 비중을 두게 되었고, 수많은 교육인이 그 중요성을 강조하는지에 대한 의문이 저절로 해결됩니다.

아직 사회정서학습이라는 용어가 생소하던 1960년대 예일대학교의 제임스 코머 박사는 그 당시 미국 코네티컷주의 빈민가인 뉴헤

이번 초등학교 중에서도 가장 출석률이 저조하고 문제 행동이 많으며 학업 성취도가 낮은 두 학교를 연구 대상으로 선정했습니다. 코머 박사는 이곳에서 약 15년에 걸쳐 교사와 부모, 정신 건강 전문가들의 협업을 통해 학교 운영을 이어나갔는데요. 특히 아이들에게 명시적인 사회정서학습 지도와 모델링을 통한 암묵적 지도를 동시에 진행하는 연구를 시행했습니다. 이때 사용된 대표적 사례는 "뛰지 마", "떠들지 마"와 같은 부정 언어 표현의 사용을 긍정적으로 바꾸는 활동이었는데요. 같은 의미를 담고 있는 표현들 중에도 서로를 더 존중하는 방법이 있음을 직접적으로 교육하며 교사와 학생들이 "우리 걷자", "조용히 이야기하자"와 같은 긍정 언어의 사용을 생활화하도록 지도한 것이 특징이었습니다. 그뿐만 아니라 또래 관계, 교사와 학생의 관계를 돕는 다양한 상호작용과 협동 활동 기회를 통해 모두가 학교의 일원으로 소속감을 느끼도록 하는 데 집중했습니다.

1980년대 초반, 긴 시간 끝에 드디어 세상에 발표된 코머 박사의 연구 결과는 교육계를 떠들썩하게 만들었습니다. 오랫동안 최하위권 성적을 보였던 두 학교의 아이들이 급격한 학업 성취도 성장을 보였고, 결국에는 그 점수가 미국 전역 기준의 평균점을 넘어섰기 때문이었습니다. 게다가 연구 초기에 우려했던 무단 결석률과 문제 행동의 강도와 빈번도 또한 크게 하락하는 기적이 일어나자 미국 정부는 감정 교육이 가져오는 긍정적인 변화에 대해 깊은 관심을 갖기 시작했습니다.

그 뒤 1990년대 미국은 시기적으로 학생들의 폭력과 마약, 총기

난사 등 사회 문제가 들끓는 시간을 겪게 됩니다. 이때부터 일각에서는 문제 상황이 발생한 뒤에서야 처벌과 치료 등을 일삼던 반응성reactive 교육에서 벗어나 본질적인 원인을 해결할 예방proactive 교육의 필요성에 대한 열띤 논의가 일어났는데요. 이 흐름을 타고 1994년 교육자와 연구자들은 한 마음으로 사회정서학습의 시행과 평가를 자문하고 연구하는 기관인 CASEL을 설립했습니다. 특히, 창립 멤버 중 한 사람이었던 대니얼 골먼 박사의 저서 《EQ 감성지능》이 세계적으로 큰 사랑을 받으며 베스트셀러가 됨에 따라 사회정서학습에 대한 대중의 관심 또한 더욱 뜨거워졌습니다. 이를 계기로 2000년대부터 미국 공교육에서는 본격적으로 사회정서학습을 도입하며 더욱이 그 효과를 입증하게 되는데요. 여기에 2021년 코로나19 사태로 어린아이에게 필요한 또래와의 교류가 제한되고 질병과 관련된 스트레스 요소가 증가하자 아이들의 정신 건강을 이유로 들며 약 150조 원이라는 전례 없이 높은 예산을 배정하는 등 사회정서 역량 증진에 굳건한 지지를 보였습니다.

미국 내 사회정서학습 전망

미국은 주마다 고유의 문화가 있다고 표현할 정도로 지역 간 차이가 크기 때문에 교육정책 또한 주정부 단위로 결정나는 경우가 많습니다. 따라서 단일화된 성취 기준을 선정해 전국적으로 적용하는 사례는 극히 드문데요. 하지만 사회정서학습에 대한 대중의 관심이 높아지면서 아이의 연령에 맞는 가이드라인을 궁금해하는 양육자와 교육자들은 급격하게 늘어났고, 부모들은 우리 아이가 다니는 학교에서 어떠한 교육이 이루어지는가에 대한 정보를 요구하기 시작했습니다. 이에 부합하고자 CASEL은 지난 2011년부터 미국의 50개 주가 각각 사회정서학습을 어떻게 지도하는지 정보를 분석하고 평가해 지속적으로 발표하고 있습니다.

2022년 4월 발표된 최신 자료에 따르면 현재 미국의 50개 주 중 44개의 주는 공교육 기관을 통해 CASEL이 제시하는 사회정서학습 핵심 역량 지도를 권장하고 있는데요. 그중 27개 주는 주 자체에서 체계적인 성취 기준을 개발해 적용하고 있습니다. 이는 4년 전인 2018년과 비교했을 때 두 배 정도 증가한 수치로 코로나19 팬데믹 시대를 살아가는 아이들에게 유연한 사고력과 정신적 강인함을 교육하고자 하는 의지로 보입니다. 교육정책뿐만 아니라 현장의 분위기도 같은 양상을 띠고 있습니다. CASEL이 주최한 설문 조사에 의하면 미국 초등학교 상담 교사의 무려 73퍼센트가 사회정서학습이 아이들의 학업적 지식만큼이나 중요하다고 이야기하고 있는데요. 비대면 교육을 겪으며 아이들의 학업과 사회성 격차가 벌어짐에 따라 요즘에는 학교마다 사회정서학습 전담 교사를 채용할 만큼 핵심적인 교육 가치로 여기는 추세입니다. 사회정서학습에 대한 아이들의 반응 또한 매우 긍정적입니다. 같은 설문에 참여한 고등학생들의 76퍼센트는 사회정서학습에 중점을 둔 학교에 진학하기를 희망한다고 답변하며, 이를 학업 스트레스와 교우관계 개선에 효율적인 도구라 인정했을 정도인데요. 이처럼 뜨거운 열기로 각광받는 사회정서학습에 대해 더 본격적으로 알아보겠습니다.

케이스 스터디 – 예방교육의 효과

조지는 미국 시애틀에서도 부유한 편에 속하는 매그너슨 지역에 살고 있는 학생이었습니다. 제가 교생 실습을 나가면서 2학년인 조지를 처음 만났을 때 아이는 매일 학교에 오자마자 책상에 엎드려 잠을 자기 일쑤일 정도로 배움에 대한 의지가 매우 약한 상태였습니다. 그뿐만 아니라 또래 친구들, 그리고 때로는 선생님에게까지 강도 높은 욕설을 내뱉는 통에 골치 아픈 학생이란 딱지가 붙어 있었는데요. 학기 초 조지와 저의 대화는 이런 패턴을 띠고 있었습니다.

"조지, 칠판을 봐야지."
"싫어요."
"칠판을 안 보면 이따 문제 풀기 힘들 거야. 같이 집중해 보자."
"몰라요."

조지는 그 어떤 지시사항도 받아들이려는 마음이 없는 듯 보였고 수업에 집중하지 못해 학업에 뒤처지는 일이 반복되다 보니 나머지 공부를 위해 학교에 남아야 하는 경우가 많았습니다.

그러던 와중 정부에서 보조금이 지급되면서 학교는 예일대학교가 기획한 '룰러RULER'라는 사회정서학습 커리큘럼을 도입하기로 했고, 저는 조지와의 관계 개선을 위해 이 프로그램이 권장하는 전략들을 사용하기 시작했습니다. 이를 통해 제일 먼저 깨달았던 점은 조지와의 대화에 사용하던 제 대화의 95퍼센트 이상이 학교생활 수칙에 어긋나는 행동을 교정하기 위한 '반응형 표현'이었다는 사실이었습니다. 배움에 적합한 생활 태도를 이끌어내기 위한 조언일지라도 아이의 행동을 제한하고 수정하는 소통은 잔소리로 여긴다는 것을 배우며, 마음을 느끼도록 표현하는 방법이 아이를 향한 애정만큼이나 중요하다는 것을 실감했는데요. 그 후 반응형 대화를 예방형 대화로 바꾸는 작은 노력을 시작으로 조지와의 소통은 이전과는 다르게 흘러가게 됩니다.

"조지, 오늘은 두 자리 덧셈에 대해서 배울 거야. 특별히 주관식 문제에 네 이름을 넣어봤으니 잘 들어봐 주렴."
"조지, 이해가 되지 않는 부분에는 별표를 그려볼래? 그럼 선생님이 얼마든지 다시 설명해 줄게."

조지가 수업에 흥미를 잃고 책상에 고개를 숙이기 전, 즉 교정이 필요한 행동이 채 발생하기 이전에 미리 행동 방침을 지도한 것인데요. 곧 수업에 나올 내용을 예고하고 도움을 요청하는 방법을 명시적으로 가르침과 동시에 조지라는 아이를 알아가기 위한 대화 또한 시도했습니다.

"조지, 오늘 아침은 기분은 어떠니?"

"조지, 선생님은 아침에 오트밀을 먹었는데 넌 아침에 맛있는 거 먹었니?"

처음에는 어색한 듯 말을 아끼던 아이는 자신의 사정을 나눠주기 시작했고 우리는 해결책을 함께 찾아나갔습니다.

매그너슨은 워싱턴주립대학교 인근에 있어 교수와 연구진, 대학병원 소속 의사와 같은 전문직 종사자들이 많이 거주하는 지역이지만, 소말리아 난민들을 위한 임시 거주 아파트 또한 자리하고 있습니다. 수업의 집중을 방해하던 배고픔과 임시 아파트의 소음 문제를 해결하기 위해 학교는 비영리기관에 도움을 요청했고, 자신을 믿어주는 어른들의 곁에서 조지는 배우고 싶은 아이로 점차 변해갔습니다. 그리고 시간이 흘러 4학년이 된 조지를 복도에서 마주쳤을 때, 유독 눈이 반짝이던 그 아이는 이렇게 말했습니다.

"전 제가 하고 싶은 건 무엇이든지 잘할 수 있는 사람이에요."

얼마 전 영화 〈에브리씽 에브리웨어 올 앳 원스〉를 보고 십 년 전 만났던 꼬마 조지를 떠올렸습니다. 메타버스를 소재로 한 이 작품은 우리가 삶에서 만드는 선택들이 서로 다른 결말을 가져오고 그로 인해 다양한 세계가 만들어지는 모습을 보여주는데요. 삶에서 우리는 점심 메뉴 선택같이 사소한 결정부터 결혼과 임신 같은 중대한 갈림

길 앞에 종종 서게 됩니다. 사회정서학습을 알게 되고 이를 조지와의 관계에 적용한 것은 돌이켜보면 교사로서 제가 만들었던 선택들 중에 가장 대견한 결정 중 하나였다고 생각합니다.

문제아만 사회정서학습을 받을까?

일각에선 사회정서학습을 우리 사회의 '금쪽이', 즉 말썽을 피우는 아이만을 위한 교육이라고 오해하는 경우가 있습니다. 하지만 전문가들은 사회정서학습으로 인한 긍정적인 변화는 문제아에게만 국한된 것이 아니라고 말합니다. 특히 사회정서적 기술은 바깥으로 표출된 문제 행동 교정뿐만 아니라 아이가 내적으로 겪는 고통까지 완화해 준다는 점에 주목해야 합니다. 당장 겉으로 문제 행동이 보이지 않는다고 해서 내면의 불편함이 존재하지 않는 것은 아니기 때문입니다. 예를 들어 어려운 수학 문제를 풀고 있는 두 학생 중 한 명이 시험지를 구기고 있고, 다른 한 명은 태연한 모습을 하고 있다고 가정해 봅시다. 이런 경우 대부분의 사람은 겉보기에 불편한 감정을 표출하는, 시험지를 구긴 아이의 마음에 더욱 관심을 갖는데요. 하지만 얼핏 보기에 태연해 튼튼한 마음 근육을 갖고 있는 듯 보이는 아이의 마음에 더욱 비관적인 생각이 자리할 가능성도 간과해서는 안 됩니다.

끝내지 못한 학원 숙제가 마음에 걸려 학교 수업에 집중하지 못하는 아이, 자기 자리에서 지우개를 만지작거리며 병원에 있는 엄마를 걱정하는 아이는 당장 문제아로 보이지 않습니다. 하지만 그렇다고 해서 이 아이들에게 사회정서적 지지가 절실하게 필요하지 않은 것은 아닙니다. 스트레스와 불안감은 집중력과 기억력을 저하시켜 학업과 관계 형성을 방해하기 마련인데요. 세상 모든 아이가 배움의 터에서 원활하게 성장하려면 사회정서교육을 받을 기회가 꼭 주어져야 합니다.

SEL이 강한 아이가
21세기 미래 인재가 된다

사회정서학습은 공부 효율을 뺏는다?

사실 미국 공교육에 사회정서학습이 본격적으로 도입되었을 때, 일부 양육자들은 이것이 학업 성취도 하락으로 이어지지 않을까 하는 우려의 목소리를 내었습니다. 바쁜 일과에 사회정서학습까지 넣으려면 이미 빠듯한 쉬는 시간을 더욱 줄이거나 교과목에 할애하는 시간이 감소할 것이라는 생각에서 비롯된 걱정이었습니다. 하지만 사회정서학습을 실시한 뒤 그 효과를 추적 연구한 결과는 이와는 정반대의 이야기를 하고 있었습니다.

CASEL의 2018년 조사에 따르면 사회정서교육을 받은 아이들의 학업 성취도는 그렇지 않은 아이들과 비교해 약 11퍼센트가량 상승했습니다. 어떻게 이런 결과가 나올 수 있었던 것일까요?

미국 컬럼비아 공중보건대학교 역학과 조교수인 대니얼 벨스키는 2021년 유전학 저널인 〈네이처 제네틱스〉를 통해 아이들의 교육적 성취에는 인지능력이 43퍼센트, 비인지능력이 약 57퍼센트에 기여한다고 설명했습니다. 여기서 이야기하는 인지능력이란 시험 점수나 IQ와 같이 수치화된 능력으로, 이는 우리 사회에서도 오랜 시간 '똑똑한 아이'를 규정 짓는 잣대로 여겨져 왔는데요. 사실 알고 보면 그보다 인내심, 열정, 자제력, 자존감, 사회성 등과 같이 사회정서학습에서 주로 다루는 '비인지능력'이 성공에 더욱 중요한 요소라는 것입니다. 이러한 과학 연구를 바탕으로 생각을 조금만 전환해 보면 비인지능력의 향상이 학업 성취도를 높이는 것은 당연한 흐름으로 느껴집니다. 마음이 편안한 상태에서는 외부 스트레스에 따른 영향을 적게 받을 뿐만 아니라, 자신에게 맞는 공부법을 주도적으로 찾아가기 쉽습니다. 또한 당장 눈앞에 보이는 성적에 자존감이 좌지우지되기보다는 만족스러운 성과를 내지 못했더라도 다음 목표를 설정하고 극복해 나가는 일이 가능해집니다.

실제로 CASEL이 발표한 11퍼센트의 성적 향상률은 아이들의 긍정적인 자아 인식, 학업 태도 개선과 교내 부정적인 감정의 감소를 포함하고 있습니다. 이는 사회정서학습이 단순히 시험을 잘 보는 아이를 만드는 것에 그치지 않고 삶의 행복을 추구하는 자세 자체를 교육하고 있음을 시사합니다. 그래서인지 2015년 미국 공중보건국 발표에 따르면 학령전기부터 청소년기까지 꾸준히 사회정서교육을 받아온 아이들은 대학 진학과 취업과 같은 장기적인 성취에서도 더 높은 만족도를 나타냈는데요. 아마도 이는 어려움을 헤쳐나가고, 힘든 상황에서도 자신을 믿는 마음 근육은 시험 공부뿐만 아니라 삶을 살아가며 만나는 모든 노력의 순간에 똑같이 적용되기 때문일 것입니다.

미래 인재 역량

세계경제포럼의 보고서 〈일자리의 미래The future of Jobs〉는 "2020년까지 4차 산업혁명으로 일자리 약 710만 개가 사라지고, 약 200만 개가 새로 생길 것"이라는 전망을 내놓은 바 있습니다. 미래학자이자 다빈치연구소 소장 토마스 프레이 또한 2012년 테드 강연에서 "2030년까지 지구 상에 현존하는 직업의 절반이 사라질 것"이라고 예측했는데요. 챗GPT와 같이 최근 상용화된 AI 기술을 보고 있자면 많은 미래 전문가의 의견이 현실이 되고 있다는 느낌을 받습니다. 챗GPT는 이미 정보를 요약하는 데 놀라운 효율성을 보이는 것은 물론, 작문과 작사를 할 뿐만 아니라 심지어 그림까지 척척 그려내는데요.

베스트셀러 《특이점이 온다》의 저자 레이 커즈와일은 AI의 능력이 인간의 지능을 넘어서는 시기로 2045년을 꼽기까지 했습니다. 이런 미래 세상에서는 지식을 배우고 암기하는 공부 기술은 더 이상 큰 영향력을 발휘하긴 어려울 텐데요.

이에 대해 교육 전문가들은 앞으로는 인공지능이나 기계로 대체되기 어려운 핵심 역량을 키워주는 데 주력해야 한다고 말합니다. 전문가들은 네 가지 역량으로, 즉 4C로 불리는 소통 능력communication, 협동 능력collaboration, 비판적 사고력critical thinking 그리고 창의력creativity을 꼽습니다. 인터넷 등 다양한 기술의 확장으로 정보에 근접한 삶을 살수록 이를 분별하고 제대로 사용하는 비판적 사고 능력이 요구될 뿐만 아니라, 단순히 정보를 소비하는 역할에서 벗어나 이를 주도적이고 창의적으로 활용할 수 있는 능력이 필요하기 때문입니다.

흥미로운 것은 이 4C를 이루는 세부적인 기술들이 사회정서학습에서 다루는 다섯 가지 핵심 역량과 밀접한 연관성을 가졌다는 점입니다. 예를 들어 현재 사회정서학습에서 다루는 '책임감 있는 선택'은 아이가 원하지 않는 상황을 마주했을 때 이를 거절하거나 협상하는 전략들을 지도하는데, 이는 미래 직업 대비 역량에 속하는 의사 소통 전달과 문제 해결력과도 같다는 것입니다. 마찬가지로 성장형 마인드를 키우며 자기 인식을 쌓아온 아이는 직장에서도 주도성을 가진 사회 일원으로 성장할 가능성이 큽니다. 이는 다시 말해, 사회정서학습이 미래 아이들의 경쟁력을 키워주는 방법이 된다는 의미이기도 한데요.

CASEL은 이처럼 미래 직업에 필요한 역량의 많은 부분이 사회정서학습이 담고자 하는 가치와 맞닿아 있다는 점에 힘입어 2020년부터 "희망과 기회 연결Bridging Hope and Opportunity" 프로젝트를 진행하고 있습니다. 미국 주정부 38개와 함께 개발하고 있는 이 프로그램은

CASEL 핵심 역량	사회정서학습 지도 기술	직업 대비 역량
책임감 있는 선택 / 관계 형성	원하지 않는 상황이나 부담감을 마주했을 때 이를 거절하고 협상하는 전략을 지도	• 문제 해결 능력 • 감정 조절과 스트레스 요소 해소
사회적 인식 / 관계 형성	다양한 관점을 이해하고 공감하는 전략을 지도	• 의사 소통 전달 능력 • 협동 프로젝트 진행 능력 • 인력 관리 능력
자기 인식	'성장형 마인드'를 유지하며 어려운 과제를 수행하는 데 끈기를 발휘하도록 도움을 주는 전략을 지도	• 양질의 업무 처리 능력 • 일에 대한 주도성 • 융통성과 적응력 • 발전을 위한 목표 설정 능력

현재 유년기에서 청소년기에 걸쳐 제공되는 사회정서학습을 직업 인식과 기술으로까지 확장할 구체적인 방법을 연구하고 있어 더욱 기대가 됩니다.

미국에서 뜨거운
SEL 커리큘럼

어떤 리소스를 사용해야 할까요?

CASEL의 최근 조사에 따르면 2021~2022년 한 해 동안 교내에서 사회정서학습 커리큘럼을 사용했다고 응답한 교장 선생의 비율은 약 78퍼센트라고 합니다. 하루 빨리 효과가 좋은, 미국 최고의 사회정서학습 커리큘럼을 한국에서도 만나보면 좋겠다는 생각이 들기도 하는데요. 하지만 미국의 경우 학교 수업에 사용되는 교재와 활동에 교사의 결정권이 매우 크기 때문에 같은 학교 내에서도 담임 교사의 역량에 따라 사용되는 커리큘럼에 차이가 있습니다. 실제로 다른 주에 있는 지인과 이야기를 나누다 보면 같은 학년의 아이들을 키우더라도 학습 진도와 교육 방법뿐만 아니라 사용되는 교과서까지 달라 놀라기도 하는데요. 워낙 넓은 땅에 다양한 문화권 출신이 함께 사는 나라이다 보니 지역사회별로 필요한 교육정책이 적용되기 때문입니다. 따라서 사회정서학습뿐만 아니라 다른 교과목을 지도할 때도, 한 가지 커리큘럼을 처음부터 끝까지 따르기보다는 학급의 특색과 상황에 맞는 활동을 접목하는 것이 매우 일반적이며 권장되기까지 하는데요. 특히 사회정서학습은 장기간 꾸준히 실행하는 것이 효과를 높이는 데 매우 중요한 요소인만큼 유행에 따라 커리큘럼을 선택하기보다는 아이와 부모의 학습 스타일을 고려해야 한다는 것이 CASEL을 비롯한 비영리 교육 단체들의 의견입니다.

물론 전문가들은 학교가 학생들에게 맞는, 효과가 입증된 사회정서학습 커리큘럼을 선택하고 여러 해에 걸쳐 지속적으로 교육하는 것, 그리고 가정에서도 할 수 있는 연계 활동을 제시하며 배움을 강화해 주는 것이 가장 이상적이라고 말합니다. 하지만 현재 미국에서 사용되는 대부분의 커리큘럼은 학교 단위로 이루어질뿐더러 모두 영어로 구성되어 있기에 한국의 일반 가정에서 양육자가 이를 지도에 사용하는 데는 현실적인 어려움이 있습니다. 물론 아이들에게 배워야 하는 바를 직설적으로 교육하는 명시적 지도에는 커리큘럼 사용이 많은 비중을 차지하지만, 이를 삶에 융합하고 소개하는 과정에서 전달되는 암묵적인 메시지는 부모의 마음가짐과 소통 방법에 더 많은 영향을 받습니다. 따라서 사회정서학습을 시작하는 단계에 있는 학부모들에게는 미국에 상용화된 커리큘럼을 찾는 것보다는 아이가 자신의 감정을 솔직하게 표현하게 도와주면서 사회적, 학업적 그리고 정신적 성장이 고르게 일어나는 환경을 조성해 주는 것에 집중하기를 추천합니다.

이 책에는 제가 여러 해에 걸쳐 미국 초등학교 교실에서 사용해 온 사회정서학습 커리큘럼들을 토대로, 지속적으로 강조된 가치들에 대한 설명을 담았습니다. 또 이에 따른 가정 연계 활동들을 한국 정서와 상황에 맞게 정리해 두어 가정 내에서 사회정서학습의 길을 걸으려는 부모의 첫 걸음을 도와드리고 있습니다. 무엇보다 가장 좋은 교육은 최고의 참고서나 커리큘럼이 아닌 아이와의 관계에서 시작된다는 것을 기억해 주길 부탁드립니다. 만약 이 책의 내용을 실천하신 뒤에도 미국 사회정서학습 커리큘럼에 대해 알고 싶다면, CASEL이 장기간 훌륭한 성과를 거둔 커리큘럼들을 한데 모아 놓은 SELect 추천 리스트를 살펴보시는 것을 추천합니다(CASEL 협회 프로그램 사이트 https://pg.casel.org/review-programs/).

위 리스트는 추적 연구를 통해 효과가 검증되었을 뿐만 아니라 체계적으로 구성되었다는 평을 받는 커리큘럼에 주는 우수 인증이라고 볼 수 있는데요. 시중에 나온 여러 프로그램을 연령이나 사용 환경, 주요 지도 목표 등의 필터를 활용해 나열할 수 있기 때문에 각 가정에 적합한 프로그램을 찾는 데 큰 도움이 될 것입니다.

한국에서 자라는 아이를 위한 마음 교육

　　한국 청소년의 행복과 토착 심리의 관계성에 대해 오랫동안 연구해 온 인하대학교 교육학과 박영신 교수는 한국의 청소년들에게 가장 자랑스러웠던 성공 경험과 가장 고통스러웠던 실패 경험이 언제인지 물었습니다. 과연 어떤 응답이 나왔을까요? 두 경험은 분명 상반되는 감정을 느낀 사례임에도 불구하고 아이들은 그 원인을 동일한 한 가지, 바로 학업 성취에서 찾았습니다. 박영신 교수는 "대한민국에서 자녀의 학업 성취는 단순히 개인의 성취가 아니라, 부모 삶의 성취 여부에 영향을 미친다"라고 까지 표현했는데요. 이 때문에 많은 한국의 아이는 '공부를 열심히 하여 성공함으로써 부모의 희생에 대해 보답'해야겠다는 생각을 품는다고도 덧붙였습니다. 공부에 대한 스트레스가 아이의 삶에 얼마나 큰 영향을 끼치는지 잘 보여주는 통계는 이뿐만이 아닙니다. 2019년 통계개발원이 공개한 '2018년 아동종합실태조사' 결과에 따르면 우리 나라 아동 및 청소년들은 국제 학업 성취도 평가^{PISA}에서 읽기, 수학 능력 등, 학업 성취도에 뚜렷한 두각을 나타내지만 행복감을 측정한 조사에서는 여전히 하위권에 머물러 있습니다. 이에 대해 한국청소년 정책연구원 유민상 부연구위원은 사회 전반적으로 높은 교육열과 치열한 경쟁이 아이들의 학업 중압감을 높이는 데 일조했을 것이라 분석했습니다. 특히 중학교 때부터는 초등학교와 달리 자신의 성취 서열이 석차로 표시되면서 학업 성취가 아이들의 자존감과 자기 효능감에도 영향을 끼치는 사례를 심심치 않게 접할 수 있습니다.

이처럼 과도한 학습량과 공부 시간 등의 영향으로 부정적인 정서를 경험하기 쉬운 한국 학생들에게는 사회정서학습을 통해 행복을 성적, 그 이상의 것에서 찾을 힘을 키워주는 것이 더욱 중요해집니다. 비슷한 성적과 학업 스트레스를 가지고 있더라도 정서 조절 능력이 높은 아이들은 정신 건강을 잃지 않는데요. 마음근육을 키워주는 것이 학업 스트레스와 정신 건강 사이에서 핵심적인 역할을 하기 때문입니다.

한국교육개발원 김현진 민주시민교육연구실장 또한 〈왜 우리는 사회정서역량에 주목해야 하는가?〉를 통해 국내에도 사회정서교육의 도입이 시급하다는 의견을 내놓았습니다. 그는 "사회정서역량이 낮은 집단에 속할수록 아이들의 주관적 건강상태와 삶의 만족도, 심리적 적응이 낮게 나타났다"라는 사실에 집중하며 "우리나라 학생들의 삶의 안녕감과 적응력을 향상하기 위해서 사회정서역량 향상 프로그램을 개발하고 교육과정 내에서 활용할 수 있는 방안을 마련할 필요가 있다"라고 이야기합니다. 더 나아가 학교 폭력에 가담한 경험이 있다고 응답한 아이들에게서 낮은 정서 조절 능력과 자존감이 보고되었다는 점을 꼬집었는데요. 이는 학교 내 건전한 또래 문화를 조성하고 학생의 심리적 안정을 보장하기 위해서 우리 사회가 나아가야 할 방향이 무엇인지 시사하고 있습니다.

현존하는 학교보건법 정책은 교육부와 학생정신건강지원센터가 공동 개발한 '학생 정서와 행동 특성 검사 및 관리 매뉴얼'을 통해 개별적인 도움이 필요한 아이들은 선별하고 그에 대한 사후 관리에 힘을 쏟고 있습니다. 반면 이를 미연에 예방하는 대책은 많지 않아 안타깝습니다. 특히 중고등학교 시기에 발현되는 우울증과 스트레스성 적응 장애는 문제가 수면으로 떠오르기 이전부터 내면에 쌓여 있는 경우가 많은데요. 이 때문에 학령전기부터 장기간에 걸친 사회정서 학습을 통한 정신 건강 강화 교육을 시작하는 것이 특히 중요합니다. 유년기부터 부정적인 정서는 스스로 조절해 그 전염을 최소화하고, 긍정적인 정서는 극대화하는 등 효과적으로 마음을 관리하는 전략을 가르친다면 우리 아이들의 행복지수는 자연스레 올라갈 것이기 때문입니다.

CHAPTER 2

정서 교육 :
자아가 탄탄한 아이로 키우기

학교에선 웃다가
집에 오면 우는 아이

내가 잘하는 것은 단지 운 때문일까?

《임포스터: 가면을 쓴 부모가 가면을 쓴 아이를 만든다》라는 책을 쓴 바너드칼리지 심리학 교수 리사 손은 "공부를 많이 하면 할수록 더 불안했다"라고 말했습니다. 공부를 열심히 하고도 시험을 망치면 내가 똑똑하지 않다는 것을 들켜버릴 것만 같았다고 말입니다. 이렇듯 자신의 성공 요인을 노력이 아닌 운으로 돌리고 자신의 진짜 실력이 드러나는 것을 꺼리는 불안 심리를 임포스터 신드롬, 즉 '가면 증후군'이라고 하는데요. 독일 할레비텐베르크 마르틴루터대학교 심리연구소 케이 브라우어 박사의 설명에 따르면, 가면 증후군은 정신

질환으로 정의되지는 않지만 이로 인해 고통받는 이들은 우울증에 더 민감하게 반응하며 자존감이나 직업 만족도와 같은 삶의 전반적인 웰빙에도 악영향을 받습니다.

　가면 증후군의 원인은 아직 정확하게 밝혀지지 않았지만, 1970년대부터 지속되어 온 다양한 연구 결과는 가면 증후군과 완벽주의 연관성을 보고했습니다. 특히 노력과 과정보다 결과에 대한 칭찬과 보상이 주어지는 환경에서 자라온 경우, 스스로를 숨기고 완벽한 모습을 내비쳐야만 한다는 강박이 더욱 커질 수 있다고 알려져 있는데요. 이런 마음은 개인의 진짜 능력치와 관계없이 나타나기 때문에 한 분야의 뛰어난 인재로 인정받는 사람들조차 가면 증후군에 시달렸음을 고백하기도 했습니다. 하버드대학교를 졸업하고 페이스북의 최고 운영 책임자가 된 셰릴 샌드버그, 아카데미 어워드 여우 주연상을 수상한 나탈리 포트만, 사회 운동가이자 노벨 문학상을 수상한 마야 안젤루, 그리고 스페인계 미국인 최초로 연방 대법관을 지낸 소냐 소토메이어가 바로 그 주인공입니다. 이들은 우수한 이력에도 불구하고 이런 성공을 이루게 된 것이 단지 운이 좋았던 탓은 아닐까 의심한다거나 스스로가 진정 이 명성에 걸맞은 사람일까 고민했다고 밝혔는데요. 이처럼 가면을 쓰고 살아간다는 것은 자신에게 매우 엄격한 잣대를 적용하게 만들고 타인의 시선을 지나치게 신경을 쓰게 해 불안감을 불러일으키는 원인이 될 수 있습니다.

케이스 스터디 – 내 아이의 내면

제가 영재 초등학교의 한 학급을 담당한 첫 해에 만난 죠슈아는 의사인 아버지와 변호사인 어머니 사이에서 태어난 외동아이였습니다. 죠슈아는 어려서부터 한번 배운 것은 곧잘 기억해 내는 전형적인 빠른 학습자로 만 2세부터 글자에 흥미를 보였고 혼자서 글 읽는 법을 터득한, 공부 머리가 남다른 아이였습니다. 게다가 부모님이 시키지 않아도 매일 밤 자진해서 문제집을 풀 정도로 배움에 대한 열정도 넘쳐났다고 하는데요. 이 때문에 "동네에서 교육에 좀 관심이 있는 부모라면 한 번쯤 그에 대한 소문을 들어봤다"라고 말할 정도로 죠슈아는 많은 학부모에게 매우 뜨거운 관심의 대상이 되었습니다. 사람들은 죠슈아가 머리 좋은 부모의 똑똑한 유전자를 받은, 그래서 천성이 공부를 즐길 줄 아는 아이라고 생각했는데요.

시간이 흘러 유치원에 입학한 죠슈아는 또래 친구들이 알파벳 음가를 배우는 동안 스스로 책을 읽었고, 초등학교 1학년이 되던 해에는 두 학년 과정을 선행 학습하는 영재학교 학생 자격을 부여받습니다. 영재 학급에서도 죠슈아는 만 6세의 나이에 적합하되 고학년 수준의 글로 이루어진 도서를 찾는 데 어려움을 겪기도 했습니다.

"우리 아이도 죠슈아같이 열심히 공부하면 참 좋을 텐데." 많은 부모에게 죠슈아는 우리 아이와 친하게 지냈으면 좋겠고, 우리 아이가 닮았으면 하는 소위 '엄친아'와 같은 존재였습니다. 죠슈아의 2학년 담임교사였던 저도 그리고 과거에 그를 지도했던 선생님들 모두 학교생활 곳곳에서 솔선수범을 보이는 죠수아를 보며 그가 영재학교 시스템의 순기능을 잘 보여주는 아이라고 생각했습니다. 그래서 조슈아의 부모님이 '아이의 상태'에 대한 면담을 요청해 왔을 때에도 편안한 만남을 예상한 것일지도 모르겠습니다. 하지만 곧 듣게 된 이야기는 가히 충격적이었습니다. 어머니가 들려준 이야기 속 아이는 제가 학교에서 만나온 아이와는 정말 다른 모습이었기 때문입니다.

학교에서는 항상 의젓하고 친절해 전형적인 모범생이라는 이야기를 듣던 조슈아는 집에만 오면 반항심 섞인 말투로 악을 쓰며 매우 폭력적인 모습을 보였습니다. 아이는 매일 화를 분출하다 지쳐 잠이 들기 일쑤였다는데요. 소리를 지르는 것으로 시작된 조슈아의 문제 행동은 부모의 제지가 가해지자 벽에 몸을 던지는 자학으로까지 이어진 상태였습니다. 조슈아의 어머니는 눈물을 보이며 이렇게 말했습니다.

"우리 아이가 이럴 줄은 정말 몰랐어요. 정말 열심히 아이를 키웠는데 우린 어쩌다 이렇게 된 걸까요."

"우리 아이가 어떤 학교생활을 했으면 좋을까?"라는 질문에 아이의 정서적 안정을 대가로 지불해도 좋으니 무조건 공부를 잘했으면 좋겠다고 생각하는 부모는 매우 드물 것입니다. 하지만 그렇다고 공부에 대한 욕심을 완전히 내려놓는 사례도 많지는 않습니다. 명확한 정답이 존재하는 것이 아니다 보니, '교육'이라는 큰 숙제에 대한 결론을 내리기란 쉽지 않기 때문인데요. 소위 조슈아처럼 뛰어난 아이들이 모인 미국의 영재학교나 한국처럼 사회 전반적으로 교육열이 높은 곳일수록 이러한 고민은 더욱 깊어집니다. 내가 굳이 알려고 하지 않아도 옆집에 사는 또래 아이는 영어로 글을 쓰고 아랫집 아이는 방학 동안 수학 문제집 서너 권은 떼었다는 소식이 전해지기 때문인데요. 이런 과열된 분위기 속에서 양육자들은 지금 나의 소극적인 태도가 내 아이를 뒤처지게 만드는 원인이 되진 않을까 조급함을 느낍니다. 게다가 이곳저곳 계속해서 눈에 띄는 "초등학교 입학 전 가르쳐야 할 것 열 가지"와 같은 자극적인 광고 문구는 아이의 학업 자신감을 키워주기 위해서는 필수적으로 선행 학습을 감행해야 한다는 생각까지 들게 만드는데요. 아이러니하게도 실상을 들여다보면 아이들의 공부 정서를 헤치는 가장 큰 원인은 학업 준비도가 아닌 부모의 불안감과 조급함에서 비롯되는 경우가 많습니다.

조슈아의 부모님은 입시를 소재로 한 드라마의 악덕 부모처럼 아이에게 지나치게 공부를 강요하거나 성적에 대한 압박을 주는 것은 아니었습니다. 오히려 사람들은 이 부모를 "아이의 교육에 열정적으로 투자하는 따뜻하고 멋진 부모"라고 칭했는데요. 하지만 상황 파악이 빠른 아이가 부모를 만족시키는 길이 무엇인지 알아차리는 데는 그리 오랜 시간이 걸리지 않았습니다. 훗날 상담을 통해 전해들은 바로는 조슈아의 불안감 안에는 자신의 성적이 부모님의 자긍심이라는 강박, 그리고 자신이 언젠가는 부모님을 실망시킬지도 모른다는 두려움이 담겨 있었습니다.

조슈아의 문제 행동은 언어 발달이 채 이루어지기 이전의 영유아들이 말 대신 물건을 던지거나 손으로 머리를 때리는 방식으로 피곤함을 표현하는 것과 크게 다르지 않았습니다. 어른들은 지내 온 세월 속에서 '슬픔'을 다스리고 표현하는 나름의 방식을 습득해 온 반면, 자신의 감정과 상태를 제대로 자각하는 것조차 서툰 아이에게 "저 힘들어요. 도와주세요" 하는 언어적 소통을 바라는 것은 지나친 요구입니다. 실제로 아이들과 오랜 시간을 보내다 보면 아이가 유독 말을 안 듣는 날은 그만큼 특별히 힘든 하루라는 신호를 보내는 경우가 많은데요. 조슈아의 사례를 통해 소아 정신과 전문의child psychiatrist와 교육청 소속 아동 상담 교사, 학교 임원진 등 다양한 전문가와 함께하며 알게 된 점은 안타깝게도 이런 이야기가 비단 조슈아, 단 한 명에게만 일어나는 일이 아니라는 사실이었습니다. 학교에는 '자신을 제대로 알고 싶어 하는 사람이 없다'라고 느꼈던 수많은 조지뿐만 아니라 주위의 기대에 무게를 버겁게 느끼는 '조슈아 타입'의 아이들 또한 자신의 내면에 귀 기울이고 감정을 조절하는 방법을 배울 기회를 절실히 기다리고 있었습니다.

더 이상 가면을 쓸 이유는 없어

한국의 양육자들이 가면 증후군에 큰 관심을 보이는 것이 특별히 반갑게 느껴지는 이유가 있습니다. 바로 2013년 한 연구에 따르면 소수집단, 그중에서도 아시안계 학생들이 다른 인종의 아이들보다 더 심한 가면 증후군을 겪는다고 알려졌기 때문인데요. 연구는 "아시안은 모두 수학을 잘한다"와 같은 편견이 아이들에게 사회적 이미지에 부합해야 한다는 부담감으로 작용한다는 점을 꼬집었습니다. 그뿐만 아니라 동양계 가족은 부모가 아이의 학교생활에 관여하는 비율 또한 높아 아시아권의 아이들은 타인의 평가에 더 많이 노출되어 있다는 점도 강조했는데요. 이는 국가적으로 치열한 교육열을 자랑하는 한국에는 얼마나 많은 아이가 스스로에 대한 불확신에 떨고 있을지 생각해 보게 만드는 대목입니다. 실제로 우리 주위를 둘러보면 명문대에 입학해 남부러울 것 없어 보이는 아이도 알고 보니 성적에 대한 고민으로 마음고생이 심했다고 하더라는 이야기를 심심치 않게 들을 수 있는데요. 마냥 피할 수만은 없는 학업 스트레스. 이런 상황에 부모가 아이에게 줄 수 있는 실질적인 도움은 무엇일까요?

가장 중요한 것은 아이를 대할 때 평정심을 유지하며 아이로 하여금 그 어떤 상황이 오더라도 부모님은 변하지 않는 '나의 영원한 지지자'라는 믿음을 주는 것입니다. 시험 점수나 학습 태도에 대한 대화를 나눌 때도 아이를 야단치기보다는 어떤 부분에 어려움을 느끼는지 헤아리고 도와주고자 하는 접근이 필요합니다. 만약 부모와 아이 모두 어떤 부분에 추가적인 지도가 필요한지 잘 알지 못하는 경우에는 담임 선생과 같은 교육 전문가의 조언을 구하는 것도 좋은 방법입니다. 무자비로 진행되는 선행 학습과 달리 아이들의 발달 단계와 현재 수준을 고려한 활동은 과도한 스트레스를 유발하지 않는 데다가 부모가 아이의 학업에 감정적으로 반응하는 사태를 방지하는 데 도움

되기 때문입니다.

부모와 전문가가 아이에 대한 정보를 나누는 소통은 학습뿐만 아니라 정서 발달 측면에서도 큰 효과를 발휘합니다. 특히 생각보다 많은 아이가 조슈아만큼은 아니더라도 학교와 가정에서의 모습에 상당한 차이를 보이기 때문에 부모와 교사가 서로 알고 있는 바를 적극적으로 나누는 것은 아이의 마음 상태를 더 구체적으로 파악하는 데 큰 도움이 되는데요. 안타깝게도 교육 현장에 있다 보면 매년 아이의 단점을 숨기거나 능력을 포장하는 데 급급한 학부모들을 만나게 됩니다. 문제는 이런 행동 패턴이 담임 선생뿐만 아니라 주변 지인, 그리고 사교육 현장에서까지 이어지는 경우가 많아 아이들에게 필요한 도움을 제공할 수 있는 값진 기회들을 놓친다는 점입니다.

물론 양육자의 입장에서 내 아이의 부족한 점을 타인에게 이야기하는 것은 어렵습니다. 굳이 꺼낼 필요 없는 이야기를 전했다가 내 아이에 대해 편견을 만드는 것은 아닌가 조심스러운 마음이 들기도 하고, 아이가 이런 문제 행동을 보이는 것이 마치 부모인 내 탓인 것만 같아 '제 얼굴에 침 뱉기'라는 생각이 들기도 하기 때문이지요. 하지만 아이를 포장해 과시하는 것은 아차 하면 "너의 있는 그대로의 모습으로는 충분하지 않다"라는 인식을 심어줄 수 있기 때문에 특히나 주의해야 합니다. 만약 아이에 대해 얼마만큼 솔직하게 나누어야 할지 고민이 든다면 부모와 교사는 '협력해 아이를 잘 교육'하는 같은 목표를 가졌다는 것을 기억해 주면 감사하겠습니다.

다행히도 조슈아의 부모는 적극적으로 학교에 지원을 요청했습니다. 그리고 이는 영재성에 부담을 느끼고 두려워하던 조슈아에게 그 무엇과 비교할 수 없는 최고의 위안이 되었는데요. 체면보다도 아이의 정신 건강을 최우선하는 부모님의 선택이 자신의 걱정이 사실이 아님을 증명하고 있었기 때문입니다. 그 후 조슈아는 조금씩 용기를 내어 자신의 마음을 읽고 건강하게 표현하는 훈련을 해나갔습니다. 자신이 완벽하지 않아도 여전히 사랑받는다는 것을 확신하게 된 아이에게는 더 이상 가면을 쓸 이유가 없어졌습니다. 조슈아와의 인연은 저에게 훗날 엄마가 된다면 말 잘 듣고 열심히 공부하는 아이로 키우는 것보다 자아가 건강한 아이로 키우고 싶다는 꿈을 꾸게 한 첫 걸음이 되었습니다.

스스로를 바라보는 시선,
자아

　　자아가 건강한 아이를 키우기 위해서는 먼저 '자아란 무엇인가' 생각해 볼 필요가 있습니다. 자아란 자기 자신에 대한 인식, 즉 쉽게 말해 스스로를 바라보는 시선이라고 볼 수 있는데요. 건강한 자아를 성립한 아이는 수많은 엄친아 사이에서도 당당한 에너지를 내뿜습니다. 타인과 나의 성장을 비교하며 부족한 점을 찾기보다는 오롯이 자신의 발전에 집중하는 원동력을 지니고 있기 때문입니다.

부모와 자녀의 관계가 자아에 미치는 영향

정신분석학자들은 탄탄한 자아는 양육자와의 애착 경험을 통해 만들어진다고 이야기합니다. 갓 태어난 아이들은 모두 자신의 생존에 꼭 필요한 존재인 양육자와 친밀한 관계를 형성하고 싶어 하는 욕구를 가지고 있는데요. 바로 이 욕구가 얼마나 적절히 채워지는지에 따라 부모와의 관계뿐만 아니라 아이가 자신을 대하는 자세가 달라진다고 합니다. 주양육자에게 충분한 애정과 보살핌을 받지 못한 아이들은 자신을 사랑받을 가치가 없는 존재로 여길 가능성이 높고 이런 안타까운 마음은 미래의 관계에서도 두려움과 불안을 초래합니다.

이와 반대로 애착 형성이 잘된 아이들은 타인과 새로운 관계를 형성할 때도 자신에 대해 높은 가치를 부여하는 모습을 보이는데요. 다른 사람이 자신에게 상처가 되는 말을 해도 "나는 사랑받을 가치가 있는 사람이야. 네가 날 오해한 거야"라고 이야기할 줄 압니다. 자신을 귀하게 여기는 마음이 있기에 쉽게 자존감이 다치지 않기 때문입니다. 따라서 이런 아이들은 타인의 평가에 쉽게 흔들리지 않는 단단함 또한 갖추고 있습니다.

이쯤 되면 아이들의 자아, 즉 자기 인식은 언제부터, 어떤 순서대로 발달하는 것인지, 그리고 그 시기별로 부모가 해줄 수 있는 것은 무엇이 있는지에 대한 궁금증이 듭니다. CASEL이 정의한 사회정서학습의 첫 번째 요소이기도 한 '자기 인식'의 가장 기본적인 형태는 바로 자기 자신을 타인과 다른 독립적인 존재로 인식하는 것부터 시작되는데요. 이러한 기초적인 자아는 우리 모두가 가지고 태어나기 때문에 아주 어린 아기도 생후 2~3개월쯤이면 충분히 엄마와 자신의 존재를 분리해 생각하는 능력을 보이곤 합니다. 더 체계적인 자아 개념과 자아존중감은 만 1세 무렵부터 18개월 사이에 빠르게 성장하는데요. 자아 인식에 대한 대표적인 실험으로는 발달 심리학자인 마이클 루이스와 진 브룩스건이 1979년에 진행한 거울 루주 검사를 빼놓을 수 없습니다. 이 실험의 연구진은 어린아이들의 코에 빨간 루주로 점을 그린 뒤 거울을 보도록 지시했습니다. 그 결과 만 18개월쯤을 기준으로 아이들의 반응에 큰 차이가 있다는 것을 알게 되는데요. 바로 거울 속에 비친 형상이 자신의 모습이라는 것을 인지하는 아이들은 빨간 점을 지워보려 코를 문지르는 반면, 아직 자기 인식이 형성되지 않은 아이들은 거울을 만지거나 별다른 행동을 보이지 않았습니다.

더 흥미로운 사실은 바로 거울 속에 비친 자신의 모습을 '나'라고 인식하기 시작하는 연령이 '나'라는 대명사를 사용하기 시작하는 언어적 마일스톤과도 비슷한 시기에 나타났다는 점입니다. 영아기의 자아 인식 형성을 돕기 위한 방법으로는 아이가 주도하는 놀이나 흥미를 보이는 활동을 중시하는 것이 가장 효과적입니다. 이는 아이의 주체성을 키워줄 뿐만 아니라 주변 사람들에 대한 신뢰감을 형성하게 하여 의사 표현을 돕기 때문인데요. 추가로 아이와 부모가 서로 자극을 주고 받는 까꿍 놀이, 지시하기와 공감하기 등 상호성이 강한 활동을 통해 아이가 자신의 역할을 인지하고 탐구하는 계기를 마련해

주는 것이 큰 도움이 될 수 있습니다.

　만 3~4세의 아이들은 자아 인식이 깊어짐에 따라 자신을 다른 사람과 구별하고 비교하는 모습을 보입니다. 이는 본격적으로 나는 누구인지, 나는 다른 사람과 어떻게 다른지 등 자아를 세분해 가는 단계인데요. 이때 주로 그 시작은 눈에 보이는 외적인 기준이 되는 경우가 많기 때문에 유치원 연령대의 아이에게 "너는 어떤 사람이야?"라고 물어보면 대부분 "나는 빨리 뛸 줄 알아요" 혹은 "나는 우리 반에서 키가 제일 큰 아이에요"와 같이 자신의 신체 능력이나 생김새를 나타냅니다. 이러한 표현은 곧 보이지 않는 심리적 특성이나 다른 사람과의 관계를 묘사하는 단계로 발전하는데요. 내가 누구인지를 판단하는 자기 인식은 아이 혼자서 만들어나가는 것이 아니라 나에게 중요한 사람들이 나를 어떻게 대하는지, 그리고 어떻게 생각하는지 관찰하는 과정 속에서 형성되는 것이기 때문에 이 시기 아이들은 자신과 정서적으로 가까운 이들의 의견에 큰 영향을 받습니다.

　어린 시절 내가 그린 그림을 보고 좋아하는 친구가 칭찬을 건넸다거나 글쓰기 대회에서 생각지도 못한 입상을 했던 경험 등은 과거의 자아에 큰 영향을 끼쳤을 가능성이 높습니다. 음식을 잘 만든다는 이야기를 자주 듣고 자란 아이는 자신을 요리에 소질이 있는 사람으로 여길 것입니다. 그리고 이러한 긍정적인 자기 인식은 요리 경연 대회와 같은 적극적인 도전을 하는 힘이 됩니다. 지지를 받는 환경에서 성장한 아이들은 '나 정도면 꽤 소질이 있지', '나는 노력하면 정말 잘하는 사람이야' 하고 스스로에게 더 높은 가치를 부여하기 때문입니다.

얼마 전 유튜브에서 'film94'라는 채널에서 흥미로운 영상을 접할 기회가 있었습니다. 이 채널은 공통점을 가진 여러 사람이 스스로를 평가하는 실험 내용을 담고 있는데요. 예를 들어 1994년생 여자들을 모아두고 "나는 1994년 여자 평균 학벌을 갖추었다고 생각한다?"라고 질문한다거나, 서울대학교 졸업생들에게 "나는 서울대생 평균 패션 감각을 가지고 있다?"라고 묻는 영상이 올라와 있었습니다. 평가가 끝난 후, 참가자들에게 자신의 생각을 설명하는 시간을 주자 더욱 흥미로운 현상이 나타났습니다. 같은 연봉을 받는 두 참가자에게 자신의 경제력과 관련한 평가를 부탁하자 서로 상반된 의견을 내놓는 것인데요. 참가자 중 한 명은 지금 직장보다 더 대우가 좋은 회사에 가기 위해 이직을 준비하는 중이라며 자신의 연봉이 불만족스럽다고 이야기한 반면, 다른 참가자는 주위에서 대기업 취업에 성공한 자신을 부러워한다며 경제적 자신감을 내비쳤습니다.

이처럼 같은 상황 속에서도 '내가 생각하는 나'는 정반대의 의견을 만들 만큼 강력한 힘을 가지고 있는데요. 자신에 대해 너무 후한 평가를 내리는 것은 자아도취에 빠지거나 현실감을 잃을 수 있어 조심해야 하지만, 또 그와 반대로 너무 엄격한 경우에는 자신감을 잃을 수 있어 균형을 잡아가는 것이 참 중요합니다. 그러기 위해서는 '내가 생각하는 나'와 '남들이 생각하는 나' 사이에 괴리감을 좁혀나가며 객관적인 자아 개념을 형성하는 것이 필요한데요. 부모와의 관계가 탄탄한 아이들은 그만큼 풍부한 상호작용의 기회를 경험하며 성장하기 때문에 올바른 자아 개념을 형성하는 데 유리합니다. 자신의 울음소리에 재빨리 반응하는 양육자를 통해 아이는 내 행동이 타인의 행동에 직접적인 영향을 끼칠 수 있다는 사실을 배우고 부모가 반복해서 제공하는 단서와 신호 등을 통해 스스로를 알아갑니다. 그리고 그로 인해 습득한 다양한 의사소통 체계는 살아가면서 맡게 될 누군가의 친구, 배우자, 직장 동료와 같은 다양한 역할을 수행하는 데에도 중요한 기초 능력이 됩니다. 그렇기에 유년기 아이와의 단단한 애착 관계를 형성하는 것은 아이에게 평생의 혜택을 선물하는 것과 같다고 볼 수 있습니다.

관계를 만드는 데
얼마나 투자하고 있나요?

"그저 잘 먹고 잘 자고 잘 놀기만 해다오." 아이가 학교에 입학하기 전까지 대부분의 부모가 아이에게 바라는 것은 이 정도 수준에 머무는 경우가 많습니다. 하지만 아이가 한 살 한 살 나이를 먹어갈수록 그 요구는 조금씩 구체적인 모습으로 변화하는데요. 나는 딱히 아이의 학업에 욕심이 없는 편이라고 생각했던 사람도 "미리미리 대비해야 편하다"라는 선배 부모들의 조언을 듣고 있자면 갑자기 눈앞에 큰 산이 솟아난 것만 같은 기분을 느끼게 되기도 합니다.

우리나라는 치열한 입시 경쟁만큼이나 사교육 의존도 또한 높습니다. 한국노동패널조사KLIPS 자료에 따르면 서울 지역에서 사교육을 이용하는 가정의 비율은 무려 73.3퍼센트를 육박합니다. 여기에 맞벌이 가구 또한 매년 증가하는 추세입니다. 이제 우리는 "학교 앞은 하교 시간 전후로 노란 학원 버스 물결이 인다"라는 말이 나오는 현실에 살고 있습니다. 상황이 이렇다 보니 양육자들은 자녀와 얼굴을 맞대는 시간만큼이라도 아이에게 뼈가 되고 살이 되는 '목적이 있는 대화'를 선호하는데요. 안타깝게도 이런 형식의 대화는 부모와 아이의 관계 형성에 오히려 독이 될 수 있어 주의해야 합니다.

부모에게 숙제는 했는지, 선생님 말씀은 잘 들었는지, 영양제는 먹었는지와 같은 질문들은 아이를 챙기는 표현이지만 아이에게는 일방적으로 무언가를 '지시'하는 말로 여겨지기 쉽습니다. 바쁜 일상 속에서 겨우 마련된 부모와 아이의 대면 시간 대부분이 이와 같은 요구의 말로만 채워지면 진짜 아이의 마음을 읽어주는 대화, 편안함과 사랑을 나누는 대화가 비집고 들어갈 공간이 사라지게 됩니다. 이와 같은 겉껍질 대화 패턴이 이어지면 아이는 자신이 이해받지 못한다고 느끼고, 부모는 일평생 아이를 위해 희생만 했다고 생각하는 '서로 억울한 관계'가 만들어질 수밖에 없습니다.

굳건한 관계 만들기 전략 1 :
쓸데없는 대화가 넘치는 집

오래전 한 인터넷 커뮤니티에서 아버지와 아들의 사례가 있었습니다. 중학생 자녀를 둔 아버지는 나이가 들수록 아이에게 따뜻한 말

한마디 건네지 못했던 자신의 과거를 후회하며 관계 회복을 위한 노력을 시작했다는 내용이었습니다. 하지만 어느새 훌쩍 자라 청소년이 된 아이는 쉽게 마음의 문을 열어주지 않았다는데요. 아마 부모와 소통이 부재했던 시간 동안, 서로에 대해 아는 바를 떠올리기 어려울 만큼 정서적 거리감이 생겼기 때문일 것입니다.

만약 아이와 자유로운 주제로 대화를 이어나가는 것을 부담스럽게 느끼는 상황이라면 지금 당장 하루 10~15분, 정해진 시간 동안만이라도 최선을 다해 이야기를 주고받는 '진짜 대화 시간 만들기' 루틴부터 시작하길 추천합니다. 여기에서 대화란 딱히 무엇인가를 가르치거나 해결하려고 질문과 지시를 건네는 것이 아니라 아이의 생각과 감정을 듣고 아이를 포용하는 '쌍방 통행'적 시간을 뜻하는데요. 어떤 대화를 나누어야 할지 고민하기보다는 우선 말을 주고받는 시간을 만드는 것 자체가 관계 전환의 시작점이 될 수 있습니다.

예일대학교 법률 저널의 편집장 출신이자 습관 전문가인 그레첸 루빈은 《루틴의 힘》이라는 책에서 자신의 글쓰기 습관에 대해 "나는 가끔 15분 내에 끝날 정도로 짧게 일을 끝나지는 날이 있을지언정, 단 하루도 집필을 건너뛰지 않는다"라고 이야기했습니다. 이처럼 매일 반복되는 루틴 형성은 하고자 마음먹은 일을 꾸준히 실천할 수 있게 만들어주는 원동력이 되는데요.

2018년 아르바이트 포털 사이트인 알바천국의 설문에 따르면 우리나라 10~50대로 이루어진 전체 응답자의 약 52퍼센트가 하루 가족과 대화하는 데 30분 미만을 투자하고 있다고 답했습니다. 물론 이는 대화 내용이나 소통 방식 등을 고려하지 않은 설문이므로, 이를 감안하면 현대인이 가족과 진짜 마음을 나누는 시간은 더 부족할 것이라는 예측을 해봅니다. 반면 초등학생에게 부모님과의 원하는 대화 시간을 물은 설문에서는 하루 평균 두 시간이라는 답변이 가장 많았습니다. 이것은 현재 우리나라 대부분의 가정이 대화에 투자하는 시간의 네 배 이상인데요. 요즘은 같은 물리적 공간인 집에 있을 때도 각자 핸드폰이나 컴퓨터 등을 사용하며 개인 시간을 보내는 경우가 많아 대화 기회를 만들려면 더욱 의식적인 노력이 필요합니다. 가족 간 의미 있는 소통이 자리 잡기 위해서는 매일 정해진 대화 시간 동안은 가족 구성원 모두 핸드폰을 무음으로 설정하기로 규칙을 정하는 것과 같이 조금은 낯설고 불편한 시도를 꾀하는 것이 변화의 지름길입니다. 대화 부재에 익숙해지면 가족과의 소통이 없다는 사실에 위화감을 느끼지 못할 정도로 무뎌지고 변화하고자 하는 의지 또한 약해지기 마련인데요. 생각해 보면 10~15분을 기다리지 못할 만큼 나에게 긴급한 연락이 오는 경우는 매우 드물뿐더러, 하루 찰나의 시간만큼이라도 다른 것보다 나와 내 아이의 관계를 중요시하지 못한다는 것은 삶의 우선순위를 다시 살펴야 한다는 신호일지도 모르겠습니다.

굳건한 관계 만들기 전략 2 :
대화가 어려운 부모라면

부모가 되었다고 우리 모두가 아이들과 대화를 잘 나누는 능력을 갖추게 되는 것은 아닙니다. 부모가 되기 전부터 대화를 즐기는 사람도 있지만, 반대로 상대의 기분을 살피고 이에 맞춰 이야기를 이어나가는 것을 힘겹게 느끼는 사람도 있습니다. 만약 부모가 후자의 성향일 경우, 아이의 눈높이에 맞춘 대화 주제는 무엇인지, 똑같은 말만 계속 반복하는 아이에게는 어떻게 반응해야 하는지 고민하게 되기 마련입니다.

아이와 여러 가지 주제에 대한 언어적 상호작용을 나누는 것은 문해력과 사고력 증진의 측면에서도 두루 권장되기에 대화를 어려워하는 부모에게 이는 매우 큰 숙제로 다가오기 쉽습니다. 다행인 점은 의식적으로 이야기를 나누는 루틴을 반복하다 보면, 그 안에서 서로 공감하고 주고받을 대화 소재는 자연스레 발견된다는 것입니다.

저는 아이와 대화의 물꼬를 트는 것을 특히 어려워하는 학부모들에게는 '부모 자녀 마음 대화 질문 카드'나 '테이블 주제-가족 편'과 같은 대화 도구들을 추천해 왔는데요. 이는 가족 간에 나누기 좋은 소재를 선정하는 부담을 줄여줄 뿐만 아니라 어떤 주제 카드가 나올지 모른다는 게임적 요소를 가미해 주기 때문에 대화 문턱을 낮춰주는 효과가 있습니다. 또한 아이들에게도 부모님이 자신을 동등한 대화 상대로 여기며 자신의 생각을 궁금해한다는 효능감을 불러일으켜 손꼽아 기다려지는 시간으로 인식됩니다.

미국 학급은 학기 내내 또래 관계 형성을 위한 '서로를 알아가는 질문' 활동에 많은 시간을 투자합니다. 아이스크림과 초콜릿 중에 무엇을 더 좋아하는지를 설명해야 하는 엉뚱하고 가벼운 주제부터, 유기견 안락사 찬반과 같이 진지하고 깊은 주제까지 폭넓은 대화 소재를 다루는데요. 이는 학업과는 무관한 시간 낭비로 여겨지기 쉽지만 아이들의 학교생활 만족도에 가장 큰 기여를 하는 두 가지 요소가 '긍정적인 또래 관계'와 '소속감'이라는 것을 생각하면, 대화 루틴의 중요성을 실감하게 됩니다. 생각을 나누는 활동은 나와 접점이 없다고 느꼈던 친구에 대한 새로운 사실을 알아가는 기회이자, 대화 소재의 폭을 확장시키는 가장 좋은 방법입니다. 따라서 생각 나누기를 경험하며 자란 아이는 타인의 관점을 이해하고, 자신의 생각과 비교하는 등 자아 성찰과 인식에서도 능숙한 경우가 많은데요. 특히 가족 구성원들끼리 더 많은 대화를 나누어본 아이들은 편안하게 맞장구를 친다거나, 상대의 눈빛과 제스처를 살피는 등 암묵적인 대화 기술이 몸에 베어 있어 학교나 또래 집단 사이에서도 자신감 있는 교류를 이어갈 가능성이 높습니다.

굳건한 관계 만들기 전략 3 :
말로 하기 어려운 아이와는 글으로

부모들 사이에 대화를 어려워하는 유형이 있듯, 아이들 중에서도 유독 말로 자신의 생각을 표현하는 데 소극적인 아이들이 있습니다. "아이와 소통한다"라는 문장을 들으면 우리는 주로 아이와 부모가 마주보고 앉아 대화를 나누는 모습을 떠올리는데요. 자신의 생각을 정리하는 데 시간적 여유가 필요하거나, 상대 반응이 어떨지 걱정이 많은 아이에게는 말보다는 글과 그림으로 자신을 보여주는 선택지를 제공하는 등 아이가 편안하게 느끼는 소통 방식을 찾도록 도와야 합니다.

실제로 자유 글쓰기 혹은 그림 저널링은 사회정서학습의 대표적인 마음 표현 도구 중 하나인데요. 저널링은 아이가 자신의 마음을 풀어내는 공간을 마련해 주는 것을 주목적으로 하기 때문에 보통의 글쓰기 활동과는 조금 달리 철자나 맞춤법, 글의 구성과 같은 요소에 대한 피드백을 따로 제공하지 않는 경우가 많습니다. 그 시간만큼은 글을 읽고 첨삭을 도와주는 편집자 역할을 하기보다 아이가 '적을 만한 이야기'라고 판단했을 만큼 의미 있게 생각하는 주제에 공감하는 독자 역할에 충실하기 위해서인데요. 따라서 주제나 글의 형식 모두 최대한 아이가 자유롭게 표현하도록 하는 게 좋지만, 간혹 글쓰기 경험이 많지 않거나 오히려 열린 주제에 부담을 느끼는 아이에게는 부모가 '느슨한 틀'로써 도움을 주어야 할 수 있습니다.

미국 교실 저널링의 단골 주제 중에 아이들의 호응이 좋은 주제들을 추천하자면 '나의 선생님이 알았으면 하는 것들'과 감사 일기를 꼽을 수 있는데요. 특히 '나의 선생님이 알았으면 하는 것들'은 오랫동안 꾸준히 많은 학급에서 활용된 고전 활동이어서, 이를 응용한 '나의 부모님이 알았으면 하는 것들'을 작성하는 가정들 또한 늘어나는 추세입니다. 이는 제목 그대로 특정 대상에게 나에 대해 알려주고 싶은 바를 자유롭게 적는 활동으로 글쓰기의 부담감은 줄여주되, 여전히 아이가 주체가 되어 자신이 나누고 싶은 내용을 결정할 수 있다는 장점이 있습니다. 특히 오늘 나의 기분부터 '최애' 연예인 소식까지, 다른 사람과 공유하고 싶은 이야기를 풀어낸 아이의 글을 살펴보면, 자연스레 요즘 아이가 가장 많은 관심을 쏟는 분야에 대한 단서를 찾을 수 있어 추후 가족 간 대화의 소재로 활용할 수 있습니다. "나를 모르는 동갑내기 친구에게 자기 소개를 한다면?", "10년 뒤 미래의 자신에게 하고 싶은 말은 무엇인지?" 등 아이의 마음을 엿볼 수 있는 흥미로운 물음표를 던져보세요.

'나의 부모님이 알았으면 하는 것들'에 대한 목록 작성이 아이에게 자기 표현의 기회가 되었다면, 미국 초등 글쓰기 활동의 또 다른 양대 산맥이라 볼 수 있는 감사 일기는 자존감을 높여주는 도구입니다. 짧게나마 매일 감사한 일에 대해 생각하고 적어보는 시간을 갖는 것은 일상을 바라보는 시각 자체를 긍정적으로 변화시켜 주는 데다, 짜증과 불만처럼 부정적인 감정이 많은 아이에게 자신을 들여다보는 기회가 될 수 있는데요. 감사할 거리를 찾는다는 것은 무미건조하게 지나쳤을 일들을 행복할 이유로 전환해 보는 것이기 때문에 전반적인 삶의 만족도를 높여주고 불만을 감소하는 효과도 있다고 합니다. 실제로 미국 하트매스**Heartmath** 연구소에 따르면, 3개월간 매일 감사 일기를 실천한 초등학생들은 그 전과 비교했을 때 자기 조절 능력과 심신 균형 감각이 향상되는 모습이 나타났고, 캘리포니아주립대학교가 심부전증 환자들을 대상으로 한 연구 또한 감사를 잘 느끼는 환자일수록 수면의 질과 심장 기능이 향상하고 우울감과 염증성 지표가 감소하는 효과가 나타났다고 발표했는데요. 아이의 성향과 글쓰기 자신감, 양육자와의 관계를 고려해 부모와 교환 감사 일기를 함께 작성한다면 유대감 향상에도 긍정적인 영향을 주는 효과를 기대할 수 있습니다.

학교생활에 대한 대화, 내 아이에 대해 잘 알고 계시나요?

"자녀에 대해 얼마나 잘 알고 계시나요?" 아이가 클수록 내 아이에 대해 아는 것이 줄어들었다고 말하는 양육자가 많습니다. 엄마가 한 번만 먹어보자 그렇게 권할 때는 거부하던 방울토마토도 친구가 맛있게 먹자 입에 쏙 집어넣는다거나, 아이가 좋아하던 장난감은 다른 취향을 가진 단짝 친구의 영향으로 금세 뒤다놓은 보릿자루 취급을 받습니다. 학년이 올라가면 올라갈수록 아이들의 이런 행동은 더욱 두드러지는데요. 학령기는 아이가 의미를 부여하는 대상이 부모와 가까운 가족 구성원에서 친구로 전환되는 시기로 이런 변화가 일어나는 것은 지극히 자연스러운 현상입니다.

스탠퍼드대학교의 한 연구에 따르면 이는 단순히 심리적인 변화 때문이 아니라 뇌과학적인 측면에서도 설명이 가능합니다. 2022년에 발표된 이 연구는 여러 연령의 아이들에게 엄마의 목소리와 낯선 이의 목소리를 들려준 뒤 뇌의 반응을 살펴보았습니다. 그 결과 신기하게도 영아기부터 만 13세 아이들과 그보다 더 나이를 먹은 청소년 아이들의 뇌의 반응에는 차이점이 있었는데요. 바로 어린아이들의 뇌는 엄마의 목소리를 듣자 보상 시스템을 자극하는 구간이 더욱 활성화된 반면, 13세 이상의 아이들의 뇌는 낯선 사람의 목소리에 더격한 반응을 보인 것입니다. 이는 연령에 따라 아이가 귀 기울여 듣고 싶은 소리가 엄마에서 타인으로 옮겨간다는 과학적 근거가 되었습니다. 이러한 연구 결과가 전해지자, 미국 양육자 커뮤니티에서는 막 사춘기에 접어든 우리 아이의 행동이 이제 이해가 된다는 재미난 반응이 주를 이루었는데요. 이와 같이 여러모로 아이에게 또래 관계의 의미가 커지는 시기일수록, 긍정적인 부모 자녀 관계를 유지하려면 아이의 사회 경험의 주 무대가 되는 학교생활에 대해 알아가려는 부모의 노력이 더욱 중요해집니다. 특히 학령기 아이들은 학교 혹은 학원에서 대부분의 시간을 보내기 때문에 부모가 아이의 학교생활을 잘 파악하고 있다는 것은 그만큼 풍부한 대화 소재를 만들어낼 수 있다는 뜻이기도 한데요. 하지만 생각보다 많은 부모가 아이에게 학교생활에 대해 물으면 "몰라"와 같은 심드렁한 답변만 받곤 합니다. "아니, 그렇게 오랜 시간 학교에 있었는데 몰라라니, 어떤 생각을 하면서 다니는 걸까, 혹시 말 못할 고민이 있는 걸까?" 이처럼 무언가를 숨기려는 듯한 아이의 태도는 때로는 부모에게 우려 혹은 서운함이라는 감정을 불러일으킵니다.

냉정하게 생각해 보면 초등학교 저학년 이하의 자녀가 이런 태도를 보이는 원인은 표현의 장벽일 가능성이 가장 큽니다. 이 시기의 아이들은 종일 겪었던 수많은 일 중에서 마음에 가장 큰 파장을 일으킨, 주요 장면을 짚어내는 능력이 미숙한 데다 설사 주요 사건들을 짚어냈다 하더라도 마음 속 감정을 말로 잘 서술해 내는 것 또한 쉬운 일이 아니기 때문인데요. 평소 부모가 먼저 자신의 일과와 더불어 하루동안 겪었던 감정들을 이야기해 주는 습관을 가지면 이는 자연스레 마음을 표현하는 모델링이 됩니다. 처음에는 자신의 이야기를 하지 않고 듣기만 하던 아이도 이런 대화 방식에 익숙해지다 보면 입을 열고 자신의 마음을 보이기 시작하는데요. 이때 부모가 '좋은 질문 던지기' 기술까지 갖춘다면 더 풍부한 아이의 답변을 기대할 수 있습니다. "점심 잘 먹었어?", "친구들이랑 잘 놀았어?"처럼 다소 추상적인 질문보다는 "점심 반찬 중에 어떤 게 제일 맛있었어?"와 같이 구체적인 질문을 활용해 상세한 정보를 떠올리는 데 추가적인 도움을 주는 것인데요. 그럼에도 만약 아이가 계속해서 모른다는 답변만 고집한다면, 등교하기 전에 미리 '오늘 좋아하는 친구가 어떤 색 티셔츠를 입고 왔는지 기억해 오기', '오늘 반찬 포스트잇에 적어오기'와 같은 미션을 부여하는 것 또한 자녀와 학교생활에 대한 소통을 이어가는 재미있는 방법이 될 수 있습니다.

초등학교 고학년 그리고 중고등학교 아이들이 대화를 거부하는 데는 저학년과는 조금 다른 이유들이 있을 수 있습니다. 이 시기 아이들은 부모의 통제를 벗어나고 주체성을 갖고 싶어 하는 욕구가 강합니다. 그럼에도 부쩍 커버린 아이를 통제하려는 부모의 태도가 지속되면, 아이와 갈등을 일으키기 쉬운데요. 이런 경우 아이와 대화할 때, 부모가 자신의 감정을 배제하고 관찰자 입장에서 말을 건네는 것이 관계 개선에 큰 도움이 될 수 있습니다. "도대체 시험공부는 언제 시작하려고 하니?"라고 말하면 아이는 부모가 자신을 신뢰하지 못한다는 생각에 사로잡혀 방어적인 태도를 취하지만, "이 주 뒤가 중간고사 기간이구나"처럼 객관적인 사실만을 말할 때는 부모에 대한 반감이 생기지 않습니다. 비판적인 태도를 내려놓고 아이의 말을 들으려는 자세를 취하면 당장이 아니더라도 분명 아이의 마음 또한 열릴 것입니다.

문제도 문제가 아니게 만드는 긍정 강화 대화법

매일 아이와 생각을 나누는 것이 습관화되었다면, 본격적으로 대화를 나누는 방법에 대해서도 생각해 봐야 합니다. 20세기 가장 영향력 있는 심리 치료사 중 한 명이라 불리는 존 가트맨 교수는 관계 속에서 행복을 유지하는 방법으로 마법의 비율$^{magic\ ratio}$ 5:1을 꼽았습니다. 이는 대화에 부정적인 표현이 하나 등장할 때마다 긍정적인 피드백 다섯 가지를 동반하는 대화 기술인데요. 가트맨은 긍정적인 표현의 사용이 이 비율보다 적어지면, 듣는 이로 하여금 존중받지 못한다는 기분을 초래해 관계에 독이 될 수 있다고 주장했습니다. 하지만 긍정적인 피드백의 중요성을 인지하더라도 막상 실천하기는 어려운 게 사실인데요. 아이의 일거수일투족을 살피다 보면 부모로서 훈육해야 하는 순간이 있을뿐더러, 이미 오랜 대화 방식을 바꿔나가는 것이 쉽지 않기 때문입니다. 이는 분명 장기간의 마음 교육과 부모의 감정 연습이 동반되어야 하는 부분이지만, 지금 당장 단 한 가지의 대화 습관을 바꿔 드라마틱한 효과를 본다면 부정적인 표현을 긍정적으로 바꾸는 '긍정 강화 대화법'만 한 솔루션이 없습니다.

이는 앞서 다루었던 제임스 코머 박사의 뉴헤이번 프로젝트에서도 중요한 역할을 했던 훈육법으로 아이의 문제 행동을 지적하기보다는 바람직한 대체 행동을 설명해 주는 대화를 이야기하는데요. 만약 아이가 교실이나 복도에서 뛰어다니는 상황이라면 "뛰지 마!"라는 말보다 "발꿈치를 들고 걸어보자", "안전하게 움직일 수 있도록 천천히 걸어보자"와 같이 허용되는 행위를 명확하게 설명해 주는 것 등을 그 예로 꼽을 수 있습니다. 놀라운 것은 단호한 훈육이 더욱 효과적일 것이라는 보편적인 예상과 달리, 긍정 강화 대화법이 지향하는 따뜻하고 부드러운 표현들이 오히려 아이들의 행동 교정으로 이어질 확률이 더 높다는 점입니다.

베스트셀러 작가이자 강연가인 사이먼 사이넥은 이에 대해 "우리의 뇌는 무언가를 하지 말아야 한다고 생각하는 순간, 이에 집중하는 성질을 가지고 있기 때문"이라고 설명했습니다. 사이넥에 따르면 이러한 인류의 사고 체계는 과거 수렵 활동에 의존했던 우리 조상들의 생존 방식에서 비롯된 것인데요. 주위 환경을 일일이 살피며 안전하다고 인식되는 모든 것을 기억하려는 것보다는 위험한 몇 가지를 강하게 기억하는 것이 생존 확률을 높이기 때문입니다. 부정적인 것에 크게 반응하고 더 잘 기억하는 부정 편향적인 성향은 우리 아이들에게도 그대로 적용됩니다. 따라서 아이들은 "뛰면 안 돼"라는 이야기를 듣는 순간 뛰는 행위를 떠올리는데요. 이것이 미숙한 자기 조절 능력과 만난다는 것을 기억하면 지금껏 이해되지 않았던, 아이가 왜 하지 말라는 짓을 계속했는지에 대한 미스터리가 풀리는 듯합니다.

그렇기에 아이에게 지시사항을 전달하는 상황에서 의식적으로 부정적인 표현을 긍정어로 전환하는 것은 즉각적인 효과를 가져오는데요. 집중력이 약한 아이가 한눈을 파는 동안 "딴짓하지 말아라"는 핀잔을 주는 대신, 무언가에 몰두한 찰나를 포착해 "지난 1분 동안 열심히 집중했네"라고 칭찬하는 긍정 강화 대화법은 아이들에게 더욱 열심히 노력하고 싶은 마음을 불러일으킵니다.

긍정적인 언어 사용은 부모가 아이를 바라보는 시선을 변화시키는 데도 도움을 줍니다. 눈에 보이는 문제점을 꼬집는 '지적형 대화'와 달리 칭찬을 던지려면 부모가 아이의 장점을 찾는 노력을 기울여야 하기 때문인데요. 그 과정 속에서 부모는 아이에게 훈육하는 목적은 혼을 내는 것이 아니라 바람직한 행동을 이끌어내는 것이라는 근본을 이해하게 되고, 다시 부정적인 표현을 남발하던 과거로 돌아가지 않으려고 애를 쓰게 됩니다.

"아 다르고 어 다르다"라는 옛말처럼 똑같은 말도 존중을 담아 표현하는 것은 아이와 나 사이에 사랑을 더하는 방법이자, 문제도 문제가 아니게 만들어줍니다.

내가 나를 아는 힘, 메타인지력

2002년 방영을 시작한 미국 유명 토크쇼 〈닥터 필Dr. Phil〉에서 심리학자인 필 맥그로 박사는 출연자들의 고민과 그들이 시행하고 있는 해결 방안에 대해 경청한 뒤, 항상 같은 질문을 던지는 것으로 유명합니다. "어떻게 되어가는 것 같으세요?" 맥그로 박사가 출연자에게 건네는 이 질문은 그들이 자신의 행동을 제삼자의 시선으로 들여다보는 기회로 작용하는 경우가 많습니다. 이 때문에 출연자들 중에는 박사에게서 별다른 해결책을 받기도 전에 자기성찰을 통해 스스로 문제 실마리를 풀어가는 모습을 보이는 경우도 있을 정도인데요. 자녀와 부모의 대화에도 이와 같이 메타인지를 발동시키는 질문을 사용하는 것은 아이가 자신이 처한 상황을 제대로 직면하는 '메타인지력'에 큰 도움이 됩니다.

여기서 메타인지란 '자신의 생각을 판단하는 능력'을 뜻합니다. 이는 자신이 아는 것과 알지 못하는 것을 구분하는 것뿐만 아니라, 문제를 해결할 수 있는 전략들을 언제 어떻게 사용하느냐에 관한 지식 또한 포함하고 있습니다. 하지만 부모가 자녀를 교육하다 보면 아이들이 스스로 돌아보는 기회를 만들어주기보다는 자신이 어른이기 때문에 아이보다 정답을 더 많이 알고 있다고 생각해 쉽사리 해결책을 내놓는 경우가 많습니다.

"엄마 말만 들으면 자다가도 떡이 떨어진다."
"다 너 잘되라고 하는 소리야."
"네가 몰라서 그렇지 이게 진짜 맛있는 거야."

이런 관점으로 관계를 만들어가기 시작하면, 부모의 언행에 아이를 통제하려는 욕구가 고스란히 배어 나와 아이가 존중받지 못한다는 느낌을 받게 됩니다. 간절기에 재킷을 들고 가지 않으면 추울지도 모른다는 외침이나, 끈적임이 싫어도 선크림을 꼼꼼히 챙겨 바르라는 말이 잔소리로 느껴지는 것이지요. 물론 단기적으로 보았을 때 부모의 말을 듣는 것이 아이에게 더욱 이득인 경우가 많습니다. 하지만 스스로 불편함을 겪어보지 않았고 자신의 방법을 바꿔야 할 이유를 느끼지 않는 아이에게 조바심에 미리 건네는 해결책은 크게 와닿지 않을 것입니다.

이는 학습에서도 그대로 적용됩니다. 공부에 별 관심이 없는 아이는 부모가 백날 좋은 학원을 등록해 주어도 배움에 큰 목표를 갖기는 힘들며, 아무리 영어 원서를 구해 주더라도 마법처럼 영어를 좋아하는 아이로 크지만은 않는데요. 이는 참여 동기가 아이 스스로에게서 나온 것이 아니기 때문입니다. 반면, 맥그로 박사처럼 아이에게 자신을 돌아보는, 메타인지의 시간을 만들어주면 이야기는 완전히 달라집니다.

"넌 어떻게 생각하니?"
"어떻게 하고 싶니?"
"무엇이 필요하니?"

아이의 메타인지 향상을 돕는 질문들은 정답이 정해지지 않은 열린 질문의 형태입니다. 부모가 아이를 위해 해주어야 하는 말은 정보와 경험을 들려주는 것이면 충분합니다. "오늘은 낮 온도가 22도이지만, 저녁에는 9도까지 내려간다고 하네. 엄마는 겉옷 하나 챙겨 나가려고"라는 말은 부모의 선택을 들려주되, 아이의 선택 또한 존중하는 태도를 담고 있습니다. 이런 표현 방식은 아이들이 '난 어떻게 하고 싶은지' 스스로 자신의 욕구를 들여다보게 하는데요. 선크림의 끈적함을 싫어하는 아이에게는 자외선이 피부에 미치는 영향을 간결히 설명해 주고 스스로 원할 때 사용하도록 좋은 제품을 구비해 놓는 것이 매일 같은 잔소리를 건네는 것보다 훨씬 더 효과적입니다. "현관

선반 위에 유분기 적은 선크림 두었으니 필요하면 이야기하렴" 정도면 충분한 것이지요.

메타인지를 통해 아이가 스스로 자신의 불편함을 인지하는 힘을 키워주고, 문제 해결 능력을 쌓아갈 기회를 주는 것이야말로 떠먹이는 교육이 아닌, 떠먹을 수 있게 돕는 교육입니다. 아이를 따라다니며 일거수일투족을 챙기는 것이 불가능해지는 순간은 반드시 찾아옵니다. 차곡차곡 쌓아온 메타인지의 힘은 아이가 독립적인 개체로 세상을 살아가야 할 때에 분명 빛을 발할 것입니다.

자기 주도력은 학습 능력을 논할 때도 빼놓을 수 없는 역량입니다. 2020년 7월 〈SBS스페셜〉은 코로나19로 인해 아이들이 온라인 수업을 하게 되면서 발생한 학습 결손을 주제로, '당신의 아이는 혼자 공부할 수 있습니까?'를 방영했는데요. 해당 방송에서 많은 부모가 등교하지 못하는 동안 아이의 집중력이 떨어지고 귀한 시간이 낭비되었다는 우려의 목소리를 낸 반면, 교육 전문가들은 이와 상반되는 냉정한 분석을 보였습니다. 바로 학습 결손은 온라인 교육으로 인해 생긴 것이 아니라, 그동안 시키는 것만 해오던 '보여주기식 공부'의 민낯이 드러난 것뿐이라는 의견을 내비친 것인데요. 아이가 등교했을 때는 미처 부모의 눈에 들어오지 않았을 뿐, 본질적인 문제는 자기 주도력의 결여에 있다는 것이었습니다. 실제로 스스로 왜 공부해야 하는지 잘 알지 못한 상태에서 학업에 집중하고 흥미를 갖는 것은 불가능에 가까운 일입니다. 이는 아이 스스로 고민하는 과정을 통해 동기를 만들어내는 중요한 과정이 생략되었기 때문입니다. 장기적인 공부 정서라는 값진 자산을 물려주기 위해서 유초등학교 자녀를 양육하는 부모가 가장 집중해야 하는 교육은 당장 책상에 잘 앉아 있는 법이 아니라 '스스로 잘 배우는 방법을 파악하는 능력', 즉 공부 메타인지력을 키워주는 일입니다.

메타인지력 키우기 전략 1 : 프로젝트 기반 학습 따라 하기

미국 영재 초등학교는 오래전부터 프로젝트 기반 형식의 수업을 지향해 왔습니다. 프로젝트 기반 학습PBL이란, 교사가 정해진 지식을 가르치고 정형화된 형태의 시험을 통해 아이의 학습 성취도를 평가하는 기존 교육 방식을 탈피한 교육법인데요. 아이들이 직접 탐구하고 토론하는 과정을 통해 배움을 얻는 것을 지향하는 해당 교육은 지식은 전달되는 것이 아니라 형성되는 것이라는 믿음을 담고 있습니다. "모든 사람은 천재이지만, 물고기를 나무 타기 실력으로 평가한다면 물고기는 평생 자신이 형편없다 믿으며 살아갈 것이다"라고 알버트 아인슈타인이 한 말처럼, 같은 문제를 두고도 사람마다 이해하는 방법이나 학습 스타일이 다르기에 단일화된 기준으로 평가하는 일은 어렵다는 것입니다.

시애틀에 위치한 영재 초등학교 1학년 아이들은 과학 시간이 되면 놀이터 미끄럼틀로 향합니다. 아이들에게 주어진 프로젝트 주제는 '공을 최대한 빠르게 움직이게 하기'. 선생님은 아이들이 스스로 계획을 만들고 검토하도록 도움을 주는 역할을 담당합니다. 문제가 제시되자마자 아이들은 추론을 시작하고 자신과 비슷한 궁금증을 가진 친구들과 팀을 이루며 의논을 통해 가설을 증명할 방법을 찾으려 노력합니다. 그 과정 속에서 공의 크기에 따라 속도 변화가 있는지 측정한다거나 날씨와 같은 외부 요소의 영향 등을 검토했는데요. 그 결과, 아이들은 스스로 비가 온 다음 날이면 물에 젖은 경사면이 생겨나고, 그로 인해 공이 굴러가는 속도가 증가한다는 사실을 증명해 냈습니다. 이렇게 프로젝트 기반 학습은 뉴턴의 운동 법칙에 부합하는 현상들을 일상에서 관찰하는 동시에 스톱워치를 작동시키며 시간에 대한 개념을 몸소 체험하는 복합적인 경험을 하게 해줍니다. 살아 있는 지식을 직접 만들어나간다는 것 외에도 프로젝트 기반 활동의 혜택은 무궁무진합니다.

그중에서도 특히 프로젝트 기반 학습이 메타인지 능력의 향상과 밀접한 관련이 있다는 점을 짚고 넘어가지 않을 수 없는데요. 이러한 활동은 교사보다 아이들이 주도권을 쥐고 있어, 끊임없는 계획과 실행, 조정, 평가와 같은 전략적 사고를 연습하는 기회로 이어집니다. 활동에 참여하기 위해서 아이들은 먼저 우리가 알아내려는 정보는 무엇인지, 그리고 이를 어떠한 방식으로 알아낼 것인지 미리 계획하는 과정를 거치는데요. 이를 진행하는 동안에도 지속적으로 내가 아는 것과 모르는 것을 판단하고 새로운 사실을 토대로 자신이 세웠던 추론을 검토하며 보완하는 연습을 해나갑니다. 그리고 이와 같이 능동적인 학습 환경은 아이들이 자기만의 학습 방법을 발견하는 계기이자 메타인지의 성장에도 긍정적인 영향을 끼칩니다.

　모든 아이는 적절한 환경과 연습할 기회만 주어진다면, 자기 주도적 학습을 훌륭히 해낼 잠재력을 지니고 있습니다. 하지만 부모가 나서서 촘촘히 학습 계획을 짜주면 짜줄수록, 스스로 전략적인 사고를 할 기회가 상실되어 메타인지력의 정체 혹은 퇴보로 이어질 수밖에 없습니다. 그렇다면 아직 프로젝트 기반 학습이 공교육에 온전히 도입되지 않고 있는 우리나라에서는 어떻게 이런 기회를 만들어줄 수 있을까요? 그 해답은 부모와 아이의 대화에서 찾을 수 있습니다. 바로 아이가 호기심을 갖는 순간을 관찰하고 이에 대해 "왜?"라는 의문점을 던지는 것부터 시작하는 것입니다. 하굣길에 마주친 참새의 날갯짓, 붕어빵 아저씨 트럭에서 모락모락 피어오르는 연기, 엄마 손을 잡으려는데 따끔하게 느껴진 정전기와 같은 일상의 소소한 장면들 모두 훌륭한 탐구 주제로 발전할 수 있다는 것을 알면 멀게만 느껴지던 열린 대화의 장이 펼쳐지는 경험을 하게 됩니다.

　이때 부모는 자녀에게 학문적 지식을 전달해야 한다는 부담감을 갖기보다는 '아직 알지 못하는 것을 알아가는 것은 멋진 일'이라는 인식을 심어주는 것을 주목표로 삼는 것이 좋습니다. 아이가 던지는 질문에 관심을 표하고, 매번 정답을 바로 가르쳐주기보다는 "네 생각은 어떤데?"라고 물어 스스로를 돌아보는 시간을 만들어주는 과정 자체가 메타인지력에 미치는 긍정적인 영향과 동등한 효과를 일으키기 때문입니다. 특히 아이가 학습하고자 하는 내용과 아이의 삶 사이의 연결 고리를 찾아 "이것을 왜 배우는가?", "이것이 왜 우리의 삶에 도움이 되는 공부인가?"를 파악하는 습관을 들여준다면 나에게 의미 있는 학습은 무엇인지 능동적으로 탐구하는 계기가 될 것입니다.

메타인지력 키우기 전략 2 : 내가 집중할 수 있는 공간 파악하기

"선생님, 사실 전 처음 교실에 봉사하러 왔을 때 아이들이 누워 있어서 너무 깜짝 놀랐어요." 한국에서 해외 파견을 나와 2년간 미국 공립학교를 경험한 한국 학부모님이 건넨 말입니다. 드라마만 보아도 미국 학급의 분위기는 우리나라보다 더욱 개방적이고 자유로운 모습으로 그려지는 경우가 많습니다. 실제로도 미국 학교는 정적인 수업보다는 아이들의 움직임이 더해진 수업 환경을 지향하는데요. 대부분의 학급에는 공기로 푹신함의 정도를 조절할 수 있는 에어 쿠션이나 균형 훈련을 돕는 둥근 형태의 의자, 혹은 요가 볼 등이 구비되어 있습니다. 때로는 어린아이용 소파나 티피텐트가 갖춰진 교실도 심심치 않게 만날 수 있습니다.

언뜻 보기에 학교보다는 키즈 카페에 더 어울릴 것 같은 이런 의자들은 플렉시블 시팅 도구flexible seating tool라는 이름을 가지고 있습니다. 여기서 "유연하다"라는 뜻의 영단어 flexible은 몸을 유연하게 만들어준다는 의미보다는 아이의 자율성을 나타내는 표현으로 사용되는데요. 학교는 이런 도구들의 사용을 통해 아이가 자신의 신체에 집중하고, 스스로 움직임이 필요하다 판단할 수 있는 환경을 조성하고자 노력합니다. 특히 선생님이 그림책을 읽어주거나 학급 토론이 이루어질 때, 혹은 자율 읽기 시간과 같은 친밀한 분위기의 수업 시간에는 아이가 움직일 수 있는 반경 또한 넓어져 교실 한가운데 눕거나 엎드려진 채로 수업에 참여하는 아이들도 종종 볼 수 있습니다.

이런 미국 학급의 풍경을 보고 몇몇 우리나라 부모는 아이가 너무 자유로운 환경에 익숙해지면 책상에 진득하게 앉는 습관을 들이지 못하게 되는 것은 아닐까 우려를 표하는 경우도 있는데요. 젓가락 사용을 어려워하는 아이에게 필요한 것은 포크라는 선택지의 제거가 아니라 젓가락으로 집을 수 있는 반찬의 양을 점차적으로 늘려가는 체계적이고 긍정적인 성취의 경험입니다. 이와 마찬가지로 책상에 앉는 것을 어려워하는 아이에게 필요한 것은 자율성을 빼앗기는 것이 아니라 정자세로 유지할 수 있는 시간을 조금씩 늘려가는 훈련인데요. 섣불리 아이의 발달보다 앞선 무리한 자세나 시간을 요구하는 것은 오히려 학업에 집중도를 떨어뜨리는 역효과를 초래할 수 있어 주의해야 합니다.

나에게 맞는 환경을 정하는 것은 대학에 가서도, 그리고 사회에 나가서도 지속적으로 사용되는 능력인 만큼 어릴 때부터 아이가 스스로 자신의 집중도를 분석할 수 있도록 도와주어야 합니다. 성인인 우리는 중요한 업무를 해결할 때, 조용한 도서관 혹은 생활 소음이 잔잔하게 깔린 카페 등 저마다 집중에 최적화된 장소를 선택하면서 정작 아이에게는 단호하게 '책상 앞 정자세'를 요구하는 경향이 있는데요. 바르게 앉아 공부하는 모습을 강조해 온 교육 환경 속에서 부모 세대에게 흐트러진 자세는 곧 제대로 집중하지 않았다는 신호로 인식되기 때문인지도 모르겠습니다. 하지만 생각을 전환해 보면, 자세 자체가 그리 큰 문제는 아니라는 것을 깨닫게 됩니다. 피곤한 날에는 누워서 책을 읽을 수도 있고, 집중이 잘 되지 않을 때는 한바탕 춤을 추며 분위기를 '리셋'하는 것이 더 효과적일 수도 있기 때문입니다.

초등학교 입학 이전의 어린 친구들과는 책 읽기와 같이 매일 반복되는 활동을 다양한 공간에서 실행하고, 그 후에 스스로 오늘 집중이 잘 되었는지 평가한다거나 '최적의 읽기 장소'를 선정하는 것과 같이 놀이를 통해 학습 메타인지력을 키워나가는 것을 추천하는데요. 장기적인 학습 정서와 자기 주도 능력의 향상에 그 어떤 부모의 지시보다 강력한 효과를 초래합니다.

메타인지력 키우기 전략 3 : 하루를 정리하는 엑시트 티켓

아이들이 교실에서 만나는 배움의 순간을 스쳐 보내지 않게 하려면 자신이 이해한 바를 나만의 언어로 표현해 보는 것이 매우 중요합니다. 그래서 매주 금요일 한 주를 마무리하는 종례 시간이 되면 저희 반 학생들은 모두 '엑시트 티켓Exit Ticket'을 작성하는데요. 교실을 나가기 위한 표라는 이름을 가진 이 종이는 한 주를 돌아보는 설문지의 성격을 띠고 있습니다.

엑시트 티켓은 크게 세 가지 항목으로 이루어져 있는데요. 첫 번째는 한 주 동안 가장 어려웠던 과제를 적는 칸입니다. 학기 초 대부분의 학생들은 이 칸에 학습 실력의 지표로 여겨지는 자신의 시험 점수나 자신이 부족하다 느끼는 교과목 이름을 적는 경우가 많지만, 매주 진행되는 엑시트 티켓 작성을 통해 자신의 학업 스타일과 성과를 제대로 분석하는 법을 깨우친 아이들의 사고와 태도는 변화하기 시작합니다.

"나는 국어를 잘하고 수학을 못해"와 같이 단면적인 인식에 머물러 있는 경우, 아이는 스스로를 수학에 소질이 없는 사람이라고 단정 지어 버릴 가능성이 큽니다. 반면 "수학 시험의 어떤 요소가 나를 긴장하게 할까?", "이 불안감을 해소하기 위해서 내가 지금 당장 실천할 수 있는 작은 변화는 무엇일까?" 등 메타인지적 질문을 던지는 훈련은 앞으로의 대책을 마련하고자 하는 마음가짐으로 이어집니다.

엑시트 티켓의 두세 번째 질문 또한 일주일간의 학교생활을 면밀히 되돌아보도록 설계되어 있습니다. 해당 칸에 아이들은 각각 새롭게 도전해 본 일과 가장 즐거웠던 기억을 적는데요. 이는 학교생활을 하는 동안 끊임없이 새로운 시도를 하도록 이끌어주는 효과가 있을 뿐더러, 나도 몰랐던 나의 관심사를 발견하게 해준다는 장점이 있습니다.

이렇게 매주 학생들이 작성한 엑시트 티켓은 개별 파일에 보관했다가 일정 기간 후 학생들에게 돌려줍니다. 한 학기 동안 축적된 티켓을 살펴보는 동안 학생들은 입을 모아 놀라움을 표현하고는 합니다. "저도 몰랐는데 제일 즐거웠던 기억으로 제가 미술 수업 이야기를 많이 했네요", "올해는 새로운 필기 방법을 많이 시도해 봤네요. 생각해 보니 이게 정말 암기력에 도움이 많이 된 것 같아요". 자신이 기록한 자료를 검토하며 학생들은 무심코 지나쳤을 자신의 관심사와 성장을 분석하게 되는데요. 우리나라 아이들의 대부분은 이처럼 자기 자신을 돌아보거나 생각을 표현하는 시간을 자주 마주하지 못하는 경우가 많다는 사실이 안타깝습니다.

2011년에 출간된 《한국어듣기교육론》에서 양명희 교수와 김정남 교수는 성인이 실생활에서 주로 사용하는 기능을 듣기 45퍼센트, 말하기 30퍼센트, 읽기 16퍼센트, 쓰기 9퍼센트라고 분류했는데요. 하지만 우리나라의 교육 현장은 듣기에 무려 60퍼센트의 시간을 할애할뿐더러 발표 시간조차 정답이 정해진 질문들에 응답하는 구조여서 자신의 생각을 폭넓게 표현할 기회가 매우 적습니다. "3번 문제 정답은?", "'신나다'가 무슨 뜻인지 아는 사람?"과 같이 하나의 정답이 존재하는 질문들은 아이가 해당 정보를 습득했는지를 파악하는 데는 도움 되지만, 깊은 사고력이 요구되거나 이에 대한 아이의 생각을 확장하는 역할을 하지는 않기 때문입니다. 이럴 때일수록 가정에서나마 정답보다 의견 말하기에 중점을 준 대화를 적극적으로 도입하는 것이 중요합니다.

"3번 문제가 왜 난이도가 높은 문제라고 생각하니?", "네가 출제위

원이라면 오늘 배운 내용 중에 어떤 문제를 시험에 내겠니?", "'신이 난' 경험을 말해볼까?"와 같이 자신이 이해한 바를 나만의 언어로 표현하는 기회는 '내가 아는 것과 배워야 할 것'을 가늠하는 능력을 키워줍니다. 더 나아가 아이가 성취한 바를 자랑스럽게 여기게 만들어 주기 때문입니다.

모르는 것이 당연한
성장형 교실

독이 되는 칭찬도 있습니다

2007년 《뉴욕 타임스》에는 스탠퍼드대학교 캐롤 드웩 교수의 연구를 바탕으로 한 기사가 실렸습니다. 이 기사는 뉴욕의 초등학교 5학년 학생 400명을 대상으로 한 연구 사례를 설명하며 우리가 성장형 사고에 집중해야 하는 근거를 제시했는데요. 당시 드웩 박사는 이미 10여 년 동안 칭찬이 아이들에게 미치는 영향에 대한 연구를 지속해 온 상태였습니다. 그는 어른들이 아이에게 건네는 말이 아이가 어떤 일을 실행하는 능력뿐만 아니라 자신에 대한 인식까지 변화시킬 힘을 가지고 있다고 주장했습니다.

해당 연구에서 그는 제일 먼저 아이들에게 누구나 수월하게 풀 정도로 쉬운 퍼즐 문제를 풀게 합니다. 그리고 실험에 참여한 아이들이 답안을 제출할 때 두 개 그룹으로 나눠 각각 다른 반응을 보였는데요. 첫 번째 실험 그룹에게는 "너는 참 똑똑하구나. 퍼즐에 소질이 있네"라며 지능을 긍정적으로 평가했고, 두 번째 그룹에게는 "정말 열심히 풀었나 보구나"라며 노력에 대한 피드백을 주었던 것입니다. 곧이어 연구진은 아이들에게 집에 가져가 숙제로 풀 두 번째 과제를 선택하게 했습니다. 그러면서 첫 번째 종이에는 바로 전에 풀었던 퍼즐과 비슷한 난이도의 문제가 적혀 있다 말했고, 두 번째 종이에는 훨씬 더 어렵지만 흥미로운 문제가 적혀 있다고 했는데요. 과연 두 그룹의 아이들은 어떤 선택을 했을까요?

놀랍게도 두 그룹의 아이들은 서로 다른 과제를 선택했습니다. 타고난 지능에 대한 칭찬을 들은 아이들은 대부분 이전과 비슷한 낮은 난이도의 문제를 골랐지만, 노력에 대한 칭찬을 받은 아이들의 90퍼센트 이상은 더 어렵다는 문제를 고른 것입니다. 이 결과에 대해서 드웩 교수는 "똑똑하다"라는 칭찬이 아이들로 하여금 '무슨 수를 써서도 똑똑해 보여야겠다'는 가면을 쓰게 만든 반면, 노력에 대한 칭찬을 들은 아이는 어려운 문제에도 도전해 보고 싶다는 동기를 얻었다고 분석했습니다.

이어진 세 번째 시험에서는 더욱 놀라운 결과가 나타났습니다. 이번에는 아이들이 어려움에 대응하는 자세를 관찰하기 위해 매우 어렵게 설계된 문제들로 이루어진 시험지를 풀게 한 것인데요. 의도적으로 까다롭게 만들어진 시험지에 두 집단의 아이들 모두 문제 풀이에 어려움을 겪었지만, 그 태도에서만은 여전히 뚜렷한 차이가 나타났습니다. 자신의 노력에 대한 칭찬을 받았던 아이들은 적극적으로 문제를 풀려는 모습을 보인 반면, 똑똑하다는 칭찬을 들었던 아이들은 문제가 어렵다는 것을 인지하자마자 금세 흥미를 잃었습니다. 심지어 연구진이 마지막으로 다시 쉬운 난이도의 문제를 냈을 때는 성적 차이까지 나타났습니다. 노력을 칭찬받았던 아이들은 첫 번째 시험보다 마지막 시험에서 30퍼센트가량 높은 점수를 받은 반면, 똑똑함을 칭찬받았던 아이들의 점수는 약 20퍼센트가량 낮아진 것입니다. 드웩 교수 연구진은 똑똑하다고 칭찬받았던 아이들의 성적이 하락한 원인으로 '기대에 대한 부담감'을 꼽으며, 이러한 칭찬이 독이 될 수도 있다고 경고합니다.

캐롤 드웩 박사는 추가 연구를 통해 모든 인간은 두 가지 사고방식을 가지고 있다고 설명했습니다. 바로 사람의 능력은 타고나는 것이라고 믿는 '고정형' 사고방식과 연습과 훈련을 통해 능력을 발전시킬 수 있다고 믿는 '성장형' 사고방식입니다. 고정형 사고를 가진 사람들은 선천적으로 주어진 재능과 가능성은 변할 수 없다고 생각합니다. 개인의 선택과 노력에 따라서 능력이 조금 더 향상되거나 나빠질 수는 있지만, 이 또한 정해진 범위 안에서 오르락내리락할 뿐이라 믿는 것이지요.

고정형 사고를 가진 이들은 잘하는 일에 대해서는 자신이 선천적으로 매우 뛰어난 사람이라는 자부심을 갖지만, 단번에 해결되지 않는 일을 마주하거나 다른 사람에게서 부정적인 피드백을 받았을 때 의욕을 잃기 쉽습니다. 내가 아무리 노력해 봤자 그 분야에 타고 난 사람만큼 못할 것이라고 생각하기 때문이지요. "똑똑하다"라는 칭찬에 길들여진 뉴욕의 5학년 학생들이나 시애틀의 조슈아처럼, 자신의 실패가 곧 자신의 가치를 단정 짓는다고 생각하기도 쉽습니다. 그러다 보니 노력보다는 결과에 가치를 두거나 "노력은 머리가 안 좋은 사람들이나 하는 거지"라며 열심히 하는 사람들을 폄하하기도 하는데요. 이런 경우에는 자신의 우월함을 증명하기 위해 여러 잣대로 타인과 자신을 저울질하기 때문에 누군가의 성장에서 위화감을 느끼기도 합니다.

그 반면, 노력을 통해 자신의 능력을 얼마든지 발전시킬 수 있다고 믿는 성장형 사고를 가진 사람들은 타인의 성공을 동기부여로 삼는 경우가 많습니다. 내가 노력하는 한, 나 또한 원하는 바를 이룰 수 있다고 믿기 때문에 내가 원하는 것을 미리 성취한 사람을 질투하기보다는 그들의 발자취에서 배울 점을 찾기 때문입니다. 지속적으로 성장한다는 믿음은 당장 눈앞의 일이 마음대로 풀리지 않더라도 그 또한 장기적인 도약의 과정으로 받아들이게 해주는데요. 이 때문에 성장형 사고를 가진 사람들은 고정형 사고를 지닌 이들보다 끈기가 강하며, 도전적인 성향을 가진 경우가 많습니다. 정리하자면, 성장형 사고는 스스로를 자신이 규정한 한계 안에 가두지 않음으로써 무한한 가능성을 열어둔 채 살아가게 해주는 사고방식이라고 볼 수 있겠습니다.

드웩 교수는 아이들은 태생적으로 이 두 가지 사고방식 중에 성장형 사고를 발휘하는 경우가 더 많다고 말합니다. 유아기의 아이는 자신의 옹알이가 어떤 의미를 전달하는 데 성공적이건 아니건, 그 결과에 상관없이 계속해서 소리를 내뱉습니다. 걷기도 마찬가지입니다. 한 걸음을 내딛는 것도 버거워 중심을 잃고 넘어지기를 반복하면서도 계속 걸으려고 하고, 결국 폴짝폴짝 뛸 때까지 끈기 있게 도전하는 모습을 보면, 아이들은 스스로 잘 해낼 것이라는 믿음을 갖고 있음을 알 수 있습니다. 하지만 "잘한다" 혹은 "잘해라"라는 칭찬과 응원을 통해 성과를 중시하는 사회의 기준을 배워가면서 고정형 사고가 우리 삶을 점점 지배하게 됩니다. 문제는 평가에 대한 두려움을 갖게 된 아이가 나쁜 평가를 받을 가능성 자체를 배제하기 위해서 도전 자체를 포기한다는 것입니다. 우리 아이가 머리는 좋은 데 노력하지 않는다고 토로하는 사례들을 살펴보면 아이의 성장형 사고가 힘을 잃은 경우가 많은데요. 사고방식은 말 그대로 아이가 세상을 바라보는 시선을 좌지우지하는 만큼, 행복을 결정짓는 '치트키'라고 해도 과언이 아닙니다.

이 좋은 성장형 마인드, 어떻게 소개하나요?

아이들의 성장형 사고력을 키워주는 가장 좋은 방법은 주위의 가까운 어른들이 이와 같은 마음가짐으로 아이를 대하는 것입니다.

"이번에 90점 맞았네. 잘했어"처럼 아이의 노력보다는 시험 점수에 반응하고, "옆집 우진이 형도 7살 때는 못했는데 8살 되니까 했대"와 같이 다른 아이와 비교, "역시 넌 날 닮아서 수학 머리보다는 문과야"라며 아이의 한계를 설정하는 말들이 가득한 환경은 아이가 자신의 성장 가능성을 부정하게 만들기 쉬운데요. 그렇다면 어떤 말들이 아이에게 실패할지도 모른다는 두려움을 떨쳐버리게 도와줄까요?

성장형 사고를 향상시키는 대화 표현으로는 "그럴 수도 있겠다"와 "그랬구나"가 있습니다. 별것 아닌 이 한마디에는 상대를 이해하려는 마음이 담겨 있는데요. 이는 감정적인 잔소리를 시작하기 전에 부모가 아이의 입장을 생각해 보는 계기가 되고, 아이에게도 자신이 온전히 수용된다는 느낌을 주는 표현입니다. 이렇게 정서적으로 안정된 환경에서 아이는 모든 것을 단번에 잘 해내야 한다는 생각을 지워냅니다. 내가 실패해도 "그랬구나" 하며 나를 어루만져주고, 내가 실수해도 "그럴 수도 있겠다" 하며 내 진심을 믿어주는 사람이 있다는 걸 알기 때문입니다. 그리고 이런 부모의 마음이 말뿐만 아니라 일상의 행동에 반영되었을 때 그 효과는 배가됩니다.

성장형 마인드 키워주기 전략 1 : 성공보다 실수에 더 필요한 롤 모델

저는 매년 학기 초 적당한 날을 골라 비장한 마음으로 아주 잘 늘어나는 바지를 입고 출근합니다. 그리고 교실 앞에서 심호흡을 한 번 내쉰 뒤, 여느 날처럼 교탁으로 걸어가다 '콰당' 현란한 몸 개그를 선보이며 넘어지는데요. 동시에 손에 들고 있던 유인물과 색연필을 최대한 소란스럽게 떨어뜨리며 이렇게 외치는 것도 잊지 않습니다.

"아 완전 다 망했네. 아무것도 되는 일이 없는 하루야. 그냥 포기할래. 색연필이 이렇게 많이 흩어져서 다 찾기도 힘들 거야. 찾아봤자 이미 다 부러져 있을 텐데 뭐."

아이들은 어떤 반응을 보일까요? 눈앞의 문제를 해결해 보려고도 하지 않고 쉽게 포기하는 선생님의 태도만큼 이상하게 느껴지는 것도 없을 텐데요. 어른들은 아이에게 "실수해도 괜찮아"라고 말하지만, 정작 자신의 실수에는 관대하지 않은 모습을 보이는 경우가 많습니다. 하지만 실수에도 롤 모델이 필요합니다. 선생님의 몸 개그와 그 대처 방법을 관찰하는 것은 아이들에게 성장형 사고와 고정형 사고의 차이를 재미있게 소개할 수 있는 방법 중 하나인데요.

"선생님, 포기하지 마세요. 저희가 도와드릴게요."
"지금 색연필을 깎을 시간이 모자라면 옆 반에서 빌려오면 어때요?"

선생님을 돕기 위해 의견을 건네는 이 시간은 학급 아이 모두 한 마음으로 문제를 해결하는 연습이 됩니다. 선생님의 평소 모습과 괴리감이 있는 이 투정 에피소드는 '닮지 말아야 할 표본'이 되어 후에 아이들이 고정적인 사고를 내비칠 때도 이를 유머러스하게 지적하기 위해 자주 인용되는데요. 가정에서도 부모가 자신의 실수를 적절하게 대처하는 태도를 보인다면 이보다 아이에게 '성장형 마인드'를 더 잘 느끼게 해주는 롤 모델은 없을 것입니다.

아이의 성장형 사고력을 키워주는 부모는 항상 완벽한 모습을 보이는 것이 아니라 허술하고 부족한 부분이 있음에도 끊임없이 노력하고 극복해 가는 과정을 보여줍니다. 글씨를 쓰다가 철자를 잘못 적었을 때, 음료수를 엎질렀을 때 등 예상치 못한 순간을 맞닥뜨리는 상황에서 부모의 생각을 소리 내어 이야기해 보는 것도 좋은 방법인데요. "실수했지만 괜찮아. 이번에는 컵을 좀 더 가까이에 놓고 다시 따라야지." 이와 같은 부모의 말을 통해 아이 또한 간접적으로 성장형 사고를 경험합니다.

성장형 마인드 키워주기 전략 2 : 처음부터 다 아는 사람은 없어

성장형 사고에 대해 다루는 영상물과 서적이 많아지고 있지만 그럼에도 매년 꼭 다시 찾게 되는 주옥같은 자료들이 있습니다. 미국의 유명한 비영리 교육기관인 칸 아카데미가 만든 '넌 뭐든지 배울 수 있어' 영상도 그런 자료 중 하나입니다. 1분 30초 남짓의 이 짧은 영상은 셰익스피어에게도 알파벳을 배우던 시절이 있었고, 알버트 아인슈타인조차 10까지 숫자를 세는 것이 어려웠던 시절이 있었음을 이야기합니다. 이는 성공한 사람들을 보며 그들의 노력보다는 타고난 능력을 동경하는 우리의 심리를 되돌아보게 만들어주는데요. 해당 영상과 연계로 아이들은 자신이 관심을 가진 분야에서 성공을 이룬 인물을 선택해 조사하는 과제를 수행합니다.

하지만 이 과제의 핵심에는 일반적인 리서치 과제와는 조금 다른 차이점이 있습니다. 바로 해당 인물이 이루어낸 업적보다는 그 위치에 이르기까지 배워야 했던 것, 그리고 겪어야 했을 실패를 세부적으로 정리하는 데 초점을 둔다는 점인데요. 페이스북 창시자였던 마크 저커버그가 지금의 성장을 이루기까지는 먼저 컴퓨터 키보드를 쓰는 법과 코딩을 배워야 했고 수많은 취업 관문을 넘지 못했으며, 올림픽 금메달리스트인 김연아 선수도 균형을 잡기 위해 다치지 않고 넘어지는 법을 배워야 했다는 사실을 알아가는 것은 막연한 우상으로 생각하던 이들을 현실적인 롤 모델로 전환해 생각하게 만들어줍니다. 처음부터 뛰어났을 것만 같던 세계적인 거장들의 여정 또한 실수투성이인 나의 길과 닮아 있다는 사실은 험난한 길도 포기하지 않을 동기가 되기에 충분합니다.

성장형 마인드 키워주기 전략 3 : 의미 있는 실수들

샬롯 존스 작가의 《Mistakes that worked(의미 있는 실수들)》는 실수로 인해 우연히 발생한 성공적인 사례 40여 개를 담은 책입니다. 대표적인 예로는 최초의 항생제 페니실린의 발견을 꼽을 수 있는데요. 이는 실험용 배양접시에 포도상구균을 배양하던 영국의 생물학자 알렉산더 플레밍의 실수에서 비롯되었다고 합니다. 장기 휴가를 떠날 예정이었던 플레밍이 그만 실수로 실험에 사용되었던 배양접시의 뚜껑을 열어둔 채 여행을 가버린 것인데요. 실험실로 돌아온 그는 포도상구균이 죄다 곰팡이에게 먹혀버린 사실을 발견하고 곰팡이가 세균을 죽일 수 있다는 새로운 가설을 세우게 됩니다.

실험 용기의 뚜껑을 닫지 않았던 사소한 실수가 훗날 많은 목숨을 구한 항생제를 탄생시켰을 뿐만 아니라, 플레밍에게는 노벨 생리의학상을 안겨줬다고 볼 수 있지요. 책에는 이외에도 우리가 일상에서 즐겨먹는 음식에 대한 사례도 담겨 있습니다. 바삭바삭한 식감이 매력적인 감자칩은 미국의 한 식당에서 일하던 요리사 조지 크룸에 의해 처음 만들어졌습니다. 자꾸만 감자를 더 잘게 썰어달라 요구하던 한 손님을 골탕 먹이기 위해 씹는 맛도 안 날 정도로 아주 얇게 포를 떠 튀긴 데서 유례된 것이죠.

"실수가 없었더라면 페니실린과 감자칩이 세상에 존재하지 않았을 것이라니!"

"이분들이 실수해 주셔서 너무 감사하지 않니?"

"중간에 포기했다면 이렇게 맛있는 감자칩은 없었을 거야."

단기적으로는 실패로 여겨졌던 것들이 장기적으로는 사랑받는 사례를 접하며 아이들은 실패를 부끄러워하지 않는 태도를 배워갑니다. "실패한 것이 아니다. 잘되지 않는 방법 1만 가지를 발견한 것"이라는 토마스 에디슨의 말처럼, 실패를 성공의 발판으로 삼는 마음가짐을 심어주는 것이 중요합니다.

성장형 마인드 키워주기 전략 4 : 말랑말랑한 뇌, 초등학생도 배울 수 있어요

우리는 흔히 어린아이들에게 뇌가 말랑말랑할 나이라는 표현을 사용합니다. 이는 인간의 뇌는 영유아기에 급격히 발달하고 청소년기에 성장이 완성된다고 믿었기 때문인데요. 사실 1960년대까지만 해도 대부분의 과학자는 인간은 일정량의 뇌세포를 가지고 태어나고, 그 일부는 나이를 먹을수록 영구적으로 손상되거나 사라진다는 가설에 동의했습니다. 하지만 1990년대에 들어 심층적인 뇌과학 연구가 활발해지며 우리는 뇌에 대해 그 어느 때보다 더욱 잘 이해하게 되었는데요. 지난 100년 사이 뇌과학의 가장 큰 연구 성과로 여겨지는 '뇌의 가소성'에 대한 의견이 제시되었습니다.

2000년 《아메리칸 사이언티스트American Scientist》에 실린 글은 뇌의 가소성을 "뇌의 신경회로가 외부 자극, 경험, 학습에 의해 구조적, 기능적으로 변화하고 재조직화 되는 현상"이라고 정의하고 있습니다. 이는 나이를 막론하고 우리의 뇌가 끊임없이 발전할 수 있다는 뜻으로, 타고난 지능이 평생 유지된다는 고정관념을 깨는 계기가 되었습니다. 학습과 경험을 통해 계속해서 새로운 연결회로가 만들어지거나, 기존 연결망이 변화하는 것을 잘 보여주는 대표 사례로는 이온 파인 박사의 연구를 꼽을 수 있습니다.

이 실험에서 연구진은 다양한 참가자에게 모스 부호 소리와 유사한 소음을 들려주며 MRI를 통해 그들의 뇌 반응을 살펴보았습니다. 그 결과, 시각 장애인들의 뇌는 비장애인들의 뇌보다 듣는 것을 담당하는 청각 피질이 더 예민하게 반응한다는 것을 알게 되었는데요. 그는 그 이유가 바로 쓰임과 필요에 맞춰 유연하게 적응하고 변화하는 우리 뇌의 가소성 때문이라 주장했습니다. 같은 해 엘리너 맥과이어 교수가 미국 과학 아카데미 회보에 게재한 논문 또한 외부 자극과 반복 경험을 통해 뇌의 신경세포가 증식하는 사례를 예시로 들면서 뇌의 가소성에 대한 신뢰는 더욱 높아집니다. 바로 거미줄처럼 복잡한 것으로 유명한 영국 런던에서 택시를 운전하는 기사들의 뇌, 그중에서도 뇌에서 기억 조절을 담당하는 해마의 변화를 측정한 것인데요. 놀랍게도 베테랑 택시 기사일수록 해마의 크기가 커져 있다는 사실을 밝혀낸 것입니다. 이러한 사례들은 교육계가 가지고 있던 지능에 대한 관점 또한 크게 전환시키는 계기가 되었으며, 더 나아가 성장형 사고와 성취 간의 관계에 대한 연구의 시대를 여는 원동력이 되었습니다.

많은 미국 초등학교 교실에서는 지금까지 우리가 알아본 성장형 마인드와 뇌의 가소성에 대한 대화가 이루어집니다. 아이의 연령에 따라 인용되는 전문용어나 지식의 범위에는 차이가 있지만, "뇌는 새로운 경험을 통해 새로운 신경경로를 만들고, 또 기존의 경로를 변화시키기도 한다"라는 기본 이론은 만 5세인 유치부 교실에서도 다루는 내용입니다.

성장형 마인드 대표 연구가로 잘 알려진 리사 블랙웰은 차일드 디벨롭먼트Child Development 학회 저널에 "성장형 사고와 뇌 가소성에 대한 직접적인 지도가 아이들의 성적에 미치는 영향"에 대한 의견을 실었습니다. 블랙웰은 아이들에게 성장형 사고의 효능을 뒷받침하는 과학적 근거를 제시하는 것이 아이들이 스스로가 생각하는 자신의 발전 가능성을 향상하는 효과를 얻는다고 예측했습니다. 그리고 그는 700여 명의 고등학생들을 두 그룹으로 나눠 서로 다른 내용의 워크숍을 여덟 번 진행합니다. 이 기간 동안 첫 번째 그룹은 암기법이나 노트 정리법과 같은 학습 기술에 대한 강의를 들은 반면, 두 번째 그룹은 뇌가 새로운 자극과 도전에 어떻게 반응하고 변화하는지에 대한 내용을 배웠습니다. 그 결과, 단 한 학기만에 두 그룹 사이에는 놀라운 차이가 생기게 됩니다. 바로 뇌의 가소성에 대한 강의를 들은 학생들의 평균 수학 성적이 공부법을 배운 그룹보다 월등히 상승했으며, 전반적인 학업 태도 또한 긍정적인 양상을 띠기 시작한 것인데요.

　전문가들은 성장형 사고에 대한 과학적 근거와 적용법을 배우는 것은 아이들에게 "노력하면 발전할 것이다"라는 믿음을 심어준다고 입을 모아 말하고 있습니다. 특히 평소 공부 자신감이 부족하거나 학습 동기가 낮았던 아이들일수록 성장형 사고 장착의 효과를 더욱 톡톡히 볼 수 있다는 것이 밝혀지면서, 교육 환경 평등을 위해 이는 공교육에서 모든 아이에게 지도되어야 한다는 의견이 주를 이루게 되었습니다.

성장형 마인드 키워주기 전략 5 : MVP 가 아니라 MIP

　"이번 학기 축구부의 MIP는 올리비아입니다!" MIP는 most improved player의 약자로 가장 많은 성장을 보인 선수라는 뜻입니다. 이 상은 학교에서 제일 축구를 잘하는 학생이 아니라, 가장 많은 성장을 보인 학생에게 돌아가는데요. 흔히 프로 스포츠 리그에서 가장 훌륭한 성적을 낸 선수에게 MVP를 시상하는 모습을 볼 수 있지만, 미국 초등학교에서는 이런 모습은 만나기 어렵습니다. 아이들의 성과를 비교해 가장 우수한 학생 한 명만을 인정하는 것은 학급 전체의 성장형 사고력에 긍정적인 영향을 가져오지 않는다고 생각하는 데다가, 애초에 서로 다른 강점을 가진 아이들을 견주어 우수성을 따지는 것은 공정하다 볼 수 없다는 의견도 있습니다. 학기 초부터 축구공을 잘 다루던 아이와 제대로 공을 차본 적도 없던 아이는 그 시작점부터 다르기에 비교해 평가할 수 없다는 것이지요. 이러한 이유로 미국 학교 대부분의 상은 '개인의 성장 폭'을 기준으로 삼는 경우가 많습니다.

학교에 따라서는 한 달에 한 번, 각 반에서 한 명씩 상을 주되 수상하는 아이 고유의 장점을 부각하는 이름을 붙이기도 합니다. 최우수상, 금상 대신 '시키지 않아도 교실을 정리한 상', '친구가 다쳤을 때 위로해 준 상'과 같이 학업보다는 행실에 관련해 상 이름을 채택하는 것인데요. 이는 더 다양한 시각에서 아이의 강점을 찾게 해준다는 특징이 있습니다. 아이가 자신이 무엇이든 잘할 수 있다는 믿음을 갖기 위해 필요한 것은 학교에서 받아온 우수상 상장이 아니라, 자신의 노력을 알아보고 격려해 주는 부모의 말 한마디입니다. 그런 의미에서 평소 아이가 최선을 다하는 일이 있다면, 그 기회를 놓치지 말고 '우리 집 노력상'을 시상하는 것은 어떨까 제안해 봅니다.

성장형 마인드 키워주기 전략 6 : 아직-그러나-그럼에도

"나는 자전거를 못 타요."
"두 자리 숫자 더하기는 어려워요."

아이 입에서 포기의 말이 나올 때면 괜히 마음이 철렁합니다. "자신의 실수를 보고 웃을 때 비로소 어른이 된다"라는 말을 떠올리며 아직 어려서 그러려니, 크면서 자신감도 채워지려니 마음을 다잡지만요. 타인의 실수에는 관대하면서 스스로에게는 그렇지 못했던 나의 과거를 아이가 똑같이 겪을까 걱정이 앞서는 것을 부정할 수 없습니다. 그럴 때면 저는 학교에서 제자들과 자주 사용하던 '아직-그러나-그럼에도' 문장 고리를 떠올립니다. 이 마법 같은 표현들을 더하면 부정적인 의미를 가진 문장도 금세 긍정적인 표현으로 탈바꿈되어 마음을 달래는 데 큰 효과가 있기 때문인데요. 문장 고리를 활용하는 방법은 매우 간단합니다.

제일 먼저 머릿속에 떠오른 부정적인 생각에 '아직'이라는 시제를 붙여주는 것입니다. 그러면 당장 만족스럽지 않은 일조차 일시적이라는 전제가 생겨 언젠가는 해결될지도 모른다는 희망이 생기기 때문입니다. 두 번째 단계는 '그러나'를 더해주는 단계입니다. 작고 사소한 것일지라도 현재 내가 잘하는 바를 떠올려주는 것인데요. 이는 지금 불만족스럽게 느끼는 일이 삶을 이루는 수많은 조각 중 지극히 작은 일부일 뿐이라는 것을 알아차리는 데 큰 도움이 됩니다.

마지막 단계는 앞으로의 발전을 위한 포부를 더하는 것인데요. 내가 어렵게 느끼는 일의 원인을 파악하고 '그럼에도' 지속할 것이라는 다짐을 이야기하며 마음을 다잡을 수 있습니다. 이 대화 패턴을 적용하면 "나는 자전거를 못 타요"라는 다소 비관적이었던 말은 이렇게 바뀝니다.

1단계 : "나는 아직 자전거를 못 타요."

2단계 : "그러나 일주일 전보다는 더 오래 중심을 잡게 되었어요."

3단계 : "넘어질까 무섭기도 하지만 그럼에도 매주 3일은 연습할 거예요."

"두 자리 숫자 더하기는 어려워요"라는 말도 어떻게 달라지는지 살펴볼까요?

1단계 : "나는 아직 두 자리 숫자를 더하는 것이 어려워요."

2단계 : "그러나 한 자리 숫자는 잘 더해요."

3단계 : "일의 자리에서 십의 자리로 넘어가는 것은 어렵지만 그럼에도 그림을 그려보며 풀어볼 거예요."

포기의 말이 응원하고 싶은 말로 전환되는 것이지요. 가정에서 이 표현을 기억했다 적용해 본다면, 아이가 어려움을 겪을 때도 "괜찮을 거야. 다 잘될 거야"라는 표면적인 위로에서 그치는 것이 아니라 "아직 어렵고 힘들 거야. 그러나 우리는 노력하고 있으니 오래 걸리더라도, 그럼에도 목표에 닿을 수 있어"라는 진심 어린 격려를 전하게 됩니다.

외적 동기와 내적 동기, 최적화 활용법

어느 날 회사에서 열심히 일하는 직원의 월급을 50만 원씩 올려 주겠다라고 하면 어떤 마음이 들까요? 아마도 노력을 보상받는다는 생각에 기쁠뿐더러 앞으로도 나의 가치를 인정받기 위해 열과 성을 다해야겠다는 생각이 들 것입니다. 그런데 그 뒤에 계속해서 열심히 일해도 더 이상 연봉이 오르지 않는다면 어떻게 될까요?

전문가들은 연봉 인상이나 보너스 같은 외적 보상에서 비롯된 동기는 장기간 지속되기 어렵다고 말합니다. 이는 '쾌락 쳇바퀴hedonic treadmill'라고 알려진 현상 때문인데요. 사람의 경제적 기대치나 욕구는 소득 증가 수준에 비례하기 때문에 더 많은 돈을 벌면 더 비싸고 좋은 것을 원한다는 것입니다. 그렇기에 연봉이 오르는 그 당시에는 일시적으로 높은 만족감을 느끼겠지만 이것이 장기적인 성취감과 행복의 순이익으로 연결되지는 않는다는 것인데요.

"이번에 시험 점수 잘 나오면 엄마가 핸드폰 바꿔줄게."
"문제집 두 장 풀 때마다 칭찬 스티커 줄게."
"주사 잘 맞으면 장난감 사 줄게."

외적 보상에 길들여진 사회를 살아가는 우리는 아이들에게도 달콤한 조건을 내거는 경우가 많습니다. 몇 번을 말해도 꿈쩍 않던 아이가 물질적인 보상을 내거는 순간, 노력하는 모습을 보이니 이러한 보상이 아이의 동기를 유발시키는 데 효과적이라고 착각하기 쉬운데요. 얼핏 보기에 매우 탁월해 보이는 이 보상에는 여러 부작용이 있을 수 있습니다. 그중 아이의 본질적인 성취감을 자극하기보다는 보상을 받기 위해 무언가를 끝내야 한다는 마음을 불러일으킨다는 것이 가장 큰 문제입니다. 이 경우 원하는 것을 손에 얻고 난 뒤에는 더 이상 노력해야 하는 목적 자체가 사라지기 때문에 장기적인 동기를 불러일으키기 어려운데요.

지속적으로 외적 동기에만 의존해 온 아이들은 '쾌락 쳇바퀴' 안에서 갈수록 더 큰 보상을 요구할 가능성도 큽니다. 숙제를 잘 끝마친 대가로 장난감을 받았으니, 그보다 더 많은 노력이 들어간 시험 후에는 더 큰 보상을 받아야 한다고 생각하는 것이지요. 즉 자신이 만족하는 만큼의 보상이 제시되지 않는 상황에서는 시큰둥한 반응을 보인다는 것입니다. 편식하는 아이의 식습관을 고치려고 밥을 잘 먹을 때마다 초콜릿을 주는 방법에 의존하다 보면, 어느 날 아이가 "그냥 야채 안 먹고 디저트도 안 먹지 뭐", "초콜릿 하나 말고 다섯 개 안 주면 안 먹어"라고 말하는 난처한 상황을 만나게 될지도 모릅니다.

그래서 전문가들은 아이가 지속적으로 무언가를 하고 싶어 하는 마음을 불러일으키려면 외적 보상보다는 내적인 동기부여를 불러일으키는 것이 더욱 바람직하다고 이야기합니다. 예를 들면, "브로콜리를 많이 먹었더니 화장실 가는 시간이 더 편해졌네"와 같이 건강한 식습관이 가져온 긍정적인 변화에 대해 이야기를 나눈다든지, "이제 고기 반찬도 잘 먹을 수 있는 것 같아 보이던데, 네 생각은 어때?"처럼 아이의 의견을 물으며 스스로 식습관에 대해 생각해 볼 기회를 주는 것입니다. 이는 아이가 자신의 발전을 인지하도록 도와주어 성취감을 증폭하는 효과가 있습니다. 학업에서도 내적 동기의 힘은 강력합니다. 영어 시험 점수를 잘 받기 위해서(외적 동기) 공부를 하는 것보다 영어권 나라에서 자유롭게 여행하고 싶은 꿈(내적 동기)을 위해 공부할 때, 꾸준히 노력할 힘이 생기는 것도 바로 이 때문인데요. 내가 하고 싶은 일에 한 발자국씩 다가가는 과정에서 만나는 성취감과 기대감 자체가 다른 그 어떤 보상보다 더 값진 동기가 되어주기 때문입니다.

신경과학적으로 바라보았을 때, 인간의 모든 행동은 크게 두 가지 욕구에서 비롯된다고 합니다. 하나는 생존, 혹은 고통을 피하기 위해 꼭 필요한 것을 원하는 욕구이고, 다른 하나는 보상을 원하는 욕구라고 정의되어 있는데요. 우리 뇌에는 보상 시스템이 자리하고 있어 기본적으로 모든 사람은 쾌락을 얻는 것을 지향합니다. 그래서 우리는 과거에 즐거웠거나 큰 보상을 받았다고 여겨지는 경험을 본능적으로 반복하려고 하고, 또 그 반대의 경험은 회피하고자 하는 양상을 띤다는 것인데요. 이 보상회로를 진두지휘하는 도파민이라는 신경전달물질이 참 흥미롭습니다.

최근 연구에 따르면 과거 '행복할 때 나오는 호르몬'이라고 알려진 도파민의 정체는 사실 '기대감 호르몬'에 더욱 가깝다고 합니다. 영국 케임브리지대학교 볼프람 슐츠 교수는 원숭이를 대상으로 도파민이 생성되는 과정을 연구했습니다. 슐츠는 전구가 설치된 상자 안에 원숭이를 넣고 사료를 주기 전 불을 비추는 과정을 반복했는데요. 처음에 원숭이의 뇌는 사료를 보고 반응했지만 얼마 뒤 불빛과 음식의 관계를 이해하게 되자, 사료를 먹는 그 순간보다 불이 들어오는 순간에 더 많은 도파민을 분비하는 모습을 보였습니다. 이는 곧 행복한 일을 하는 순간보다 행복한 일이 곧 일어날 것이라는 기대감이 도파민 분비를 촉진한다는 의미로 해석되었는데요. 2006년에 쥐를 대상으로 한 연구에서도 쥐가 사료를 본 순간 도파민 반응이 일어났지만, 막상 사료를 먹을 때는 "기대감에 의해 만들진 도파민의 발동은 멈추었다"라며 비슷한 의견을 내놓았습니다.

심지어 도파민 호르몬을 만들지 못하도록 유전자가 조작된 쥐를 대상으로 한 연구에서는 더 놀라운 발견이 있었습니다. 도파민을 생성하지 못하는 쥐는 음식을 먹고자 하는 의지조차 보이지 않았고, 연구진이 입 안에 사료를 넣어 먹게 하자 겨우 음식물을 섭취하는 모습을 보였습니다. 물론 입 안에 먹이를 먹는 도중에는 적극적인 모습을 보였지만, 이것이 추후 다시 같은 음식을 제공했을 때 자발적인 흥미로 이어지지는 않았습니다. 이 연구들을 통해 우리는 결국 동기를 형성하기 위해서는 도파민이 발생하는 상황, 즉 보상으로 느껴질 만큼 즐거운 일이 일어날 것이라는 '기대감'에 집중해야 한다는 것을 깨달을 수 있습니다.

계단식 내적 동기 심어주기

여기서 주목해야 하는 점은 바로 우리 뇌에 '보상'이라 인식되는 것들이 매우 다양한 형태를 지니고 있다는 사실입니다. 이는 앞서 살펴보았던 장난감이나 시험 점수와 같이 외적인 요소가 될 수도 있지만, 즐거웠던 경험 그 자체같이 내적인 요소가 될 수도 있는데요. 어른이건 아이건 자신이 즐겁다고 느끼는, 즉 좋아하는 일은 하지 말라고 해도 꼭 하는 모습만 보아도 이것이 사실임을 쉽게 알 수 있습니다.

문제는 학업과 같이 삶에서 꼭 필요한 노력에 대한 보상은 즉각적으로 나타나지 않는다는 것입니다. 반면 요즘 아이들이 좋아하는 스마트폰 게임과 영상 시청, SNS는 사용하면 할수록 우리에게 기대를 불러일으키는 구조로 설계되어 있습니다. 희귀한 아이템을 얻을 수 있을 것 같은 기대, 혹은 무언가 중요한 정보나 연락이 와 있을지도 모른다는 기대에 반복되어 노출되는 동안 강한 도파민이 생성되는 것이지요. 이런 환경 속에서 장기간 꾸준히 노력해야만 맛볼 수 있는 학업 성취감을 우선순위에 두는 것은 너무나 어려운 일일 수밖에 없습니다.

따라서 어느 날 갑자기 내적 동기를 발휘하라고 요구하는 것은 아이에게는 터무니없이 막막하게 느껴질 수 있습니다. 그러므로 아이의 내적 동기를 키워주기 위해서는 무엇보다 계단식 접근을 활용하는 것이 필요합니다. 부모와 자녀가 함께 세분화된 목표들을 세우고 이를 이뤄가며 성취감을 맛보는 기회를 마련하는 것이 특히 좋은 전략이 될 수 있는데요. 아직 공부로 인한 쾌감을 맛본 경험이 많지 않았던 아이일수록 매시간을 너무 빡빡한 목표와 계획으로 채우기보다는 지금 당장 실천하기 어렵지 않은 작은 목표들을 정하는 것이 중요합니다. 한 달 안에 문제집 한 권을 끝내는 것은 너무 어렵게 느껴지지만, 매일 세 문제씩 푸는 것은 충분히 실천 가능하다는 인상을 주기 때문인데요. 특히나 성취보다는 학습 정서와 습관 형성이 더욱 시도되어야 하는 초등 저학년 시기에는 양보다는 질로 승부하는 것을 추천합니다.

문제집의 모든 문제를 푸는 대신, 부모가 소량의 핵심 문제를 선정해 풀게 하면 오히려 하기 싫은 문제집을 억지로 풀어야 할 때보다 장기적인 학습 효과가 향상될 수 있습니다. "해볼 만한데?", "오늘도 한번 풀어볼까?"처럼 할 수 있을 거라는 기대감을 품고 목표를 달성하는 경험이 반복될 때, 꾸준히 나아가고자 하는 아이의 내적 동기의 스위치가 켜질 것입니다.

보상은 항상 나쁜 건가요?

교육에 보상을 사용해야 하는가에 대해서는 전문가들 사이에도 오랜 시간 이견이 있었습니다. 외적 보상의 해로움을 널리 알리는 데 기여한 대표적인 연구 사례로는 1970년대 발표된 스탠퍼드대학교의 마크 레퍼 교수와 데이비드 그린 교수의 실험을 빼놓을 수 없는데요. 이 실험에서 연구진은 미술 시간에 그림 그리기를 좋아하는 아이들을 모아 놓고 그중 가장 그림을 잘 그린 학생에게 상을 주겠다고 미리 언급했습니다. 흥미롭게도 상에 대해 알게 된 아이들은 시간이 지날수록 그림 그리기 본연에 대한 흥미를 잃는 모습을 보였습니다.

이 연구 결과를 토대로 연구진은 외적 동기를 제시하는 것이 과잉정당화 효과를 불러일으키며 내적 동기를 해칠 수 있다고 주장했습니다. '과잉정당화 효과'란 자신이 어떠한 행위를 한 이유를 내적인 욕구에서 찾는 것이 아니라, 눈에 보이는 외적 동기에서 찾는 현상인데요. 이 연구의 경우 아이들이 상(외적 보상)에 대해 알게 되면서, 그림을 그리는 행위 자체를 즐겁게 여기던 마음은 감소하고 이것을 보상을 위해서 할 만한 일로 받아들이게 되었다는 것입니다.

하지만 이와 반대되는 주장을 하는 학자들도 있었습니다. 주디 카메론 박사는 이미 내적 동기가 존재하는 행동에 추가적으로 외적 보상을 건네는 것은 과잉정당화 효과를 일으키는 경우도 있으나 학습자가 무언가를 하고자 하는 동기가 전혀 부재한 상황이라면, 오히려 외적 보상이 그 시작을 돕는 매개체 역할을 할 수 있다고 말했습니다. 어떤 것에 대한 흥미가 전혀 없는 상황에서 내적 동기를 만들어내는 것은 매우 어렵기 때문에, 외적 보상을 통해 시작을 위한 동기를 유발하고, 이것을 내적 동기로 연결해 주는 것이 중요하다는 것인데요. 카메론 박사는 1996년 미국교육연구회에 실은 글을 통해서 외적 보상이 가져오는 영향에 대한 기존 연구들은 보상의 종류와 조건, 기간 등에 대해 세부적인 분석을 하지 않았다며 모든 보상이 해로운 것은 아니라는 주장을 펼쳤습니다.

그 이후로도 교육에 보상을 사용하는 것에 대한 논란은 계속 이어지고 있지만 현재는 외적 동기와 내적 동기는 서로 긴밀한 영향을 주고받는 만큼, 완전히 분리하고 금기시하기보다는 이를 적절하게 함께 사용하는 것이 중요하다는 의견이 지배적입니다. 이와 함께 전문가들은 외적 보상의 좋은 사용법에 대해 다음과 같은 조언을 던지고 있습니다.

보상일까, 뇌물일까 구분 짓는 연관성

외적 보상을 사용할 때 가장 조심해야 하는 부분은 바로 자칫하면 이것이 뇌물 혹은 협박처럼 보일 수 있다는 점입니다. 따라서 내적 동기를 해치지 않는 선에서 외적 보상을 사용하려면 '연관성'이라는 키워드를 기억하는 것이 중요한데요. 여기에서 연관성이란 보상과 행동 사이의 관계를 뜻합니다. 예를 들어 꾸준히 자전거 타기 연습을 한 아이에게 앞으로도 열심히 하라는 응원의 의미로 새 헬멧을 사 주고, 건강한 식사를 마친 아이에게 달콤한 디저트를 제공하는 것은 부모가 요구하는 행동과 아이가 받을 보상 사이에 직접적인 연관성이 존재한다 볼 수 있습니다.

하지만 야채를 먹었는지에 따라 아이패드의 사용이 허가되는 것과 같은 상황은 연관성이 미비합니다. 밥을 먹는 것과 아이패드를 사용하는 것은 전혀 관련이 없는 별개의 문제이기 때문인데요. "밥을 잘 안 먹었으니까 아이패드 쓸 수 없어!"와 같이 명확한 관계성이 없는 보상을 조건으로 내거는 것은 자칫 아이에게 부모가 자신을 통제하고 조종하려고 한다는 인상을 심어주기 쉽습니다. 아이는 부모가 자신을 처벌하기 위해 '내가 좋아하는 것을 빼앗으려고 한다'라고 생각하기 때문입니다. 비슷한 맥락으로 "○○하면 ○○해 줄게"와 같은 대화 패턴 또한 대표적인 뇌물성 성질을 띠기에 조심해야 합니다.

아이를 키우다 보면 장난감이나 과자 같은 외적 보상의 사용을 완전히 배제하는 것은 어려운 일입니다. 그럴 때는 최대한 연관성이 짙은 보상을 선택하고, 만약 부득이한 경우에는 부연 설명을 더해 그 관계성을 강화하는 것이 필요합니다. 예를 들어 "주사 맞으면 장난감 사 줄게"와 같이 무작정 자녀가 선호하지 않는 일과 좋아하는 보상을 엮어 제시하는 것은 바람직한 동기부여라고 보기 어렵습니다. 하지만 같은 행동과 보상에 대해 이야기하더라도 "의사 선생님이 주사를 잘 맞고 난 뒤에는 외출보다 집에서 휴식하는 것이 좋다시네. 주사 다 맞고 나서는 집에서 같이할 수 있는 보드게임을 사러 가자"라는 표현은 다릅니다. 주사를 맞고 난 뒤 집에서 휴식해야 한다는 부연 설명을 더함으로써 행동(주사)과 보상(보드게임) 사이에 연관성이 생기기 때문인데요. 이는 대화의 초점을 주사를 잘 맞았는지에 두었던 기존의 평가성 대화를 주사 맞고 난 뒤에 일어날 일을 기대하게 만드는 화법으로 전환한다고 볼 수 있습니다. 이처럼 같은 대가를 제시하더라도 부모의 말에 따라 아이의 내적 동기에 가해지는 영향에는 명백한 차이가 있습니다.

도움을 요청할 용기

구글의 전前 CEO인 에릭 슈미트는 《구글은 어떻게 일하는가》라는 책을 통해 구글이 회의 때 가장 경계하는 것으로 '모두의 동의'를 꼽았습니다. 좋은 아이디어란 모든 가능성을 꼼꼼히 살피고 깎아내는 과정 속에서 탄생하기 때문에 갈등을 거치지 않고서는 절대 얻을 수 없다는 것이 그의 의견이었습니다. 심지어 슈미트는 회의에서 매번 수동적으로 고개만 끄덕이는 소위 '보블헤드(고개를 끄덕이는 인형)'들을 경계해야 한다며, 업무에 관해 질문하지 않는 이들은 정말 회사에 도움이 되는 인재인지 의심해야 한다고까지 표현했는데요. 구글뿐만 아니라 고려대학교 HRD정책연구소를 비롯한 미래 연구 전문가들 또한 입을 모아 비판적 사고력과 호기심을 4차 산업 시대에 요구되는 핵심 역량으로 꼽습니다. 하지만 이런 현실 속에서도 아직 우리나라 학생의 대다수는 손을 들고 자신의 궁금증을 표현하는 데 매우 소극적인 태도를 보입니다.

《주간조선》이 서울의 한 사립대학에 다니는 대학생 200여 명을 대상으로 실시한 설문 조사에 따르면 약 70퍼센트에 육박하는 학생들이 단 한 번도 수업 시간에 질문을 해본 적이 없다고 응답했을 정도인데요. 이 다소 충격적인 답변에 대한 이유를 묻자, 학생들은 수업 진행에 방해가 될까 봐, 모두가 아는 내용을 나만 모르고 질문한 것일까 봐, 혹은 혼자 튀려고 한다고 생각할까 봐 질문이 망설여진다 말했습니다.

언제부터 어째서 질문이 어려워졌을까?

사실 도움을 요청하는 것을 부담스럽게 느끼는 것은 비단 학생들만의 이야기는 아닙니다. 성인이 되고 학교를 졸업한 뒤에도 그 배경만 직장에서 사회로 옮겨갔을 뿐, 우리는 대부분 질문하기에 대한 마음의 짐을 안고 살아갑니다. 질문하는 행위는 모른다는 것을 가정하므로, 자신의 불완전함을 드러내야 하기 때문인데요. 하지만 하루를 "왜?"라는 질문으로 시작해서 "왜?"로 끝마치는 어린아이들을 보면 우리가 처음부터 질문하지 않았던 것은 아니라는 것을 알 수 있습니다. 그렇다면 넘치는 호기심을 참지 못하고 때와 장소를 가리지 않고 질문을 쏟아내던 아이들은 도대체 언제부터, 그리고 또 어째서 질문과 멀어진 것일까요?

아동심리학자들은 아이들이 주위의 시선을 인식하고 자신의 평판을 인지하게 되는 시기가 이와 관련이 있다고 말합니다. 아이들은 빠르면 만 5세부터 타인이 자신을 바라보는 시선을 신경 쓰기 시작하고 만 7세부터는 '질문과 무지'를 연관 지어 생각합니다. 만 4~9세 사이의 아동 576명을 대상으로 진행된 한 연구는 연극이라는 가상의 시나리오를 통해 이러한 아이들의 심리를 들여다보았는데요.

연극에는 연구에 참여한 아이들과 비슷한 연령대의 서로 조금 다른 성향을 가진 가상 인물 두 학생이 등장합니다. 그중 첫 번째 학생은 배움에 대한 욕구가 높은 아이로, 두 번째 학생은 다른 사람에게 똑똑해 보이고자 하는 마음이 큰 아이로 묘사됩니다. 역할극이 끝난 뒤, 연구진은 만약 이 두 학생이 공부에 어려움을 느낀다면 어떻게 행동할 것 같은지에 대해 아이들에게 의견을 물었습니다. 그 결과 만 4세 아이들은 대부분 "공부에 도움이 필요하니 둘 다 질문을 할 것 같다"라고 답한 반면, 만 7~8세 이상의 아이들 중 대다수는 "자신의 평판에 민감한 아이는 손을 들고 질문을 하지 않을 것 같다"라고 답해 눈에 띄는 차이가 있었습니다.

여기서 더 놀라운 것은 많은 아이가 만약 비밀리에 질문할 수 있는 여건이라면, 두 학생 모두 도움을 요청할 것 같다고 생각했다는 점입니다. 이러한 답변은 곧 연구에 참여한 아이들이 똑똑해 보이려면 남들 앞에서 질문하지 않아야 한다는 인식을 가지고 있다는 뜻으로 해석되고, 아이들이 비슷한 상황에 처한다면 주위 시선을 인식해 도움을 요청하지 않을 가능성이 크다는 것을 보여줍니다. 학교생활을 하다 보면, 언제가 되었건 모든 아이에게 누군가의 도움이 필요한 시점이 한 번쯤은 꼭 온다는 사실을 감안하면 이 결과가 매우 우려스럽지 않을 수 없습니다.

질문하는 아이를 만드는 환경과 문화

한국뿐만 아니라 세계 그 어디를 가도 유독 질문을 두려워하는 아이들은 존재합니다. 사회학자 제시카 칼라르코는 무엇이 질문하는 아이와 그렇지 않은 아이를 만드는지, 그 차이에 대해 알아내고자 오랜 시간 연구를 지속해 왔습니다. 그는 질문을 던지는 능력은 발전적인 삶을 위한 필수 능력이라 칭하며, 이는 단순히 아이의 성향 차이로 치부되기보다는 사회가 책임감을 가지고 모든 아이에게 꼭 심어주어야 하는 역량이라 주장했는데요. 칼라르코는 2018년《Negotiating Opportunities(중산층 아이들이 학교에서 받는 혜택)》이라는 책을 통해 부모의 사회경제적 위치와 질문하는 아이 사이의 연관성을 다룹니다.

초등학교 3~5학년 학생들을 대상으로 한 그의 연구는 중산층 이상의 부모를 둔 아이들이 저소득층 가정의 아이들보다 질문에 대해 더욱 적극적인 태도를 가졌다는 사실을 발표했는데요. 처음 이것이 알려지자 전문가들은 경제적인 여유가 많은 가정의 아이들이 더 많은 학원에 다니는 등 양질의 교육을 받고 있기 때문일 것이라고 예상했습니다. 그로 인해 아는 것이 더 많아지고 자연스레 궁금한 것들도 늘어났을 것이라고 예측한 것이죠. 하지만 연구진은 추적 연구를 통해 경제력 그 자체보다 아이들의 태도에 더 큰 영향을 미치는 요소가 있다는 것을 알아냈는데요. 바로 질문에 대한 부모의 태도였습니다. 중산층 이상의 부모들은 학교생활에 대해 궁금한 점을 물어보는 데 부담감을 느끼지 않았고, 아이에게도 모르는 것이 있으면 선생님께 여쭤보라 조언하는 등 질문하는 것에 적극적인 모습을 보였습니다. 반면 저소득층의 부모들은 교육에 대해서는 자신보다 선생님이 더 잘 알 것이라는 생각을 가지고 있었는데요. 그래서 아이에게도 선생님 말씀에 귀 기울이고, 수업 진행을 방해하지 말아야 한다는 이야기를 강조한다는 것입니다. 이처럼 질문하기에 대한 부모의 가치관에 따라 아이의 인식에도 차이가 생긴다는 연구 결과를 토대로, 카라코는 질문을 바라보는 가정의 인식을 개선하는 것이야말로 모든 학생이 질문하는 교실을 만드는 방법이라 주장했습니다.

이 외에도 환경이 질문하는 아이를 만든다는 의견을 펼치는 전문가들은 많습니다. 칼라르코의 연구가 다룬 가족 구성원의 인식뿐만 아니라 더 넓은 범위에서는 국가의 정서와 문화 또한 환경적 요인이 될 수 있는데요. 질문에 소극적인 한국의 분위기를 나타내는 유명한 일화가 있습니다. 바로 2010년 G20 서울 정상회의 폐막식에서 미국 대통령 오바마가 한국 기자들에게 질문을 요청했던 사례인데요. 그는 개최국 역할을 해준 한국에 감사를 표하며 한국 기자들에게 질문 우선권을 주었습니다. 하지만 장시간 아무도 손을 들지 않은 채 정적만 흘렀고 당황한 오바마 대통령이 통역을 거쳐도 괜찮다며 연신 제안했지만, 우리나라 기자단 중에는 아무런 지원자가 없는 일이 발생합니다. 그 틈을 타 중국인 기자가 질문을 하고 싶다는 의사를 밝히기도 했는데요. 오바마 대통령은 거듭해서 한국인 기자에게 발언권을 건넸지만 끝내 질문을 받지 못해 결국 중국 기자에게 발언권이 넘어갔습니다. 이 장면은 2014년 EBS 〈다큐 프라임〉에서도 질문하지 않는 한국의 교육 환경을 돌아보자는 취지로 인용되기도 했는데요. 사건이 있은 지 약 10년에 가까운 시간이 지난 지금, 과연 우리에게는 어떤 변화가 있었는지 생각해 볼 필요가 있습니다.

우리나라 사람들이 질문에 소극적인 태도를 지니게 된 원인이 무엇인가에 대해서는 다양한 주장이 있습니다. 윗사람의 말을 잘 수용하는 것이 예의이자, 아랫사람의 도리라는 유교적 인식에서 파생되었다는 의견부터, 역사적으로 긴 시간동안 다른 나라에 억압을 받던지라 주변 시선을 의식하는 민족성이 생겼다는 분석도 있습니다. 물론 이에 대해 딱 한 가지 원인을 꼬집어 말하는 것은 어렵겠지만 "가만히 있으면 반이라도 간다"라는 말처럼 평범한 것이 미덕이라 생각하는 우리 사회의 전반적인 인식이 질문 던지기를 한결 어렵게 만드는 장벽인 것만은 확실해 보입니다.

가정과 학교는 어린 시절부터 아이들에게 잘 듣고 따르는 법을 교육하려 애쓰지만 "네 생각은 어때?"라고 묻는 경우는 턱없이 부족합니다. 우리나라 교실에서 수업 말미에 "질문 있는 사람?"이라는 물음은 진짜 질문하는 것이 아니라 수업이 끝났다는 또 다른 표현이라는 우스갯소리가 있을 정도인데요. 이때 궁금증을 나타내는 학생은 '질문 빌런'이라고 불릴 정도로, 질문을 하지 않는 것이 당연시되다 보니 막상 궁금증이 있어도 물어보기가 어렵습니다. 괜히 내가 나서서 수업이 늦게 끝나지 않을까 눈치가 보이고 그 누구도 반기지 않는 듯하기 때문입니다. 질문이 없는 사회를 바꾸려면 가정에서부터 엉뚱한 질문도, 시간이 드는 질문도 모두 배움의 재료라 반기는 자세가 필요합니다.

질문하는 아이로 키우기 전략 1 : 나는 질문하는 부모인가?

아이를 키우는 부모라면 누구나 한 번쯤 생각지도 못한 순간에 아이가 자신의 말을 그대로 따라 하는 경험을 하게 됩니다. 나이답지 않게 호탕한 말투를 쓴다거나, 혼잣말처럼 중얼거리는 부모의 말버릇을 앵무새처럼 되풀이할 때 우리는 "아이들 앞에서는 찬물도 못 마신다"라는 표현을 사용하기도 하는데요. 이는 말뿐만 아니라 행동에도 그대로 적용되기 때문에, 우리 아이가 질문할 용기를 갖춘 사람으로 성장하기를 바란다면, 제일 먼저 내가 질문하는 습관을 지닌 부모인가 점검해 봐야 합니다. 아이와 나누는 직접적인 대화뿐만 아니라 부부 간 교류에도 질문을 중요시하는 가정의 아이는 호기심을 가지고 질문을 던지는 행동이 일반적이라는 인식을 갖습니다.

아이가 던지는 질문을 대하는 부모의 태도 또한 가치관 형성에 중요한 역할을 합니다. 아이가 전에 설명해 준 일에 대해 다시 물어볼 때도 "이미 대답했잖아", "이제 그만 좀 물어봐"와 같이 질문하기를 가로막는 표현의 사용을 조심하는 것이 중요한데요. 특히 지난번에 가르쳐주었는데 왜 자꾸 같은 것을 묻느냐는 말은 아이에게 한 번 배운 것은 제대로 기억해야 한다는 강박을 심어주고, 미래에는 궁금한 것이 있어도 이를 숨겨야겠다는 마음을 품게 하기 쉽습니다. "이 이야기에 대해서 우리가 대화를 나눈 적이 있는데, 다시 한번 이야기해 볼까?"와 같이 설명으로 접근할 때 아이 또한 용기를 내는 선택을 할 것입니다.

노벨 물리학상을 받은 아이작 라비는 그의 원동력이 무엇인지 묻는 기자들에게 자신이 어릴 때 받아왔던 질문에 관한 이야기를 들려주었습니다. "저를 과학자로 만든 건 어머니입니다. 자녀가 학교에서 돌아올 때 브루클린에 사는 대부분의 어머니는 '오늘은 무엇을 배웠니?'라고 물었습니다. 하지만 제 어머니는 달랐죠. '오늘은 선생님께 무슨 좋은 질문을 했니?' 하고 물었어요. 바로 이 차이가 저를 과학자로 만들었습니다." 그의 인터뷰에는 아들이 수업에 집중했는지보다 호기심을 잃지 않는 아이로 성장하는지에 관심을 두었던 어머니의 지혜가 담겨 있었습니다. 다소 엉뚱해 보이고 관련 없어 보이는 질문을 해오는 아이를 긍정적인 시선으로 바라봐 주는 것, 그것이 끊임없이 세상을 궁금해하는 아이, 질문할 용기를 지닌 아이로 키우는 비결입니다.

질문하는 아이로 키우기 전략 2 : 난 엄마 아빠와 생각이 좀 달라

세상의 모든 발전은 의심하는 것에서 시작합니다. 뉴턴이 머리 위에 떨어진 사과에 물음표를 던지지 않았더라면 우리는 중력의 법칙을 알지 못했을 것이고, 로자 파크스가 왜 흑인은 버스 뒷자리에 앉아야만 하는가 의문을 품지 않았다면 유색인종의 인권은 지금과는 달랐을지도 모릅니다. 이 외에도 사소한 물음 하나가 역사를 완전히 뒤바꿔 놓은 사례는 헤아릴 수 없을 정도로 많은데요. 만약 이들이 타인의 기분을 살피거나, 자신이 망신당하는 위험을 줄이려 질문을 던지지 않았더라면 어떻게 되었을까요?

아이러니하게도 우리는 아이가 자신감 있고 당차게 자신의 생각을 표현하며 질문을 던지는 성인으로 성장하기를 원하지만, 그와 동시에 기존의 사상에 반론하거나 부모의 말에 의문을 갖는 것을 참기 힘들어합니다. 이때 아이를 미숙하고 나약한, 그래서 부모가 돌봐야 하는 존재로 바라보는 시선을 거두고 동등한 인격체로 대하면 이야기는 조금 달라집니다. 가장 가까운 부부 사이에서도 매사에 같은 의견을 갖는 것은 불가능한 것처럼, 아이 또한 자신만의 생각을 가질 수 있다는 것을 인정하는 것인데요. 지금은 부모가 된 세대 또한, 한때는 "엄마는 내 마음을 이해 못해", "아빠는 왜 이렇게 보수적인 거야?"와 같이 부모님과 소통이 되지 않는다는 느낌을 받은 경험이 있을 것입니다. 물론 부모로서 아이가 건강한 사회 구성원으로 성장하기 위해 꼭 갖춰야 하는 역량들을 가르치는 것은 중요하지만, 가치관에 따라 충분히 선택 가능한 영역은 존중해 주는 자세가 필요합니다.

"아빠, 이건 왜 그런 거예요? 꼭 그래야 해요? 왜 그래요? 난 생각이 좀 다른데, 다르게 하면 안 되요?"라고 묻는 아이에게 "원래 그런 거야. 쓸데없는 질문 하지 말고 시키는 대로 하면 자다가도 떡이 생겨"라고 답하기보다는 "엄마 아빠 생각은 이런데, 넌 다른 생각이 있니? 어떤 점이 좋은지 같이 알아보고 연구해 볼까?"라고 말해주세요. 아이의 질문을 도전적이고 반항적인 행동으로 치부하지 않고, 서로를 이해하게 만들어주는 '도구'로 바라본다면 다음 세대의 아이들은 부모보다 질문과 조금 더 친한 성인이 될 것입니다.

질문하는 아이로 키우기 전략 3 : 노우잇올이 아닌 런잇올

2014년에 마이크로소프트 CEO로 취임한 사티아 나델라는 앞으로 우리는 "'노우잇올know it all'이 아닌 '런잇올learn it all'로 거듭나는 것을 목표로 삼아야 한다"라고 강조했습니다. 여기에서 노우잇올은 '전부 다 아는 사람'이고, 런잇올은 '뭐든지 배우는 사람'을 일컫는 표현입니다. 즉, 계속해서 성장하려면 모든 것을 다 아는 것보다 배우려는 자세를 취하는 것이 더욱 중요하다는 의미를 담고 있는데요. 경영학자인 피터 드러커 또한 "과거의 리더는 지시하는 리더였고, 미래의 리더는 질문하는 리더다"라며 질문이 가지고 있는 힘에 무게를 실었습니다. 기술 발달로 인해 원하는 정보가 손끝에 닿아 있는 4차 산업혁명 시대에는 답을 아는 것보다 좋은 물음표를 던지는 능력이 더욱 중시된다는 것입니다. 자신이 모른다는 사실을 투명하게 노출하는 것은 두렵게 느껴지기 쉽지만, 막상 이런 경험을 해본 이들은 실보다 득이 훨씬 많았다고 이야기합니다. 한 사람이 모든 분야에 대해 전문성을 가지기란 쉽지 않은 일인 데다가 질문과 소통이 부재한 환경에서는 자신만의 사고에 갇혀 발전적인 길을 걷기도 어렵기 때문인데요.

미국 영재 초등학교 교실에서는 학생들에게 좋은 질문을 던지는 연습 기회를 마련해 주기 위한 노력의 하나로 종종 '최고의 수학 실수 뽑기' 활동을 진행합니다. 이는 학생들이 제출한 시험 문제들 중 오답의 풀이 과정을 함께 보며 토론하는 시간인데요. 수학과 같이 정답이 정해진 학문이라는 인식이 강한 과목도 답을 유추하기까지의 풀이 과정은 다양하기 때문에 서로 다른 전략을 공유하고 질문하는 것이 가능합니다. 이 시간 동안 아이들은 제시된 답안이 정답일지를 평가하기보다는 해당 풀이 과정을 공개적으로 분석하는 데 집중하는데요. "25+26이 41이 아닌 이유는 무엇일까?", "일의 자리 숫자를 먼저 더해주고 그 뒤에 십의 자리 숫자를 더한다는 의견이 나왔는데 또 다른 방법으로 문제를 풀 수 있을까?", "10 이상의 수를 더할 때 자리 수를 올리는 것을 자꾸만 잊어버린다면 어떻게 이를 기억할 수 있을까?"와 같이 함께 생각을 나눌 수 있는 질문들을 주고받는 데 집중합니다.

이 활동은 실수를 실패가 아닌 과정으로 바라보는 연습이 될 뿐만 아니라 향후 비슷한 유형의 문제에서 범하기 쉬운 실수를 미리 간접 경험하는 기회가 되는데요. 서로 자신이 선호하는 풀이 과정을 나누고 가르치는 시간을 가진 후, 아이들은 오늘 가장 많이 도움이 된 풀이 과정을 뽑아 '최고의 수학 실수상'을 부여합니다. 자신이 몰랐거나 생각해 보지 않았던 방법을 깨우치는 데 도움이 된 풀이를 칭찬하는 이 시간은 서로 모르는 것을 질문하는 것에 대한 부담감을 줄여주는 대표적인 '런잇올' 활동입니다.

질문과 소통을 통해 이루어지는 자연스러운 배움의 효과는 2022년 7월 한국계 최초로 필즈상을 받은 허준이 박사의 인터뷰에서도 찾을 수 있습니다. 그는 모르는 것에 대해 질문할 줄 알고, 자기가 모호하게 아는 것에 대해서도 대화를 통해 명확하게 할 수 있는 소통 능력을 갖춘 이들이야말로 '진짜 수학을 잘하는 사람'이라 정의했습니다. 그는 타인과 함께하는 연구 과정을 "생각이 이 그릇에서 저 그릇으로 옮겨 다니며 점차 풍성해지는 것이 신기했다"라고 표현했는데요. 세계적인 수학자조차도 서로에게 질문하는 과정을 통해 깊게 사고하는 계기를 찾았다는 사실을 엿볼 수 있습니다. 모르는 것을 묻는 것은 자신이 무엇을 모르고 있는지조차 모르는 것보다 한 걸음 더 나아간 단계에 있다는 것을 뜻합니다. 아이가 이처럼 멋진 일을 부끄러워하지 않고 드러내도록 돕는 것이 '런잇올' 인재를 키우는 길입니다.

책임감 있는 아이의 중심에는 선택권이 있다

선택하는 자가 책임을 배운다

얼마 전 미국 학부모 커뮤니티를 살펴보다 흥미로운 글을 하나 발견했습니다. 아이가 방과 후 연극 학원을 다니기 시작했는데, 매일 수업이 끝날 때마다 선생님이 아이들에게 간식거리로 막대 사탕을 하나씩 나눠 준다는 내용이었습니다. 해당 글을 작성한 부모는 아이의 당분 섭취가 우려된다고 말하며, 이를 어떻게 해결하는 것이 좋을지 커뮤니티 멤버들에게 조언을 구하고 있었는데요. "선생님께 건의를 해보라" 혹은 "아이에게 사탕을 받으면 먹지 말고 집으로 가져오게 해라"와 같은 조언이 줄을 이룰 것이라는 예상과 달리, "좋아요"를 가장 많이 받은 댓글에는 이런 내용이 담겨 있었습니다. "선생님께 말씀드려서 지금 당장 사탕을 못 먹게 한들 그리 오래가지 않을 거예요. 아이가 정말 사탕을 먹고 싶다면, 언젠가는 어떻게든 사 먹을 방법을 찾을 것이고요. 그러니 사탕 먹는 걸 금지하기보다는 어째서 설탕을 조절해야 하는지 대화를 나눠보면서 아이 스스로 책임감 있는 선택을 하게 도와주시는 건 어떨까요?"

이처럼 미국 사회는 부모가 나서서 즉각 해결해 줄 수 있는 문제도 아이가 겪으며 배우도록 하는 것이 중요하다는 분위기가 형성되어 있습니다. 아이가 스스로 자신의 선택에 책임을 지는 것은 독립적인 존재로 살아가는 데 꼭 필요한 일이라고 생각해서인데요. 이 때문에 당장 눈앞에 보이는 상황을 해결하기보다는 문제의 본질을 찾으려 애쓰는 경우가 많습니다. 이때 부모의 역할은 정답으로 채워진 답안지를 보여주는 것이 아니라 아이를 결정 내리는 주체자로 존중하는 것입니다.

학습에서도 선택권은 매우 중요합니다. 부모가 시켜서 공부하는 아이들의 하루는 비효율의 연속이라 볼 수 있는데요. 학교에 가야 하기 때문에 가지만, 배우고자 하는 욕구가 적어 수업 시간에 다루는 내용을 귓등으로 흘려보내는가 하면, 매일 수학과 영어 학원을 들락날락하면서도 배움의 주인 의식을 갖지 못하기 일쑤입니다. 하지만 우리나라는 "엄마의 정보력과 아빠의 재력이 아이의 성장을 보장한다"라는 우스갯소리가 돌 정도로 사교육에 대한 결정권 또한 부모가 쥐고 있는 경우가 많습니다. 아이 스스로 필요에 의해 학원을 다니기보다는 부모가 시기적으로 알맞다고 생각할 때, 부모의 기준에서 좋은 학원을 선택해 등록하는 모습이 일반화되어 있을 정도인데요. 어쩌면 우리의 이런 사회적 분위기가 '엄마가 늦잠 자서 지각했다'는 핑계를 대는 한 고등학생 아이처럼, 책임감이 부재한 세대를 만드는 것일지도 모르겠습니다.

책임감은 나이를 먹는다고 저절로 생기는 것이 아니라 스스로 선택하는 경험을 통해서 만들어지는 능력입니다. 자신이 내린 선택에 대한 결과를 온전히 자신이 감당하는 일이 반복될수록, 아이는 또 다른 선택의 순간 앞에서도 스스로 결단을 내릴 수 있는 힘을 축적하게 되는데요. 이는 내면에 강한 책임감, 독립심 그리고 자신감이라는 자원으로 차곡차곡 쌓이기 마련입니다. 반면 자기 결정권이 부재한 아이는 스스로 선택하는 인생과 멀어져만 갑니다. 어떤 대학에 가야 하고 어떤 전공을 선택해야 하는지부터 어디에 투자하는 것이 좋을지까지 스스로 고민하기보다는 타인의 의견을 묻고 따라가는 요즘 사람들의 모습은 어쩌면 책임을 회피하고자 하는 마음에서 비롯되었을지도 모르겠습니다. 하지만 선택으로부터 도망치기만 해서는 자신의 삶을 주체적으로 살아갈 수 없을뿐더러 내 인생에 대한 책임감에서도 점점 더 멀어질 수밖에 없다는 것을 알아야 합니다.

책임감을 키워주는 전략 1 : 스스로 규칙 만들기

"우리 아이는 참 말을 안 들어요." 만약 자녀가 유독 규칙을 지키는 데 어려움을 겪고 있다면, 혹시 내가 독단적으로 정한 틀에 아이를 끼워 맞추려 하고 있지 않는지 생각해 봐야 합니다. 물론 부모가 자녀에게 사회적으로 허용되는 범위를 교육하고, 한계점을 제시해 주는 것은 꼭 필요한 부분입니다. 감기에 걸려 코를 훌쩍이는 아이가 학교에 가고 싶다고 해서 등원을 시킬 수는 없고, 매일 초콜릿 케이크를 다섯 조각씩 먹고 싶다는 요구를 마냥 받아줄 수는 없는 노릇이니까요. 하지만 아이에게 선택권을 부여함으로써 자신의 삶에 책임을 다하는 방법을 교육하는 것 또한 필요한 일입니다. 다른 누군가의 개입 없이 스스로 규칙을 정하는 행위는 스스로 나아갈 방향성을 선택하는 것과 같습니다. 이는 규칙을 꼭 지키고 싶다는 마음을 불러일으킬 뿐만 아니라 내 인생을 오롯이 설계하는 기쁨으로 이어지는데요. 일찍이 자율적인 선택이 존중되는 환경에서 자라 온 아이들은 훗날 사회의 구성원으로써 갖게 되는 선택과 권리에 대한 이해 또한 깊습니다. 자신에게 필요한 규칙을 정하도록 허용하는 부모의 신뢰는 그 자체로 아이에게 주체적인 삶을 향해 가는 동기가 되기 때문입니다.

이러한 이유로 미국 영재 초등학교 학급의 규칙은 아이들이 직접 만들어나가도록 지도하고 있습니다. 학기 초에는 많은 아이가 어디서부터 어떤 규칙을 정해야 하는지 막막하게 느끼기 때문에 다짜고짜 앞으로 지켜야 할 일들을 생각하게 하기보다는 차근차근 단계별 '교실 약속' 만들기를 진행합니다. 첫 번째 과제로는 아이들과 학교에서 생활하는 동안 느끼고 싶은 감정 단어들을 떠올려보는 시간을 갖습니다. 저학년 아이들과는 '행복', '존중' 등 기분을 표현하는 단어를 떠올리는 데 집중하는 반면, 고학년 학생들과는 공간의 이동에 따라 감정에도 변화가 있는지 살피는 등 더 심도 있는 활동을 진행하는데요. 잇따라 해당 감정을 느끼기 위해서 모두가 지켜야 하는 행동들을 구상하는 시간을 가지면 수월하게 아이들의 생각을 이끌어낼 수 있습니다.

이와 같은 과정을 통해 몇 해 전 2학년이었던 아홉 살 아이들은 자발적으로 존중받는 느낌이 드는 학교생활을 원한다는 의견을 모았고, 이를 가능하게 하기 위해서는 '토론 시, 한 번에 한 명씩 차례대로 이야기하기'라는 규칙이 필요하다는 결론에 도달했는데요. 아이들이 직접 합심해 만들어낸 우리 반 고유의 규칙인 만큼 이를 따르려는 동기 또한 넘치는 모습을 보여주었습니다.

아이가 참여하는 규칙 만들기 활동은 가정에서도 충분히 적용이 가능합니다. 가족 토론을 통해 우리 집에서 느끼고 싶은 감정들을 함께 나열해 보고 이를 위해 해야 하는 일들을 함께 구상해 보는 것인데요. 이 과정 속에서 아이는 매일 장난감을 치우라는 부모와의 실랑이 없이 편안함(감정)을 느끼기 위해서는 정리 정돈(규칙)이 필요하다는 것을 알게 되고, 사랑받는 기분(감정)을 만끽하기 위해서는 서로에게 다정한 말투(규칙)를 사용하는 것이 좋다는 것을 이해합니다. 부모가 해야 하는 일을 정하고 아이는 무조건 따라야 하는 환경에서는 '규칙'이라는 이름에 가려져 보이지 않던, '따라야 하는 이유'가 드디어 아이에게도 보이게 되기 때문입니다.

그렇다면 아직 스스로 규칙을 만들 만큼 상황 판단력과 객관화 능력이 발달하지 않은 어린 자녀에게는 어떻게 선택의 힘을 알려줄 수 있을까요? 이 시기에는 두세 가지의 옵션을 제공하고 아이가 선택할 수 있게 해주는 것이 주체성 향상과 문제 행동 지도에 큰 도움이 됩니다. 이때 주의해야 할 점으로는 아이가 둘 중 무엇을 고르든지 간에 부모가 기쁜 마음으로 수용할 수 있는 선에서 선택지를 정해야 한다는 점입니다. "너 밥 먹을 거야, 안 먹을 거야? 안 먹을 거면 치울 거야"와 같이 협박성 질문을 사용하거나, "오늘은 초콜릿 너무 많이 먹었으니까 내일 먹을까? 꼭 지금 먹어야겠어?"와 같이 부모가 원하는 답이 정해진 질문은 겉으로는 선택권을 존중하는 것처럼 보이지만 실제로는 주도권을 놓지 않으려는 부모의 의도가 숨어 있기 때문인데요.

그보다는 식사 시간을 어려워하는 아이에게 "네가 좋아하는 빨간 포크로 먹을래, 새로 산 파란 포크로 먹어볼래?"라고 묻거나, 놀이터에서 집으로 향하기 전에 "마지막으로 미끄럼틀 타고 갈래? 시소 타고 갈래?"라고 물어보며 아이가 고를 수 있는 선택지를 주는 것이 중요합니다. 이는 선택의 힘을 가르칠 뿐만 아니라 갈등 상황에서 아이의 시선을 분산하는 효과도 가져오는데요. 놀이터를 떠나고 싶지 않은 마음보다 자신이 선택한 대로 하루를 보낼 수 있다는 주도권의 맛이 더욱 달콤하게 느껴지기 때문입니다. 이처럼 스스로 선택하는 경험을 해온 아이는 '나는 나를 변화시킬 수 있는 유일한 사람'이라는 인식을 가지며 자신의 삶을 설계하는 능력을 키우게 됩니다.

책임감을 키워주는 전략 2 : 공부 책임감은 거꾸로 학습법으로

비대면 수업이 확대되면서 더욱 각광받기 시작한 '거꾸로 학습법'은 아이들의 학업 자율성과 책임감을 동시에 극대화해 주었다는 평을 받고 있습니다. 거꾸로 학습법은 교사가 그날 학업 목표를 아이들에게 알려준 뒤, 개별적으로 숙지할 시간을 주는 기존 수업 구조와 정반대의 형태를 띠는데요. 수업 전날 아이들에게 미리 다음 날 배울 내용과 연계된 자료들을 살펴보게 함으로써, 스스로 이에 대한 배경지식을 쌓을 기회를 제공함과 동시에 궁금증을 유발한다는 것이 특징입니다. 같은 내용을 배우더라도 그저 수업 시간이 되어서 책상에 앉았을 때와 주제에 대해 미리 생각해 볼 수 있을 때, 그 몰입도에는 큰 차이가 있을 수밖에 없는데요. 여기에 수업 당일 교사가 일방적으로 정보를 제공하는 기존의 수업 형식을 따르기보다는 아이들이 질문을 던지면 교사가 이에 대해 답변하는 문답 형식이나 같은 반 친구들에게 자신이 이해한 바를 가르치는 일명 티칭^{teaching} 활동과 같이 능동적인 참여를 요하는 경우가 많습니다.

티칭 활동은 다양한 형태로 진행되지만 3인 1조가 되어 서로를 가르치는 방식은 특히 인기가 좋습니다. 이 활동 퍼즐을 맞추듯 함께 힘을 합쳐 정보를 모으는 협동 과제이기 때문에 팀원끼리 서로의 배움을 이끌어주는 경험이 되기도 하는데요. 예를 들어 동물에 대해 배운다면, 교사는 학생들을 세 그룹으로 나눠 첫 번째 그룹에게는 동물이 서식하는 환경에 대해서, 두 번째 그룹에게는 식습관, 그리고 세 번째 그룹에게는 생태 주기와 관련된 자료를 전달합니다. 아이들에게 주어지는 과제는 간단합니다. 바로 자신이 맡은 자료를 열심히 숙지한 뒤, 자신에게 없는 정보를 가진 친구 두 명과 힘을 모아 동물의 서식지, 식습관 그리고 생태 주기에 대한 정보를 담은 그룹 포스터를 만드는 것입니다. 이 활동의 경우 그룹 안에는 주제 별로 단 한 명의 전문가만이 존재하기 때문에 각자 담당한 부분을 성실히 예습하고 다른 팀원들이 이해하도록 설명해야 한다는 책임감이 부여되는데요.

2020년 미국 교육부 사이트에 실린 학습 방법과 관련된 연구는 읽기, 보기, 듣기와 같은 수동적인 학습보다 토론하기, 경험하기, 혹은 다른 사람을 가르치기와 같은 능동적인 학습법이 아이들의 참여를 유도하고 학습의 효율을 높인다고 평가했습니다. 단순히 선생님의 설명을 들을 때보다 어떤 내용을 어떻게 가르칠지 고민하는 과정이 주제에 대한 이해와 관심을 깊게 만드는 효과를 가져온다는 것인데요.

가정에서도 항상 부모가 아이에게 정답을 알려주기보다는 자녀가 부모를 가르칠 기회 또한 마련해 보는 것이 숨어 있는 아이의 책임감을 깨워주는 계기가 될 수 있습니다. 아이가 어른에게 무언가를 가르친다는 것이 터무니없는 소리처럼 들릴 수 있지만 "고생물학자 다음으로 공룡에 대해 잘 아는 것은 일곱 살배기"라는 말처럼 사실 아이가 어른보다 아는 것이 많은 경우가 있습니다.

아이에게 가르쳐보는 기회를 주는 방법은 생각보다 간단합니다. 대부분의 가정에서 이미 많은 부모가 아이들과 함께 독서를 실천하고 있을 텐데요. 이때 아이가 관심을 갖는 분야의 책을 읽는 것에서 그치지 않고 자신이 배운 내용 중 부모에게 알려주고 싶은 내용을 정리하게 하는 것만으로도 읽기와 듣기를 넘어선 주체적이고 능동적인 활동일 수 있습니다. 게다가 연령에 따라 스케치북, 파워포인트, 혹은 영상물 제작 등 추가적인 과제를 더해주면 실생활에 유용한 스킬 또한 함께 키워줄 수 있는데요. 이외에도 '매주 각자 흥미로운 기사를 찾아 읽고 요약하기', '우리 학교 지도를 그려 설명하기', '동생에게 화장실 사용법 알려주기'와 같이 아이가 스스로 전문가라고 여기는 내용을 가르치게 하는 것은 자신감뿐만 아니라 주체성을 키워주는 데 매우 효과적입니다. 자신이 무려 부모님을 가르치는 중요한 역할을 담당했다는 뿌듯함 속에서 아이는 책임지는 삶의 기쁨을 능동적으로 배워갑니다.

책임감을 키워주는 전략 3 :
체크리스트와 루부릭

신뢰받는 사람이 되기 위해 '책임감'은 꼭 갖추어야 하는 필수 소양입니다. 하다못해 친구들끼리 여행을 떠나기 전, 각자 준비해 올 물건을 정하는 상황에서도 책임감 있는 친구가 맡은 물건에 대해서는 전혀 걱정되지 않는 반면, 매번 약속 시간을 지키지 않거나 덜렁거리는 친구에게는 여행 경비나 여권같이 중요한 물건을 맡기는 것이 망설여집니다.

초등학교 교실에서도 자신이 맡은 바를 꼼꼼히 수행하는 아이와 실수가 잦은 아이 사이에는 학습 준비도와 참여도 면에서 격차가 생기기 마련입니다. 매번 깜빡하고 집에서 준비물을 챙겨오지 않거나, 반대로 당최 통신물을 가져가질 않아 학교 서랍이 구깃구깃한 종이로 가득 찬 아이는 머릿속도 뒤죽박죽 엉킨 경우가 많습니다. 이는 단순히 생활 습관의 문제일 뿐만 아니라 내가 해야 할 일을 제대로 수행하려는 마음, 즉 책임감이 부족하다는 신호일 수 있는데요. 물론 누구나 실수할 때가 있지만 지속적인 실수에도 이를 고쳐나가려는 의지가 없다는 것은 큰 문제가 됩니다. 자신의 임무를 중요하게 여기는 마음 자체가 없다는 것은 개선될 여지가 없는 것은 물론이고 단체 내에서도 의지할 수 없는 존재로 여겨지기 쉽습니다.

만약 매일 반복되는 일을 할 때조차 번번히 부모를 찾는 아이를 키우고 있다면, 스스로 자기가 맡은 일을 확인할 수 있는 시각적 도구의 사용을 추천합니다. 아침 등교 시간마다 "밥 먹어라", "옷 입어라"는 부모의 언질도 한두 번이지 같은 잔소리를 반복하는 것은 비효율적일 뿐만 아니라 오히려 아이의 책임감을 해치는 태도가 될 수 있어 주의해야 하는데요. "밥 다 먹었으면 양치하고 옷 갈아입어", "옷 다 입었으면 비타민 먹어"처럼 부모가 개입하면 할수록 아이는 스스로 나서야 할 필요를 느끼지 못할 수도 있습니다. 부모의 끊임없는 잔소리가 다음 해야 할 일을 계속해서 상기시키기 때문에 내가 무엇을 해야 하는지 생각해 볼 겨를조차 없기 때문입니다.

반면, 아이가 해야 하는 일을 정리해 놓은 체크리스트를 적극 활용하면 자연스레 부모의 역할은 줄어들고 아이 역할은 더 커집니다. 스스로 체크리스트를 보면서 오늘 내가 잘 수행한 일은 무엇이고 아직 해야 할 일은 무엇이 남았는지 살피는 등 자기 성찰의 기회가 생기기 때문인데요. 특히 자주 반복되는 일상일수록 시각적 도구를 활용하면 자신이 실행하는 데 어려움을 느끼는 부분을 더 명확하게 파악할 수 있어 계획을 수정하는 것처럼 실천 가능한 루틴을 만들어나가는 데도 큰 도움이 될 수 있습니다.

미국 초등학교에서는 루틴 형성뿐만 아니라 학업 책임감의 향상을 위해서도 체크리스트를 활용하는 경우가 많습니다. 수학 시간에는 "문제를 꼼꼼히 두 번 이상 읽었는가?", "구하고자 하는 답의 단위를 확인했는가?"와 같이 아이들이 자주 범하는 실수를 나열한 체크리스트를 사용하는데요. 이는 자연스레 풀이 과정을 검토하는 습관을 만들어줍니다. 마찬가지로 글쓰기 시간에도 아이들은 체크리스트를 활용해 자신이 작성한 글에 장르에 따른 특징들이 잘 담겨 있는지 확인해 봅니다. 특히 작문은 여러 번의 수정 과정을 거치는 장기 과제이기 때문에 자신의 진도를 기억하고 다음 시간에 계속해 나가는 능력이 필요한데요. 체크리스트의 활용은 바로 이런 책임감 있는 수정 과정을 실천 가능하게 만들어준다는 장점이 있습니다. 1990년대 광고에 등장한 이래, 많은 부모의 공감을 산 한 교육 회사의 시엠송처럼 "자기의 일은 스스로, 알아서 척척 해내는 어린이"는 부모의 잔소리가 아니라, 체크리스트와 같이 사려 깊고 전략적인 지도 장치를 통해 탄생합니다.

안전지대
잘 활용하기

어린 코끼리를 말뚝에 묶어 키우면 거대한 체구를 가진 성인 코끼리가 되어서도 말뚝의 반경을 떠나갈 생각조차 하지 못한다는 말이 있습니다. 이와 마찬가지로 아이가 상처받을까 지레 겁먹은 부모가 설정해 놓은 울타리는 아이의 가능성을 제한하는 말뚝이 될 수 있는데요. 혹여나 아이가 상처받을 일이 생길까 모든 어려움을 통제하고 예방하려는 부모들에게 캐나다 한 심리학자는 "위험한 일에 조심스레 도전하는 아이를 막아서는 안 된다"라고 조언합니다. 부모가 자식을 보호하고 싶어 하는 본능을 넘어서야만 비로소 아이는 위험 요소가 있는 일에도 조심스럽게 도전해 보려는 마음을 먹는데, 이것이 "배움이 일어나는 유일한 구간"이라는 것이죠.

미국에서 20년이 넘게 살아가고 있지만 아이를 키우며 들여다본 미국 부모들의 모습을 보고 놀란 경험이 꽤 많습니다. 이를테면 아이가 맨발로 집 앞을 걸어 다니게 두거나 세 살배기 아이를 놀이터 제일 높은 미끄럼틀에서 혼자 내려오게 하는 것처럼 우리나라에서는 위험하다고 여기는 일들을 태연하게 허용하는 모습들을 볼 때면, 저러다 큰일 나는 것은 아닌지 조급한 마음이 들기도 했는데요. 어느 날 우연히 놀이터에서 만난 한 엄마와의 대화에서 비로소 그 이유를 알게 되었습니다.

그의 아들인 라이언은 턱에 100원짜리 동전만 한 멍이 들어 있었는데, 아이는 이것이 얼마 전 가족 여행에서 수상스키를 타다 생긴 상처라고 설명했습니다. "아이가 수영을 잘하나요? 물을 많이 먹을까 봐 우려되진 않으셨어요?" 5살인 아이가 수상스키를 타다니! 놀란 마음에 묻자 라이언의 엄마는 호탕하게 웃으며 이렇게 대답했습니다. "물을 엄청 먹었는데, 좀 울다가 또 하고 싶다고 하길래 견딜 만하다는 걸 알았어요." 순간 평소 학교에서 도전 정신이 강한 아이의 부모님 중에도 유독 이처럼 초연한 반응을 보이는 경우가 많다는 사실을 떠올렸습니다. 심지어 그는 아이가 위험한 일을 조심스럽게 행하는 것 자체가 일종의 위험을 분석하고 있다는 증거라며, 오히려 반가웠다는데요. 어떤 일이 일어날 가능성과 그 결과가 얼마나 치명적일지 따져보는 '위험 분석 능력'은 삶에서 모든 결정을 내릴 때 꼭 발동되어야 하는 필수 능력이기 때문입니다.

눈앞의 위험 요소를 감안해 최적의 도전 계획을 세우는 모습은 세계적인 기업인 구글에서도 찾을 수 있습니다. 구글은 성장을 위해서 70/20/10 전략을 사용한다고 잘 알려졌는데, 이는 각각 핵심 사업, 향후 사업 구상, 그리고 혁신을 위한 집중을 나타내는 수치입니다. 즉 위험 요소가 적은 현재의 핵심 사업과 향후 사업을 구상하는 데 약 90퍼센트의 인력을 사용하되, 10퍼센트는 혁신적인 도전을 위해 투자한다는 것인데요. 이는 구명조끼, 수영 레슨, 낮은 수심, 그리고 아이의 반응 살피기라는 안전장치를 통해 '치명적인 위험 요소'를 감소시킨 뒤, 과감하게 수상스키에 도전한 라이언네의 여정과도 닮은 점이 많아 보입니다.

만약 수상스키를 타지 않기로 한다면 그로 인해 발생하는 위험 가능성을 완전히 배제할 수 있겠지만, 배움 또한 없으리라는 것이 이 가족의 의견이었습니다. 그래서 그들은 아이의 도전을 가로막기보다는 아이가 자신의 신체적 한계점을 인지하도록 교육하는 방법을 선택한 것입니다. 결론적으로 이는 자신감 넘치고 훌륭한 5살짜리 수상스키어를 탄생시켰습니다. 마찬가지로 잘 준비된 도전을 통해 구글은 혁신 사업에 실패하더라도 그로부터 새로운 아이디어의 영감을 얻거나 현재 진행 중인 프로젝트의 개선점으로 받아들이는 등 더욱 발전적인 기업의 가도를 걷습니다. 성공의 길을 걸으면서도 혁신을 위한 도전을 멈추지 않는 구글, 그리고 넘어져도 다시 도전하는 라이언에게서 우리는 '안전지대comfort zone의 확장'이라는 귀한 교훈을 얻을 수 있는데요.

심리학에서는 개인이 심리적 안정감을 느끼는 영역을 안전지대라고 부릅니다. 이에는 익숙한 업무를 반복하는 일이나 내가 잘 아는 길을 걷는 것처럼 큰 감정적인 동요 없이 행할 수 있는 활동들이 속하는데요. 이처럼 나에게 편안함을 가져오는 안전지대를 인지하는 것은 행복과 정신 건강에는 매우 중요한 역할을 하지만, 이 영역에 속하는 일들을 수행하기 위해서는 별다른 노력을 할 필요가 없어 성취가 한정적이고 발전이 더디다는 약점이 있습니다.

다행인 것은 우리의 안전지대는 반복된 노출과 긍정적인 연결 고리 형성을 통해서 점차 확장될 수 있다는 사실입니다. 태어나 처음 해외여행을 떠날 때는 앞으로 어떤 일이 일어날지 몰라 두려움이 큰 반면, 여러 차례 여행을 한 뒤에는 과거 경험이 하나의 데이터로 축적되어 더 편안한 마음으로 출국 절차를 밟게 되는 것이 바로 그 예인데요. 다시 말해 조금은 낯설고 불편해도 새로운 것에 도전하는 태도가 우리를 더 넓고 생산적인 영역을 편안하게 받아들이도록 해준다는 것입니다.

안전지대 넓혀주기 전략 1 : 문제 본질을 알면 답이 보입니다

안전지대에서 벗어나 두려움을 느낄 때 아이들은 "나는 자전거 타기 안 좋아해요", "미술 학원 재미없어요" 하며 상황 자체를 거부하는 표현을 자주 사용합니다. 심지어는 자신의 감정을 숨기려 다른 사람들에게 과도하게 시큰둥하게 반응하고 흥미 없는 모습을 보여주거나 '이건 재미없는 일'이라고 부모를 설득하려는 모습까지 보이는데요. 아이가 새로운 일을 시작하기도 전에, 혹은 배우기 시작한 지 얼마 되지 않아 마음의 불편함을 표현한다면 특정 활동이 정말로 싫다기보다 평소 자신이 경험하던 일상 패턴에서 벗어난 일에 대한 두려움을 느끼고 있을 가능성이 큽니다. 다만 "나는 자전거를 타고 가다가 넘어져서 피가 날까 봐 너무 무서워요!" 혹은 "미술 학원에서 물감으로 그림을 그리면 꼭 내 그림만 번져서 친구들이 비웃을 것 같아요" 같은 진짜 마음의 표현에 서툰 것이지요. 이럴 때는 "자전거 타보면 재미있어", "미술 학원이 얼마나 좋은데" 하며 부모의 생각을 강요하기보다는 아이가 도전을 망설이게 만드는 본질을 스스로 생각해 볼 수 있도록 적절한 질문을 던져주는 것이 아이가 안전지대 밖으로 걸음을 내딛는 데 큰 도움이 됩니다.

- 본질 파악: "자전거의 어떤 점이 불편하니?"
- 의견 묻기: "어떻게 하면 자전거 타는 시간을 좀 더 편안하게 만들 수 있을까?"
- 대안 제시: "같이 해볼까? 아니면 아빠가 하는 걸 구경해 볼래?"

이런 질문의 사용은 아이의 부정적인 표현 뒤에 숨어 있는 원인을 제대로 파악하는 데 도움이 되는데요. 문제의 본질을 파악하면 극복할 방안이 보이는 경우가 많습니다. 초등학교 저학년 이상 아이들에게는 "어떻게 하면 자전거를 타는 게 더 즐거워질까?"라고 직접적으로 물어보면 어른이 생각하지도 못했던 다채로운 답변을 내놓기도 하는데요. 혹 넘어져 다칠까 봐 자전거 타기를 무서워하는 아이에게는 폭신한 무릎 보호대가 용기가 될 수 있고, 물감을 사용하는 데 자신이 없는 아이에게는 수채화 기본 테크닉 영상, 혹은 부모와 함께 붓에 물을 묻혀보는 잠깐의 시간이 필요할지도 모릅니다. 문제의 본질을 알면, 답이 보입니다.

안전지대 넓혀주기 전략 2 : 점점 커지는 도전들

미국의 영부인이었던 엘리너 루스벨트는 "매일 당신을 두렵게 하는 한 가지를 해라"는 명언을 남겼습니다. 단번에 모든 것을 바꾸기는 어려울지라도 한 가지의 작은 도전은 충분히 실천이 가능합니다. 우리가 이제 막 글을 읽기 시작한 아이에게 딱 맞는 수준의 책을 골라주기 위해 심혈을 기울이듯 아이들을 안전지대 밖으로 이끄는 과정에서 도전 기회를 찾아주려는 노력이 필요합니다.

여름방학 캠프에 가기 위해서는 부모와 반나절 동안 떨어져 지내는 시도가 필요하고, 이것이 가능하면 그 뒤에는 할머니 집에서 하루 자고 오는 연습이 적절한 수순일 텐데요. 이처럼 아이에게 스트레스로 다가오는 요소들을 완전히 배제하지는 않되, 적절하게 조율해 주는 것이 또 다른 도전에 적응하는 기회로 작용할 수 있습니다. 특히 안전지대에서 벗어나는 것을 어려워하는 친구들에게는 단번에 새롭고 다양한 것을 시도하도록 유도하기보다는 아이가 안정적으로 느끼는 요소들은 유지해 주되, 순차적으로 변화를 더해주는 것이 좋습니다. 새로운 장소에 가야 한다면 함께 가는 사람들은 익숙한 이들로 선정하고 이와 반대로 새로운 사람을 만날 때에는 만남의 장소를 익숙한 곳으로 정하는 것 등이 좋은 예시입니다. 실제로 미국 유치원과 초등학교는 새 학년을 시작하기 전에 미리 교실에서 선생님을 만나고, 아이들끼리 놀이터에서 교류하는 시간을 마련합니다. 이는 불편함을 초래하는 요소들을 조각내 학기 초 낯선 환경과 변화에 적응하도록 돕는 데 매우 효과적이기 때문입니다.

이것은 과연 누구의 안전지대인가?

아이의 안전지대를 파악하고 적절한 도전 기회를 마련해 주는 것만큼이나 중요한 것이 바로 부모가 자신의 안전지대를 제대로 자각하는 것입니다. 부모의 안전지대는 우리가 부모라는 이름으로 하는 수많은 선택에 영향을 끼치기 때문에 이는 곧 아이의 세상과도 연관될 수밖에 없는데요. 예를 들어 사회 교류에 높은 부담감을 느끼는 부모는 다양한 사람과의 소통을 피할 가능성이 크며 그 가정의 아이들 또한 자연스레 가족 외 사람들과 왕래할 기회가 적어질 수밖에 없습니다. 아이 또한 자신의 안전지대를 확장할 기회를 놓치게 되겠지요.

만약 지금 내 삶이 그저 평온하기만 하다면 혹 편안함에 안주하고 있는 것은 아닌가 생각해 봐야 합니다. 그 어떤 도전이건, 그리고 그 결과가 어떻건 두려움을 뒤로하고 불편함을 마주하는 부모의 모습이 아이에게 자신만의 안전지대를 그리고자 하는 동기가 되기 때문입니다. 부모의 안전지대를 과도하게 강요하는 상황도 경계해야 합니다. 우리는 대게 자신에게 안정을 주는 것들을 가장 가치 있는 것이라 여기기 때문에 좋은 직업과 학벌, 명성, 친구 등 내가 생각하기에 삶에 행복을 주는 요소들을 아이에게 바라는 경향이 있는데요. 이런 생각이 들수록 이는 우리 자신의 안전지대에서 비롯된 욕심이라는 것을 자각해야 합니다. 부모의 안전지대를 기준으로 아이의 발걸음을 유도하는 대신, 아이 고유의 성향과 의지, 도전을 지지하다 보면 아이의 세계는 알아서 저절로 넓어질 것입니다.

CHAPTER 3

감정 교육 :
자기 마음을 아는 아이로 키우기

마음의 고삐를 쥔
아이

감정을 잘 조절하는 능력을 갖춘 사람은 쉽게 흔들리지 않습니다. 감정이 행동과 생각을 지배하기 전에 마음의 고삐를 단단히 움켜쥐고 다스릴 줄 알기 때문인데요. 살다 보면 우리는 매일 다양한 감정을 맞닥뜨리게 됩니다. 소중한 사람을 잃는 것과 같이 극한의 슬픔을 마주하는 날도 있고, 오랫동안 고대하던 일을 이뤄내어 성취감을 맛보는 것처럼 긍정적인 감정에 젖는 날도 있습니다. 심지어 별일 없이 무난하게 흘러간 하루조차 무수한 감정의 순간들로 가득 차 있는데요. 이처럼 아침에 눈을 뜬 순간부터 밤에 잠을 청할 때까지, 어쩌면 잠을 자고 꿈을 꾸는 순간까지도 나오는 것이 감정이다 보니, 마음속 기분의 파도를 잘 타는 연습이 삶을 윤택하게 이끈다는 것은 너무나도 당연한 일일지도 모르겠습니다.

지금껏 사람의 감정은 과학적 사실에 의거해 우리가 연구하고 고민해 나가야 할 분야로 인정받기보다는 예술의 소재로 인식되는 경향이 있었습니다. 그리고 이러한 사회적 인식은 자신의 마음을 들여다보고 다독이는 것은 유행하는 노래나 문학작품에서나 하는 것으로 생각하는 현상으로까지 이어졌는데요. 특히 청소년이 힘들다는 표현을 해오면 우리 사회는 "청춘은 원래 아픈 거다"라며 이를 누구나 겪는 성장통으로 대수롭지 않게 여기거나 '중2병'의 허세로 치부하며 마음을 자세히 살펴볼 생각조차 하지 않습니다. 이처럼 마음의 아픔을 이야기하는 것에 대해 보수적인 사회 분위기는 때로 우리의 정신 건강에 대한 자기 성찰을 어렵게 만드는 장벽이 되기도 합니다.

사회 전반적으로 마음 건강에 대한 대화를 꺼리다 보니, 정신 질환을 겪는 사람들은 극심한 가정 폭력과 같이 특별히 아픈 과거가 있거나 정신력이 약한 사람일 것이라는 편견 또한 생겨나게 되었는데요. 하지만 펜실베니아대학교 뇌과학 박사 프랜시스 젠슨에 따르면 요즘 십 대 청소년들의 20~30퍼센트는 우울 증세를 겪은 바 있다고 답했을 정도로 이미 현대 사회의 소아와 청소년의 마음 건강은 하나의 사회 문제로 자리하고 있습니다. 게다가 정신 질환을 앓고 있는 청소년은 성인보다 그 증상이 만성화할 가능성이 크고, 청소년기에 우울증을 겪는 아이는 성인보다 자살 위험률이 무려 삼십 배 이상 높아 정서 교육에 대한 사회의 관심이 더욱 절실합니다.

이쯤 되면 문득 의문이 듭니다. 우리는 매순간을 감정과 함께하는 데도 불구하고 이를 다스리는 것을 왜 그렇게 어려워하는 것일까요? 허겁지겁 음식을 먹다 된통 크게 체하고 나면 그 다음부터는 조심하게 되듯, 감정을 앞세워 큰코다치는 일이 반복되다 보면 저절로 이를 조절할 법도 할 것 같은데 말입니다. 그 이유는 바로 우리 뇌는 이성보다 감정에 더 즉각적으로 반응한다는 것에서 찾을 수 있습니다.

산에서 등산하다 야생동물을 맞닥뜨리는 상황을 떠올려봅시다. 어떻게 대처해야 할까요? 대부분의 사람은 자신이 예전에 보았던 생존 다큐멘터리나 과학 전집에서 얻은 지식들을 바탕으로 동물에게서 최대한 먼 거리를 유지해야 한다는 이성적인 생각을 할 것입니다. 하지만 막상 위험 상황에서 구사일생한 사람들의 인터뷰를 들어보면 "몸이 마음을 따라주지 않았다"라는 증언을 심심치 않게 들을 수 있었습니다. 격한 감정의 상황에서는 머리로는 어떻게 해야 하는지 알아도 자신의 행동에 대한 선택권을 상실한 것만 같은 이른바 '감정적 납치emotional hijackings' 상태가 되어버린다는 것이지요. 이처럼 우리는 어떠한 감정을 느낄 것인가 그렇지 않을 것인가에 대한 완전한 결정권을 쥐고 있지 않기 때문에 사람이 감정을 완벽히 통제하는 것은 불가능에 가깝습니다. 그렇지만 마음 교육을 통해 나에게 몰려온 감정들을 지혜롭게 대처하는 방법을 익힌다면 우리는 적어도 그다음 행보를 결정할 주도권을 되찾아올 수 있는데요. 다시 말해 갑자기 야생동물을 만나 두려움에 몸이 굳는 것 자체를 통제할 수는 없지만 그 뒤에 얼마만큼 효과적으로 자신의 두려움을 완화하고 이성적인 상태로 전환하느냐는 우리에게 달렸다는 뜻입니다.

이번 장에서 소개한 활동과 이론들은 사회정서교육 중에서도 감정에 중점을 두는 예시들로 자신의 마음을 파악하고 표현하며 건강하게 조율하는 방법을 설명합니다. 《감정이라는 무기》의 저자이자 하버드대학교 의과대학 소속 심리학자인 수전 데이비드는 자신의 마음을 잘 인지하지 못하거나 표현하지 못하는 증상인 '감정 표현 불능증'을 소개하며 갈수록 많은 현대인이 이와 같은 문제로 고통받고 있다고 말했습니다. 그는 이러한 현상의 대표 요인으로 어린 시절 겪는 감정 학대와 더불어 자신의 마음을 표현하는 것을 나약하다 여기는 사회적 환경을 꼽았는데요. 그나마 다행인 것은 우리의 감정과 본능을 조율하는 대뇌의 전전두피질은 이십 대 중반까지 활발하게 발달된다는 사실입니다.

이 영역은 인간이 다른 동물들과 달리 고차원적인 생각과 판단을 하게 해주는 부분으로, 격한 감정을 느끼는 일이 있더라도 화를 그대로 표출하기보다는 사회 통념에 부합하는 방법으로 조절하는 역할을 하는데요. 따라서 뇌의 이 부분의 발달이 아직 완성되지 않았다는 것은 성장 잠재력 또한 남아 있다는 것을 의미합니다. 이 때문에 어려서부터 자신의 마음과 친해지는 방법을 가르치는 감정 교육을 실시하는 것은 아이들의 정신 건강의 개선, 더 나아가 그 어느 세대보다 자신의 마음을 인지하고 표현하며 조절하는, 즉 마음과 친한 세대를 길러내는 셈입니다.

마음 파악을 도와주는
무드미터

알록달록 무드미터로 내 감정 진단하기

미국 영재 초등학교 교실에 들어서면 입구부터 빨강, 파랑, 노랑, 초록 알록달록한 색상으로 단 번에 눈길을 사로잡는 포스터가 붙어 있습니다. 1학년부터 5학년까지 폭넓은 연령층의 학생들이 감정 인지와 조절을 위해 사용하는 이 도구의 이름은 바로 무드미터mood meter 입니다.

감정 코칭의 대가인 존 가트맨 박사는 감정에 이름을 붙여주는 것은 문에 손잡이를 달아주는 것과 같다고 표현했습니다. 손잡이가 없는 문을 열고 나가는 것은 불가능한 것처럼 감정을 나타내는 어휘가 부족한 상태에서는 자신의 마음을 제대로 표현해 내는 것이 매우 어렵다는 것인데요. 사실 다른 사람 속내를 읽는 것은 몰라도 자신의 감정을 아는 데 별도의 훈련이 필요하기까지 할까 의문이 들기도 합니다. 하지만 요즘 아이들은 기분에 대해 대부분 매우 한정적이거나 축약된 표현을 사용하는데요. 질투심, 불확실성, 분노, 실망감과 같은 세부적인 감정을 명확하게 구분 지어 표현하기보다는 "짜증 난다" 혹은 "스트레스받는다"라는 두루뭉술한 단어를 선택하거나 "어쩔티비", "개이득"과 같은 유행어로 대체하는 경우도 많습니다. 문제는 자기 자신의 마음을 제대로 표현하지 못하는 상태에서는 이를 조절하거나 해소하는 것 또한 어렵다는 점입니다. 따라서 그로 인해 발생하는 정신적 스트레스를 해로운 방식으로 풀어나가기가 쉬운데요. 반면 무드미터와 같은 마음 교육 도구를 통해 자신의 감정에 이름을 붙이게 되면, 내 마음의 흔들림을 파악하는 데 도움이 될 뿐만 아니라 이에 대처해 나갈 방향성을 찾는 데도 매우 큰 힘을 얻을 수 있습니다. 지피지기면 백전백승, 나를 잘 알수록 나를 돌보기가 더욱 수월해지기 때문입니다.

《감정은 어떻게 만들어지는가》의 저자 리사 펠드먼 배럿 박사는 사람마다 감정을 섬세하게 구별하고 표현할 수 있는 능력에 큰 격차가 있다고 설명했습니다. 책에서 그는 감정을 색에 비유했는데요. 색에 대한 감각이 풍부한 사람은 푸른빛이 도는 여러 가지 색을 보고 이를 각각 하늘색, 코발트색, 군청색, 감청색, 청록색 등 구분해 부르지만, 그 미세한 차이를 인지하지 못하는 사람들은 이를 통일해 모두

'푸르다'고 칭한다고 말했습니다. 우리가 색에 대해 민감하게 반응하는 정도가 조금씩 다르듯이 사람마다 자신의 감정을 인지하고 표현할 수 있는지에 차이가 있다는 것인데요.

펠드먼 배럿 박사는 바로 이 능력을 '감정 입자도emotional ganularity' 라고 표기했습니다. 여기서 '입자'는 주로 설탕과 같은 가루를 일컬을 때 자주 사용되는 단어로 '입자도'가 높을수록 더 섬세하고 고운 입자를 뜻하고, 낮을수록 투박한 상태를 말합니다. 따라서 높은 감정 입자도를 가진 사람들은 자신의 감정을 세부적으로 인지하고 소통하는 데 탁월한 능력을 보입니다. 이런 능력은 타인에게 이해받고 또 공감할 수 있는 감정의 폭도 넓혀주기 때문에 자연스레 정서적 안정감으로 이어지는데요. 거칠고 투박한 감정 입자도를 고르게 다져주는 것, 그것이 미국 영재 초등학교가 무드미터 같은 마음 도구를 활용한 사회정서학습을 실시하는 이유입니다.

무드미터는 어떻게 자세히 보면 좋을까?

시각적 정보를 통해 감정 어휘를 학습을 돕는 무드미터는 중학교 수학 시간에 보았을 법한 사분면 그래프와 비슷한 모습을 띱니다. 여기서 y축은 감정의 에너지 레벨을 나타내고, x축은 감정의 쾌적도를 나타내는데요. 표현하고자 하는 감정이 그래프의 상단에 있을수록 높은 활력도를 나타내고, 우측에 있을수록 쾌적한 마음을 뜻합니다.

이렇게 y축과 x축을 중심으로 나뉜 사분면은 각각 서로 다른 네 가지
색상 빨강, 파랑, 초록, 노랑으로 표시되는데요. 이 색들은 우리가 살
면서 자주 접하는 대표 감정인 분노, 슬픔, 평온, 기쁨을 나타냅니다.
각 색상이 담고 있는 감정의 의미는 다음과 같습니다.

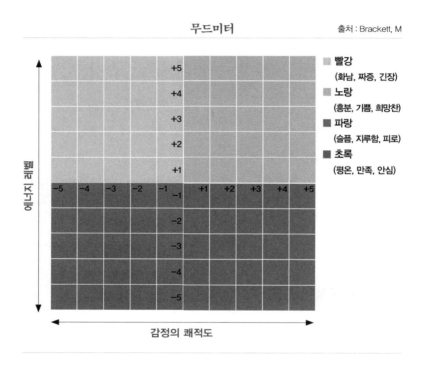

무드미터   출처 : Brackett, M

■ **빨강**
（화남, 짜증, 긴장）
■ **노랑**
（흥분, 기쁨, 희망찬）
■ **파랑**
（슬픔, 지루함, 피로）
■ **초록**
（평온, 만족, 안심）

에너지 레벨

감정의 쾌적도

제일 먼저 좌측 상단에 있는 '빨강 영역'은 높은 에너지 레벨, 낮은
쾌적도를 나타내는 구간으로 대표적인 감정으로는 화남, 짜증, 긴장
감 등 다소 격양된 모습을 꼽을 수 있습니다. 그 아래 좌측 하단에 있

는 '파랑 영역'은 낮은 에너지 레벨과 낮은 쾌적도를 나타냅니다. 이를 대표하는 감정으로는 슬픔, 지루함, 피곤함 등이 자주 인용되는데, 이는 낮은 에너지 레벨이지만 높은 쾌적도를 자랑하는 '초록 영역'의 대표 감정인 평온함, 만족감, 안심과는 사뭇 다른 느낌의 감정을 나타낸다는 것을 알 수 있습니다. 그리고 마지막으로 우측 상단에 있는 '노랑 영역'은 높은 쾌적도와 더불어 에너지 레벨 또한 높은 양상을 띠고 있어 흥분, 희망찬, 혹은 신남 등을 떠올릴 수 있습니다.

무드미터 제대로 활용하기

무드미터를 개발한 예일대학교 감정 지능 센터의 마크 브래킷 교수는 나이를 막론하고 매일 무드미터를 활용해 감정을 돌아보는 시간을 갖는 것이 감정 인지에 도움이 된다고 말합니다. 무드미터를 처음 접하는 사람, 혹은 초등학교 입학 이전 연령대의 아이들과는 매일 정해진 시간에 규칙적으로 기분을 표현하는 루틴을 만들어나가는 것을 추천합니다. 이때 처음부터 너무 많은 감정 어휘들을 소개하기보다는 무드미터의 네 가지 색상이 나타내는 기본 감정인 분노, 슬픔, 평온, 기쁨에 집중하는 것이 혼란을 줄이는 방법인데요. 우리가 살면서 만나는 다양한 감정의 대다수는 이 네 가지 기본 감정에서 파생된 경우가 많기 때문에 이에 대한 이해를 명확히 하는 것이 더욱 복잡하게 엉킨 감정을 인지하는 데도 큰 도움이 됩니다. 특히 무드미터 활용

초기의 가장 중요한 목적은 아이에게 자신이 느끼는 바를 표현하고 이를 수용받는 긍정적인 경험을 만들어주는 데 있기 때문에, 시작부터 무리하게 다양한 사용법을 지도하는 것보다는 조금씩 확장해 가는 것이 바람직합니다.

미국 영재 초등학교 저학년 교실에서 아이들은 매일 아침, 교실에 들어오면 제일 먼저 무드미터로 향합니다. 그날 기분을 나타내는 칸에 자신의 얼굴 모양 자석을 옮겨 붙이기 위함인데요. 이는 본격적으로 학교에서의 하루를 시작하기에 앞서, 자신의 마음 상태를 파악하는 마음 돌보기 루틴입니다. 이어서 아이들은 5~10분가량 무드미터 일기장을 작성합니다. 그 주제는 매일 조금씩 바뀌지만 주로 오늘 나의 기분을 나타내는 색을 사용해 그림 그리기, 오늘 일과 중 가장 기대되는 시간을 적고 그때 나의 기분 예상해 보기와 같이 자유로운 표현을 목적으로 하는데요.

아직 감정 어휘가 탄탄히 쌓이기 이전의 아이들은 "오늘 어떤 기분이 들어?"라는 질문에 답하는 것을 버겁게 느끼는 경우가 많기 때문에 시각적 도구의 활용이 더욱이 유용합니다. 적절한 단어 혹은 긴 문장을 구사하지 못하는 상태에서도 '색'이라는 매체를 통해 마음을 표현이 가능해지므로 감정 대화의 접근성이 높아지기 때문인데요. 게다가 화가 나 용암이 부글부글 끓는 감정을 나타내는 빨강, 울적하고(미국에서 우울하다고 표현할 때는 'blue'라는 단어를 사용) 잔잔한 겨울 바다가 떠오르는 파랑, 초록 잎이 가득한 산속에서 휴식을 취하는 듯한 느낌의 초록, 그리고 신이 나 삐악삐악 소리를 내는 귀여운 병아리의 노랑과 같이 색과 감정이 어우러진 표현은 아이들이 쉽게 공감할 수 있다는 장점이 있습니다.

이러한 시각적 요소를 적극 활용할 때는 색깔과 함께 꼭 정확한 감정의 명칭 또한 소개해 주는 것이 중요합니다. 간혹 어린아이의 경우에는 무드미터의 색상에 너무 심취해 "노란색 기분이 든다", "빨강 기분이 든다"라는 모호한 표현을 사용하는 경우도 있는데요. 가장 이상적인 활용법은 아래 예시처럼 색상과 더불어 정확한 감정 어휘를 사용하고, 이러한 기분을 느꼈던 상황을 예시로 들어주는 것입니다.

"우리 같이 동물원에 놀러갔을 때(상황) 정말 행복(감정)했는데. 사랑하는 우리 아들이랑 손을 꼭 잡고 걸으니(상황) 마음이 따뜻해지는 기분이었어. 다음에 또다시 동물원에 가서 행복한 시간(감정), 노란색 마음(무드미터 색상)을 만끽했으면 좋겠다."

"지난번 아이스크림을 사자마자 땅에 떨어뜨려서(상황) 너무 속상(감정)했지? 생각치도 못한 일이 일어나서 기대하던 걸 못하게 되면(상황) 속상(감정)한 마음이 들 수 있어. 네가 바라던 일이 다 망가져 버린 기분(감정)에 파란 마음(무드미터 색상)이 들 때에는 꼭 엄마에게 말해줘. 어떻게 하면 좋을지 같이 고민해 보자."

이처럼 아이가 직접 겪었던 경험을 감정 단어와 무드미터 색상으로 연결해 말해주면 자신도 아직 모르고 있던 감정 인지에 도움이 될

뿐더러 이를 표현하는 어휘 또한 확장됩니다.

무드미터의 또 다른 매력은 바로 이것이 사용하는 사람의 역량에 따라 그 활용법 또한 다양하다는 점입니다. 아이의 무드미터 활용이 능숙해지면 기본 감정 네 가지를 나타내는 그래프의 사면을 더 잘게 나누어 더 세부적인 감정 대화가 가능해지는데요. 각 칸에 해당하는 감정 어휘를 적거나 좌표가 나타내는 감정의 척도에 집중하는 것과 같이 무드미터의 쓰임이 확장되기 때문입니다. '피곤함'은 '지침'과 비슷한 쾌적도를 가지고 있지만 활력도 면에서 차이가 있는 감정이라는 것을 분석하고, '설렘'과 '황홀함'의 차이를 배워가는 과정을 통해 '기쁘다', '슬프다', '힘들다'에 머무르던 아이의 표현력 또한 깊어집니다. 예전이라면 "수학여행을 떠날 생각에 신이 난다. 노랑색 기분이다"에서 그쳤을 감정 표현이, 어휘가 쌓이고 자신의 마음에 귀를 기울이는 훈련이 지속되면 "수학여행이 며칠 안 남아서 너무 설렌다. 친구들과는 매일 같은 교실에서 만나는데 새로운 곳에 가니 어떤 일이 일어날까 기대도 되고 이동 시간 동안 같이 수다도 떨고 간식도 먹을 수 있어서 너무너무 들뜬 노란색 기분이다"와 같은 표현으로 진화합니다.

이는 단순히 더 많은 감정 단어를 사용한다는 것, 그 이상의 의미를 지닙니다. 꾸준히 자신의 감정을 살피는 아이는 '신난다', '기쁘다'라는 감정 안에는 낯선 것에 대한 기대감, 평소와 다른 것을 할 수 있다는 특별함, 친구와 즐거운 경험을 공유하게 될 것이라는 유대감 등 다양한 조각이 존재한다는 것을 이해하는데요. 따라서 자신이 왜 신나는지, 그 마음을 일으킨 원인은 무엇인지 감정의 근원지를 파악하는 능력 또한 덩달아 향상하는 경험을 하게 됩니다.

세상에
나쁜 감정은 없다

무드 셰이밍 멈추기

"선생님 저희 아이는 오늘 기분이 어떤지 물으면 맨날 똑같은 대답만 해요." 간혹 아이들 중에는 부모가 기분이 어떤지 물어오면 반자동적으로 "좋아"라고만 답하는 경우가 있습니다. 자녀가 행복하다는 것은 당연히 기뻐야 할 일이지만 만약 자신의 감정에 대해 제대로 고민하지 않는 모습이 지속되거나 대부분의 사람이 괜찮게 여기지 않을 일을 겪고도 "괜찮다"라는 말만 일관한다면 이것이 진심인지 점검해 볼 필요가 있습니다. 아이가 특정 감정을 느끼는 것을 부끄럽게 여기는, '무드 셰이밍'을 겪고 있을 수도 있기 때문이지요.

"울면 안 돼, 울면 안 돼, 산타 할아버지는 우는 아이에게는 선물을 안 주신대."

"그만 뚝! 그치지 않으면 망태 할아버지가 잡아간다!"

"다 큰 누나가 애기같이 징징거리는 거야?"

"남자는 태어나서 세 번만 우는 거야. 씩씩하게 해야지!"

"징징거리는 아이가 여기 있어요! 떼쓰면 경찰 아저씨한테 잡아가라고 할 거야."

매일매일 행복하고 기쁜 나날들이 이어진다면 참 좋겠지만, 사실 그것은 불가능할뿐더러 정신적으로도 건강하지 못한 일입니다. 하지만 감정의 표현을 나약함으로 치부하거나 부정적인 감정을 품는 것을 부끄러워해야 할 일로 여기는 무드 셰임mood shame 문화는 오랫동안 우리의 일상 속 언어뿐만 아니라 책이나 영상물, 심지어 동요 가사에도 자리하고 있습니다. 눈물을 흘리는 것은 유치하고, 경찰 아저씨가 잡아갈 만큼 잘못된 일이라는 말을 들으며 아이들은 마음을 표현하지 않는 것이 성숙하며 바른 일이라고 믿게 되는 것인데요.

물론 쾌적도가 높지 않은 감정을 맞닥뜨리는 것은 불쾌함을 동반하기에 사람이라면 이와 같은 마음들을 피하고 싶어 하는 본능을 가지고 있는데요. 그렇지만 실망과 걱정, 슬픔과 같이 불편한 감정을 마냥 외면하는 자세는 마음의 병을 초래하며, 장기적으로 더욱 해롭습니다. 이는 친한 친구에게 서운한 일이 생기는 상황만 떠올려보아도 쉽게 이해할 수 있습니다. 별일 아닌 일로 감정 낭비를 하고 싶지 않아 불편한 마음을 구석으로 밀어 넣기만 하다가는, 반드시 쌓여 있던 감정이 '펑' 하고 터지게 되는데요. 그러면 상대는 자신의 잘못을 뉘우치기는커녕 오히려 내가 과한 반응을 보인다고 여길 것이고, 나 또한 '나는 왜 이렇게 멘탈이 약할까' 같은 자학적인 생각을 하게 되기 쉽습니다.

이와 같은 감정 참기의 부작용은 캘리포니아대학교 버클리 캠퍼스의 아이리스 마우스 교수의 무드 셰이밍 연구 결과에서도 드러납니다. 그는 참가자들에게 "나는 비이성적이거나 부적절한 감정을 느끼는 스스로에게 비판적이다", "내가 느끼는 감정 중에는 나쁜 감정들이 있고 나는 이 감정들을 느껴서는 안 된다고 생각한다"와 같이 특정 감정을 느끼는 것에 대한 그들의 생각을 엿볼 수 있는 질문들을 던졌는데요. 그 결과 연구진은 참가자들의 답변과 정신 건강 사이에 흥미로운 연관성을 발견하게 됩니다. 평소 쾌적도가 높지 않은 감정을 느끼는 것에 대해 비판적인 태도를 지닌 사람은 그렇지 않은 사람보다 우울증과 불안 증세를 보일 가능성이 더 크다는 통계가 나타난 것입니다. 이는 곧 어떤 감정이든지 있는 그대로 수용하는 것이 정신 건강을 지키는 중요한 열쇠라는 것을 시사하는데요.

감정 교육의 궁극적인 목표는 감정의 인지와 조절 능력을 키워주는 데 있지만, 이것은 감정의 옳고 그름을 판단하거나 가르치는 것과는 엄연히 차이가 있습니다. 따라서 무드미터와 같은 마음 도구를 사용할 때도 쾌적도의 높고 낮음이 혹여 '느끼면 좋은 감정'과 '느끼면 안 되는 틀린 감정'으로 잘못 받아들여지지 않도록 주의해야 하는데요. 아무래도 쾌적도가 낮은 감정들은 '느끼고 싶지 않은 감정'으로 인식되기에 무조건 나쁘다고 생각하는 경우가 많습니다. 하지만 사실 이 감정들 또한 고유의 역할을 지니며 우리에게 꼭 필요한 마음입니다. 예를 들어 '공포심'은 우리에게 경각심을 불러일으켜 안전을 점검하게 만들어주는 감정이고, '슬픔'은 심리학에서 슬플수록 현명하다는 표현을 사용할 정도로 분석적인 사고를 촉진한다고 알려져 있습니다. 학교생활과 사회생활을 할 때도 마찬가지입니다. 토론을 해야 할 때, 불리한 대우를 받았을 때, 혹은 새로운 시도를 해야 할 때 우리는 행복과 안정과 같은 쾌적한 감정뿐만 아니라 다소 불편한 감정이 필요한 상황들을 만나게 되는데요.

그렇다면 행복하길 요구하는 세상 속에서 우리 아이들의 감정을 있는 그대로 만끽할 권리를 지켜주려면 어떻게 해야 할까요? 바로 부모가 먼저 항상 행복한 모습을 보여야 한다는 강박관념을 벗어던지는 것에서 비롯됩니다. 매일 쾌적도가 높은 노란색이나 초록색 무드미터 칸을 고집하기보다는 그날그날 느끼는 감정을 진솔하게 표현하는 것처럼 이런 작은 일상의 모델링이 아이가 자신의 감정을 부끄러워하지 않도록 이끄는 가장 확실한 방법인데요. 긍정적인 에너지도 좋지만, 매사에 행복하고 기쁘기만 한 부모 밑에서 자란 아이는 자신에게 쾌적도가 낮은 감정이 생겼을 때 '이런 감정을 느끼다니, 나는 무언가 단단히 잘못되었다'고 느낄 가능성이 크다는 것을 기억해야 합니다.

"지금 엄마가 너무 피곤해서 휴식이 필요하니 5분 동안 스스로 책을 읽어볼래? 에너지를 채우고 나면 더 즐겁게 같이 책을 읽을 수 있을 것 같아."

"오늘 엄마는 회사에서 마음대로 안 풀리는 일이 많아서 속상한 하루를 보냈어. 엄마랑 신나는 음악을 들으면서 춤춰볼까?"

쾌적도가 높은 감정들 아래, 쾌적도가 낮은 마음을 숨기기를 지속하다 보면 분명 아이에게 감정적인 태도로 기분을 쏟아내는 상황이 오게 됩니다. 그 전에 부모부터 자신의 모든 감정을 가치 있는 감정으로 수용하고 표현해 주세요. 부모가 감정을 피하지 않고 마주하는 모습을 보며 아이는 자신도 얼마든지 스스로의 마음 주인이 될 수 있다는 믿음을 얻습니다.

몸이 보내는
감정 신호 배우기

비언어적 신호

대부분의 성인은 상대가 대놓고 자신의 감정을 이야기하지 않더라도 대화 내용, 분위기 혹은 제스처와 표정을 통해 적절한 반응을 내놓습니다. 이처럼 상대방의 언행을 살피며 상대방이 품고 있는 감정을 유추하는 기술은 공감 능력의 핵심이자 원활한 인간관계를 형성하고 유지하는 데 꼭 필요한 역량인데요. 하지만 아이들은 아직 자신의 감정에 대한 이해조차 완전히 성립되지 않은 시기에 있기 때문에, 다른 사람의 비언어적 신호를 읽는 능력 또한 미숙합니다. 이 단계에서는 타인의 의도를 알아차리는 것뿐만 아니라 자신과 타인이 서로 다른 마음을 품을 수 있다는 사실 자체를 인지하는 것조차 어렵기 때문인데요. 아이들의 이런 모습은 또래 관계에서도 쉽게 목격할 수 있습니다.

다가오는 친구의 생일을 맞아 선물을 준비하는 상황에도 어른이라면 상대방의 취향이나 관심사를 먼저 살피겠지만 아이들은 내가 갖고 싶은 것이 곧 모두가 탐내는 물건이라 믿어 의심치 않기 때문에 상대의 마음을 고려하는 것을 잊기도 합니다. 이러한 아이들의 미숙한 마음 읽기력은 학교에서 그룹 활동을 하거나 쉬는 시간에 교류가 이루어지는 동안에도 종종 갈등을 초래하는데요. 저학년일수록 학급 구성원의 대다수가 자신의 감정을 언어로 명확히 표현하는 데 서투르기에 학급 전체를 대상으로 감정 어휘뿐만 아니라 감정을 나타내는 비언어적 신호에 대해서도 지도합니다. 예를 들어 친구가 얼굴을 찡그리거나 고개를 돌리면 나만의 공간이 필요하다는 신호일 수 있다는 것을 가르쳐 불필요한 불화를 미연에 방지하고, 경청하는 눈빛과 자세를 지도함으로써 올바른 '청중'의 역할을 하도록 이끌어주는데요. 말하는 상대의 눈 바라보기, 고개 끄덕이기, 입가에 미소 짓기, 중간에 짧은 응답이나 추임새를 더하기와 같은 비언어적인 대화 기술은 사회에 나가서도 대인 관계에 도움이 되는 영구적인 인생 기술입니다.

과연 모든 감정은 표정에 나타날까?

우리는 표정을 잘 숨기지 못하는 사람들을 보고 감정 표현에 솔직한 사람이라는 말을 하고, 그와 반대로 마음을 잘 숨기는 사람을 보고는 속내를 알 수 없는 사람이라는 부정적인 표현을 사용합니다. 그만큼 우리 사회는 감정이 표정에 드러나는 것이 일반적이라는 기대치를 가지고 있는지도 모르겠습니다.

내가 연출가가 되어 연극을 감독한다고 가정해 봅시다. 물론 경험이나 취향, 기준에 따라 조금의 차이는 있겠지만, 흥미롭게도 대다수의 사람은 특정 감정선을 표현하기 위해 비슷한 비언어적 표현을 떠올립니다. 주인공에게 당황스러운 일이 생긴 장면에서는 빨라진 발걸음, 창백해진 안색, 부자연스러운 손의 움직임과 같은 제스처를, 이제 막 시작하는 설렘을 느끼는 연인들이 등장하는 장면에서는 빨간 두 볼, 갈 곳을 잃은 시선 처리, 그리고 저절로 새어 나오는 미소 같은 신체적 신호를 연상할 것입니다.

FBI와 CIA가 인정한 심리학자인 폴 에크먼은 이처럼 사람의 감정은 표정에 묻어나기 때문에, 대표적인 특정 단서들을 잘 활용하면 타인과의 소통에 효율성을 높일 수 있다고 주장했습니다. 덧붙여 표정은 사회적으로 학습되는 것이 아니라, 인종이나 나라, 문화 등을 막론하고 공통적으로 존재하는 것이라고 말했는데요. 이를 증명하기 위해 그는 세상과 고립되어 다른 문화의 영향을 전혀 받지 않았던 파푸아뉴기니 사람들을 대상으로 여러 가지 표정을 담은 사진을 보여주는 실험을 진행했습니다. 외부의 영향을 받지 않은 고원지대 원시 부족의 사람들조차 다른 문화권의 찡그린 표정을 보고 '화남'이라는 감정을 유추해 내는 것은 표정은 학습의 결과가 아니라는 것입니다.

더 나아가 그는 저서 《표정의 심리학》에서 선천적 맹인의 사례를 들며 같은 주장을 뒷받침하기도 했습니다. 만약 우리가 표정을 보고 배워서 짓는 것이라면 태어날 때부터 앞을 보지 못했던 맹인들은 다른 표정을 지어야 하는데, 맹인들 또한 남들과 다를 바 없는 표정을 나타낸다는 것을 예로 든 것입니다. 에크먼은 처음에는 공포, 분노, 기쁜, 슬픔, 혐오 그리고 놀라움 총 여섯 가지의 감정을 나타내는 표정에 대한 연구에 집중했으나 나중에는 얼굴의 미세한 안면 근육의 움직임을 체계적으로 분석해 감정을 유추하는 FACS(표정기호화법)를 개발하기에 이릅니다. 그의 안면 인식 체계는 미국 범죄 수사와 조현병 연구에도 널리 적용되었을 뿐만 아니라 훗날 그에게 미국 국립 정신건강 연구소의 과학 연구 부분 상을 세 번이나 안겨주었습니다.

하지만 21세기 가장 영향력 있는 심리학자 중 한 명으로 꼽히는 폴 에크먼에게도 반대하는 세력은 있었습니다. 그들은 표정은 문화나 환경 등 외부적인 영향을 통해 습득되는 것이라 주장하는데요. 다만 표정은 워낙 오랫동안 광범위하게 학습되어 온 것이라 특정 신체 반응과 특정 감정을 연상 지어 생각하는 것이 사회적으로 자연스럽게 받아들여질 뿐이라는 의견이었습니다. 그리고 그들은 대표적인 근거로 누구나 한 번쯤은 지어 보였을 '거짓 표정'을 제시했습니다. 우리 모두 사회생활이라는 명목하에 내가 느끼는 감정이 아닌 다른 기분을 표출하는 표정을 연기하는 경우가 생기는데요. 정말 즐겁지 않더라도 상사의 비위를 맞추기 위해서 행복한 사람의 모습을 나타내는 비언어적 신호들을 얼마든지 복제할 수 있는 것 자체가 인류가 표정을 '배워서 따라 하는 반증'이라는 것입니다.

이에 대해 에크먼 박사는 거짓으로 조절하는 표정은 진심에서 우러나오는 표정과 다른 형태를 보인다고 반론했습니다. 사람들은 자기 마음대로 표정을 제어할 수 있다고 생각하지만, 안면의 미세 근육 중에는 의지와 관계없이 스스로 움직이는 근육이 함께 존재하기 때문에 완벽한 모사는 어렵다고 말입니다. 마음에서 우러나와 웃는 경우에는 눈가의 근육이 움직이며 뺨이 위로 올라가지만, 거짓으로 미소를 지을 때는 입꼬리는 올라가지만 눈썹과 눈두덩이가 움직이지 않아 진짜 표정보다 비대칭을 띤다는 것이지요. 다시 말해 자신의 표정을 숨기려고 다른 감정을 내비치더라도 이는 '진짜 표정'과는 분명한 차이가 있다는 뜻이 됩니다.

에크먼은 감정과 표정은 원래 존재하는 것이지만, 상황에 맞는 표정이 무엇인지 선택하는 것은 문화의 영향을 받는다고 말했습니다. 즉 우리가 혼자 있을 때 느끼는 감정은 얼굴에 고스란히 드러나지만, 타인과 함께 있을 때는 사회적으로 수용되는 범위 안에서 관리된 표정을 사용한다는 이야기입니다.

이처럼 감정과 표정의 관계는 전문가들 사이에서도 팽팽하게 의견을 대립하고 있습니다. 그럼에도 불구하고 미국 교육이 비언어적 신호를 지도하는 데 공을 들이는 것은 이것이 언어 표현이 서툴거나 독립적으로 감정을 읽는 데 미숙한 아이들이 세상과 소통하도록 도움을 주기 때문입니다. 다만 표정과 감정이 항상 완벽하게 일치하는 것은 아니기 때문에 아이들이 상대의 비언어적인 표현에 완전히 의지하게 하기보다는 이를 추가적인 신호로 활용하도록 지도하는 것이 중요한데요. 지나치게 표정에만 의존해 타인의 감정을 파악하려고 하다가는 다른 사람의 마음을 오해해 되려 소통의 걸림돌이 되어버릴 수도 있기 때문입니다.

비언어적 표현 가르치기 전략 : 표정과 몸짓에 집중하는 놀이

가정에서 감정을 나타내는 비언어적 신호들을 소개할 때 가장 활용하기 쉬운 도구는 바로 사진입니다. 사진은 그림보다 현실적인 표정을 생생하게 담아내기 때문에 그 안에 내포된 감정을 이해하는 최적의 연습 도구인데요. 처음에는 에크먼의 초기 연구와 같이 기본 정서인 기쁨, 슬픔, 분노, 놀람, 공포를 나타내는 사진을 준비해 표정을 읽는 연습을 추천합니다. 다양한 감정을 느낄 때 보편적으로 얼굴에는 어떤 변화가 일어나는지 이야기해 보거나 서로 비슷한 표정을 흉내내는 '몸으로 말해요' 활동은 비언어적 표현의 특징을 관찰하게 만들어주는데요. 여기에 무드미터를 접목해 상대가 어느 색의 감정을 표현하는 중인지 유추해 보거나, 여러 장의 표정 카드 중 비슷한 감정을 나타내는 카드끼리 짝을 맞추는 등 게임적 요소를 더해주면 더 흥미롭게 감정을 배우는 시간을 보낼 수 있습니다. 더 나아가서 우리 가족의 추억이 담긴 사진들을 활용하며 그 당시를 재연해 보거나 '새치기를 당했을 때', '좋아하는 친구의 생일 파티에 초대받았을 때'와 같은 가상의 시나리오를 떠올리며 이런 상황에 적합한 비언어적 표현은 무엇인지 배워가는 시간 또한 만들 수 있습니다.

복합 감정과 양가감정,
감정의 실타래 풀기

감정 인지가 어려운 이유

"열 길 물속은 알아도 한 길 사람 속은 모른다"라는 말처럼 사람의
마음을 제대로 아는 것은 참 어렵습니다. 아마도 우리가 가진 감정이
하루에도 수십 번씩 변하기 때문일 텐데요. 당장 오늘 아침만 되돌아
보아도 우산을 잃어버려 짜증이 났다가 동료가 책상 위에 올려놓은
따뜻한 커피 한 잔을 발견하는 순간 마음이 따뜻해지는 것처럼 기분
이 이리저리 바뀔 만한 일이 가득했을 것입니다.

감정의 인지가 어려운 이유는 이뿐만이 아닙니다. 어쩌면 감정의
변덕보다 더 까다로운 것은 바로 우리가 항상 한 번에 한 가지 감정

만을 느끼는 것이 아니라는 사실입니다. 분노, 공포, 혐오, 기쁨, 슬픔, 놀람과 같은 기본 감정의 조합에 의해 걱정, 자부심, 부러움 등 복합 감정이 나오기도 하고, 때로는 서로 상반된 양가감정이 듭니다. 흔히 어떤 일을 마무리 짓는 소감으로 우리가 자주 사용하는 "시원섭섭하다"라는 표현만 보아도 그렇습니다. 이와 같은 의미를 가진 표현을 영어로는 bitter-sweet라고 하는데, 말 그대로 씁쓸하지만 달콤한, 즉 좋기도 싫기도 하다는 뜻을 담고 있습니다. 찬찬히 따져보면 웬 엉뚱한 소리인가 싶지만 사실 이처럼 논리적으로 어긋나거나 양립해 보이는 감정이 공존하는 경우는 생각보다 많습니다. 시골의 한적함을 좋아하는 동시에 다소 따분하다고 느낄 수 있고, 새로운 일에 도전하기 위해 용기를 내면서도 실패하면 어떻게 하나 하는 두려움을 느끼기도 합니다.

양가감정을 느끼는 것은 지극히 자연스러운 일이지만, 감정들이 뒤엉킨 상태를 인지하고 그중 어떤 마음에 힘을 싣는 선택을 할 것인지 결정하는 능력을 키우는 것은 매우 중요합니다. 이러한 선택들이 모이면 이는 곧 개인의 성격과 정체성으로 자리 잡게 되는데요. 만약 주체적인 판단을 내리는 과정을 제대로 거치지 못하면 자칫 스스로를 이중적이라고 느끼며 자괴감에 사로잡히거나, 우유부단한 성격으로 이어질 수 있기 때문입니다. 특히 서로 상반되는 감정들 사이에서 자신이 진정 원하는 것이 무엇인지 혼란스러운 상태를 장시간 유지하면 이러지도 저러지도 못한 채 삶의 중요한 기회들을 흘려보낼 수 있습니다.

그렇다면 아이와는 언제부터 이런 복합적인 감정을 다스리는 법을 다루어야 할까요? 그 방법을 배우려면 아이가 뒤죽박죽 얽힌 감정의 존재를 인지할 수 있는지 파악하는 것이 중요합니다. 세르비아의 니스대학교 밀랴나 세넬 교수는 아이들이 한 가지 이상의 감정을 인지하기 시작하는 시기를 알아내기 위해 만 4~8세 사이의 아이들 60명을 대상으로 흥미로운 연구를 진행했습니다. 연구진은 디즈니 만화영화 〈덤보〉와 같이 어린이 영상물 중 등장인물이 여러 감정을 동시에 표출하는 장면들을 선정해 아이들에게 보여준 뒤 어떤 감정을 느꼈는지 설문 조사를 시행했습니다. 그 결과 4~5세 아이들은 여러 감정 중에서 가장 두드러진 한 가지 감정만을 답변으로 내놓는 반면, 6~7세 아이들은 "슬프고 피곤했다", "기쁘고 자랑스러웠다"와 같이 비슷한 감정들이 동시에 공존한다는 사실을 설명하는 경우가 많았습니다. 그리고 7~8세 이상의 아이들은 기쁨과 슬픔, 설렘과 두려움, 사랑과 질투같이 서로 상반되는 감정들이 뒤엉킨 상황도 있다는 것을 인지한 답변을 내었습니다.

더욱이 흥미로운 것은 바로 아이들이 직접 복합 감정을 경험하는 것 또한 이를 인지하는 시기를 기점으로 많아진다는 것입니다. 실제로 초등학교 입학 전후로 그전까지는 곧잘 마음을 표현하던 아이가 갑자기 감정을 꽁꽁 숨기거나 조절하기 어려워한다고 고민하는 양육자들이 많습니다. 이는 동생이 태어나서 반갑고 기쁘지만 동시에 질투가 난다든지, 친구와 놀 때는 즐겁지만 친구가 제멋대로 굴면 얄밉게 느껴지기도 하는 등 동시에 몰아치는 상반된 감정의 파도 속에서 소위 '나도 내 마음을 잘 모르겠는 상태'가 되어버리기 때문인데요. 문제는 이런 감정들을 계속 숨겨두기만 하면, 아이의 마음속에 해결되지 않은 감정 찌꺼기로 쌓여 결국 손톱 물어뜯기 혹은 신경성 복통과 같은 신체 반응으로까지 나타날 수 있다는 점입니다.

특히 아이가 혼란스러움을 겪으며 표출되는 문제 행동이 때로는 '사춘기가 일찍 왔다는 증거'로 치부되며 가볍게 여겨진다는 점이 참으로 안타깝습니다. 만약 아이가 특정 환경에서 유독 조용해지거나 반대로 과격해지는 등 평소 성격과 다른 모습을 보인다면 복잡한 감정을 인지하거나 표현하는 데 도움이 필요하다는 신호일 수 있습니다. 아이 혼자 감정의 열병을 겪게 두지 않으려면 문제 행동을 야기하는 감정 원인을 찾는 것이 중요합니다. 부모가 눈앞에 드러나는 아이의 행동보다 마음에 관심을 둘 때, 아이도 부모를 자신의 세상에 초대하고 싶어집니다.

복합 감정을 읽는 아이로 키우기 전략 1 : 하이라이트 & 로우라이트

뒤얽힌 감정을 잘 풀어내는 힘은 마음을 있는 그대로 표현해 보는 경험에서 비롯됩니다. 따라서 매일 저녁 잠들기 전, 오늘 하루 가장 즐거웠던 순간과 가장 마음이 좋지 않았던 순간을 나누는 것과 같이 양질의 감정 교류를 나눌 수 있는 루틴을 만드는 것을 추천하는데요. 일명 '하이라이트 앤드 로우라이트highlight & lowlight로 불리는 이 활동은 양육자와 아이가 서로 떨어져 있는 동안 겪었던 일과를 공유하는 시간으로 아이의 고민거리나 관심사를 파악하기에도 좋은 기회가 됩니다. 동시에 아이들은 부모님도 하루 사이에 다양한 감정을 느낀다는 사실을 자연스레 목격하게 되기 때문에 자칫 혼란스럽게 느끼기 쉬운 복합 감정이나 양가감정도 삶의 일부로 받들이는데요.

자녀와 복합 감정에 대한 대화를 하기 전에는 반드시 아이에게 마음을 나눌 준비가 되었는지 의사를 물어보는 것이 좋습니다. 부모가 아무리 아이를 받아들일 준비가 되었더라도, 아이가 대화할 동기를 찾지 못할 경우 그 어떤 대화도 강압적이고 억지스럽게 느껴지기 때문인데요. 만약 아이가 대화할 준비가 되지 않았다면, 이때 부모가 할 수 있는 최선의 선택은 아이에게 언제든 들을 준비가 되어 있다는 것을 알려주고 기다려주는 일입니다.

복합 감정을 읽는 아이로 키우기 전략 2 : 빨강 감정 + 파랑 감정 = 보라 감정

복합 감정을 잘 인지하는 아이들은 잘 정돈된 책장을 지닌 것과 같아서 자신이 원하는 감정을 꺼내는 데도 높은 효율성을 자랑합니다. 그렇다면 여러 마음이 뒤섞인 상태에 놓인 아이가 자신의 감정을 들여다보도록 도울 방법은 무엇이 있을까요?

앞에서 이미 설명했듯이 무드미터는 감정의 관계성을 잘 나타내는 도구입니다. 특히 사분면 그래프 형식은 감정의 에너지 레벨과 쾌적도를 한눈에 보여주는데요. 이를 잘 활용해 감정의 축을 변화시켜 보는 활동은 비슷하지만 다른 감정을 탐구하는 데 유용합니다. "분노만큼 에너지 레벨이 강하지만 '쾌적한' 감정은 무엇일까?", "지루함과 비슷한 쾌적도를 유지하되 에너지 레벨이 낮아진다면 어떤 기분이 들까?"와 같은 질문을 통해 감정의 관계성을 파악하는 힘이 길러지기 때문입니다.

복합 감정에 대한 대화를 이어갈 때는 무드미터의 색상을 적극적으로 활용하는 것이 도움이 됩니다. 기본 감정을 나타내는 무드미터의 빨간색, 노란색, 파란색, 초록색 중 세 개는 원색을 띠고 있는데요. 그중 두 가지 색을 혼합해 만들 수 있는 이차색을 세부 감정 단어와 연관 지어 활용하면, 복합 감정을 가르치는 데 훌륭한 시각적 요소가 되기 때문입니다. 이때 부모와 교사는 "화가 난 감정을 표현하는 빨강과 슬픔을 표현하는 파랑이 뒤섞인 보라색 감정은 무엇일까?", "둘 중에 조금 더 큰 비중을 차지하는 감정이 있을까? 그렇다면 비율은 얼마큼이 적당할까?"와 같이 자녀가 자신의 생각을 엿볼 수 있는 질문을 던져주는 것이 좋은데요. 다채로운 색감과 세부적인 감정 어휘를 함께 소개함으로써 아이가 자신의 뒤엉킨 마음을 더 자세히 들여다보는 기회가 마련됩니다.

복합 감정을 읽는 아이로 키우기 전략 3 : 섞인 감정을 담은 그림책 활용하기

아이들이 부담없이 자신의 마음을 표현하게 이끌어주는 매개체로는 그림책 만한 것이 없습니다. 특히 책을 읽고 나의 삶과 연관 짓는 연계 활동은 자연스레 감정에 대한 대화로 이어지는데요. 한 번에 여러 감정을 느끼는 상황을 주제로 한 복합 감정에 대한 '대화 창고'를 여는 데 효과적인 그림책 두 권을 소개합니다. 첫 번째는 《Double Dip(더블 딥 기분)》이라는 책입니다. 이 작품은 우리 모두가 한번쯤 겪었을 법한 일상 속 경험들을 보여주는데요. 특히 영어권에서 '더블 딥'은 한 가지 이상의 소스를 같이 먹거나 아이스크림 콘 위에 두 가지 맛의 아이스크림을 얹어 먹는다는 표현으로 사용됩니다. 그래서 '더블 딥 기분'이라는 표현은 언어유희적인 요소를 담고 있습니다.

아이와 함께 이 책을 읽고 나서는 크래커에 잼이나 크림치즈, 케첩 등을 얹어 먹어보면서 혼합된 맛에 대한 평가를 나누는 감정 놀이 시간을 갖는 것을 추천하는데요. 아무리 맛있는 음식도 마구 섞이면 그 고유의 맛과 매력을 잃는 것처럼 소중한 감정을 뒤엉킨 채 방치하는 것은 마음의 불편함을 더욱 키울 뿐이라는 교훈을 전달할 수 있습니다.

한국에 출간된 《두 마음이 뒤죽박죽이에요》라는 그림책 또한 복합 감정을 교육하는 데 자주 활용됩니다. 이 책은 제목 그대로, 뒤죽박죽 엉켜버린 마음을 가진 주인공 엘리가 자신이 느끼는 마음을 솔직하게 표현하고 해소하는 여정을 담고 있는데요. 특히 인형 놀이로 마음 표현하기, 그림으로 감정 나타내기, 그리고 복합 감정을 나타내는 나만의 기분 단어 만들기 등 창의적인 감정을 표현하는 기술을 담고 있습니다. 이 때문에 비슷한 전략들을 응용해 보는 것만으로도 금세 마음 다스리기 능력이 두둑이 채워집니다.

이 그림책에서 소개된 '새로운 감정 단어 만들기' 활동은 "미안부끄", "화슬픔"과 같이 우스꽝스러운 어감을 가진 예시를 사용하는 데다가, 창의력을 자극하기 때문에 유머러스하고 자연스러운 분위기에서 아이들의 감정 표현을 이끌어주는데요. 이 외에도 책에 기분에 대한 이야기가 나오면 이와 반대되는 감정에 대해 이야기해 보거나, 해당 감정과 어울리는 의성어나 의태어 나열하기 등 간단한 게임을 더한다면 더 유익한 마음 교육 시간이 만들어집니다.

여전히 감정 조절이
어려운 이유

　자신의 감정이 무엇인지 제대로 인지하고 표현하는 것만큼이나 중요한 것이 바로 감정을 조절하는 능력입니다. 간혹 화가 머리끝까지 차오를 때, 눈앞의 물건을 때려부수고 싶은 마음이 들 수는 있지만 그렇다고 이러한 감정을 모두 실행에 옮길 수 없습니다. 만약 세상 사람들이 모두 자신에게 생기는 감정을 날것 그대로 분출한다면 질서와 이성은 찾을 수 없는 혼란이 야기될 텐데요. 감정적인 상태로 저지른 행동들이 얼마나 큰 책임을 초래하는지 직간접적으로 경험해 온 부모들은 아이가 화를 못 이겨 문을 쾅 닫거나 비속어를 내뱉기라도 하면 마음이 덜컹 내려앉는 것을 숨길 수가 없습니다. 사회가 규정한 '예의'에서 벗어나는 언행이 아이의 인격으로 굳어질까 두렵고, 그로 인해 발생할 불이익들이 눈에 뻔히 보이기 때문입니다. 그리고 이는 주로 무드 셰이밍을 동반한 즉각적인 감정 변화를 요구하는 태도로 이어집니다.

"어디서 문을 쾅 닫아? 당장 와서 공손하게 다시 닫아."
"그런 말이나 쓰라고 널 애지중지 키운 줄 알아?"

행동 교정에 몰두한 나머지, 아이에게 화를 내지 말라고 타이른다는 것이 오히려 자신이 화를 내는 상황을 만든 것이지요. 하지만 입장을 바꾸어 생각해 보면 이것은 실천하기에 너무나도 어려운 요구입니다. 감정이 격해진 상태에서는 마음을 다스리는 방법을 아는 성인조차 평소와 같이 평정심을 유지하며 예의 바르게 행동하는 것이 불가능하기 때문입니다. 그렇기에 그런 상황일수록 아이에게 무작정 감정을 조절하라고 강요하기보다는 이것이 하기 힘든 일임을 이해하려는 마음을 품는 것이 자녀의 삐뚤어진 표현에 부모가 덩달아 감정적으로 대응하는 사태를 막을 수 있는데요. 특히 부모가 아이의 감정 조절을 돕기 위해서는 격양되고 부정적인 감정을 즐기는 아이는 없다는 것, 그리고 감정의 파도에서 그 누구보다 두려움을 느끼는 것 또한 아이임을 인지하는 것이 중요합니다. 자신의 내면에 귀 기울이려는 부모의 노력은 마음이라는 파도가 아이를 삼켜버리지 않게 든든한 닻이 되어주기 때문입니다.

어른의 초감정이 아이의 초감정에 미치는 영향

흔히 감정은 외부 현상의 영향으로 생겨나는 것이라고 여기는 경우가 많습니다. 그렇다면 우리는 왜 똑같은 상황을 겪더라도 사람마다 다른 감정을 느낄뿐더러, 이를 표현하는 법 또한 천차만별인 걸까요? 바로 감정은 그 순간뿐만 아니라 우리가 전에 겪었던 경험들과 그때 느꼈던 감정을 통해 형성되기 때문입니다. 즉 내가 느꼈던 과거의 감정이 지금 고유의 감정을 만든다고 할 수 있겠는데요. 사람은 누구나 유년기에 자신을 둘러싼 환경에서부터 비롯된 감정의 역사를 지니고 있습니다. 어릴 때 집안 분위기로 인해 형성된 가치관이나 자신도 모르게 갖게 된 감정에 대한 선입견이 복잡하게 뒤엉켜 있는 것이지요. 특히 유아기는 부모와 친척이 아이에게 미치는 영향이 가장 큰 시기로 이때 접한 감정들은 훗날 다른 감정들의 파생에도 핵심적인 요소가 됩니다. 이와 같이 우리의 무의식 속에 존재하는 '감정에 대한 감정'을 심리학에서는 초감정 혹은 메타 감정이라고 표현하는데요. 초감정을 이해하면 자신의 감정의 역사를 알아가게 되고 이를 제대로 파악하면 감정을 조절하는 것 또한 수월해집니다.

감정 코칭의 대가인 존 가트맨 교수는 부모의 초감정은 '스스로의 감정에 대한 감정'뿐만 아니라 '아이가 느끼는 감정에 대한 부모의 감정' 또한 포함한다고 말했습니다. 가장 대표적인 예로는 울고 떼쓰는 아이를 바라보며 복잡한 감정을 느끼는 양육자들을 떠올려 볼 수 있겠는데요. 같은 상황에서도 어떤 부모는 우는 아이를 보고 슬픔을 느끼는 반면, 다른 부모는 피로감을 느끼거나 화, 우울, 안쓰러움 등의 감정을 가지게 되는데 이처럼 인간이라면 누구나 각자 자신이 가진 감정의 역사에 따라 서로 다른 초감정이 나타난다는 것입니다. 그리고 이러한 초감정은 부모가 아이에게 반응하는 태도에도 즉각적인 영향을 끼치는데요. "우는 것은 약한 아이나 하는 행동"이라는 말을 들으며 슬픔을 표현하는 것이 수용되지 않던 환경에서 자라 온 부모는 아이가 우는 소리를 들으면 과거 자신이 울어서 혼났던 기억을 되살리게 됩니다. 이는 무의식중에 슬픔이란 혼날 만한 일이라는 믿음으로 자리하고 있어 우는 아이에게 같은 가르침을 대물림하는 상황으로 이어지기 쉽습니다.

많은 양육자가 "도대체 내가 왜 그러는지 모르겠다", "어린아이를 상대로 감정 조절이 안 되는 나 자신에 자괴감이 든다"라는 고민을 토로합니다. 보통 이런 혼란스러움은 자신이 느끼는 감정의 발현지를 제대로 들여다보지 못한 탓인데요.

만약 아이와의 관계에서 지속적으로 원치 않는 마음이 반복된다면 먼저 부모인 나의 초감정을 살펴보는 것이 도움 됩니다. 자신이 화가 나는 원인을 파악하게 되면 그것만으로도 마음이 편안해지고, 혹여 나의 초감정으로 인해 아이에게 필요 이상의 강경한 태도를 보이는 것은 아닌지 객관적으로 살펴볼 수 있습니다. 아이가 등교 준비를 할 때 꾸물거리는 모습에 유독 큰 소리를 내는 경우가 많다면 과거 시간 약속을 지키지 못해 큰 문제가 생겼던 적은 없는지, 그래서 시간을 지켜야 한다는 불안감이 내 초감정은 아닌지 돌아봐야 합니다. 이는 아이를 대할 때, 나의 반응이 과연 정당한 것인가 다시 한번 살피게 해주는 안전망을 설치하는 것과 같습니다.

초감정 파악을 돕는 전략 1 : 감정 로그로 패턴 찾기

물론 자신의 초감정을 알아차리는 것은 쉬운 일은 아닙니다. 이러한 감정은 아주 오랜 기간에 걸쳐 형성되는 경우가 많은데다 2차 또는 3차 초감정을 발생시킵니다. 그 근원지를 찾아내는 것은 마음속에 여러 감정이 혼재된 복합 감정을 이해하는 것보다도 더욱 성숙한 메타인지력을 요하는데요.

전문가들은 초감정으로 접근하기 위해서는 감정 로그emotion log와 같이 장기간에 걸쳐 감정을 추적하는 도구의 활용을 추천합니다. 이는 육하원칙에 따라 내가 주로 경험하는 감정은 무엇이고, 주로 어떤 상황에 발생하는지 기록하는 활동으로 특정 인물 혹은 장소에서 일어나는 감정 패턴을 파악하는 데 특히 유익합니다. 미국 영재 초등학교 교실에서는 교사와 학생들 모두 매일 감정 로그를 작성하는데요.

감정 로그를 작성할 땐 다음과 같은 질문을 사용하는 게 좋습니다.

- 나는 주로 언제 화가 나는가?
- 지난주 내가 화가 났던 상황들 사이에는 공통점이 있는가?

- 만약 같은 상황이라도 상대가 달라졌다면 이만큼 화가 났을까?
- 다른 사람이 나에게 화를 낼 때 나는 어떤 기분이 드는가?
- 내가 화가 났을 때 안정을 찾도록 도와주는 것은 무엇인가?
- 그것(사람 혹은 물건, 변화 등)의 어떤 면이 나의 마음을 다스리는 데 도움을 주는가?

이 질문들은 내가 느끼는 감정을 부정하거나 칭찬하려는 의도보다는 감정을 있는 그대로 들여다보고 그 원인을 파악하는 데 목적을 두고 있습니다. 유독 특정 친구와 있을 때마다 마음이 뒤틀리는 경험이 생긴다는 것을 알게 된다면 그 친구와 나의 관계를 변화시키기 위한 노력이 필요할 텐데요. 감정 로그의 작성은 그런 불편한 마음이 그 사람의 행동 혹은 말투에서 비롯된 것인지, 그렇지 않으면 과거 나 자신의 초감정과 관련이 있는지 분석하는 데 큰 도움이 됩니다. 내 감정의 원인을 외부 요인 탓으로 돌리기 전에 먼저 스스로를 돌아보는 것은 타인을 대하는 마음 또한 너그럽게 만들어주는 효과도 동반합니다. 예를 들어 당시에는 "어떻게 그럴 수가 있어!" 싶었던 일도 이것이 나의 초감정으로 인해 다른 사람들보다 나에게 유독 더 서운하게 느껴지는 것은 아닌지 그 가능성을 열어두면 대처가 달라지는데요. 초감정을 완전히 해소하는 것은 불가능하기 때문에 이를 비관하기보다는 앞으로 살아가면서 내가 주시하고 관리해야 하는 영역이라 여기는 것이 좋습니다. 이런 자기 성찰이 반복될수록, 상황을 객관적으로 판단하고 이에 맞춰 감정을 조절하는 힘 또한 축적되기 때문입니다.

초감정 파악을 돕는 전략 2 : 트리거 공략하기

나의 감정이 일어나는 이유를 파악하는 것은 곧 감정의 트리거 trigger(방아쇠)를 인지하게 되는 것과 같습니다. 무엇이 나를 화나게 하고 기쁘게 하는지, 그 이유를 정확히 이해하면 원치 않는 감정을 유발하는 상황에 미리 대비하고 대처 방안을 세울 수 있다는 뜻이기도 하는데요. 이는 의식적으로 방아쇠가 당겨지는 '트리거' 순간을 방지할 수 있다는 의미이기도 합니다. 예를 들어 매일 아침 등교 시간마다 찾아오는 불안감이 자녀에게 화를 내게 만드는 나의 트리거라면 이를 알아차리는 것이 변화의 시작입니다. 그러면 아침 루틴 차트를 사용하거나 매일 알람을 10분 일찍 맞춰 여유 시간의 폭을 넓히는 등 물리적인 환경을 바꾸는 노력을 들일 수 있습니다. 아이들도 자신의 감정이 시간, 루틴, 날씨, 친구 등 다양한 요소 중 어떤 것에 가장 큰 영향을 받는지 분석하게 한다면, 이유를 알 수 없는 감정의 소용돌이를 조금이나마 방지하는 것이 가능해집니다. 물론 모든 미래를 정확하게 점치고 부정적인 감정을 완전히 피하는 것은 불가능하지만 예측과 조율을 통해 불필요한 스트레스 요소를 일부 제거하는 것만으로도 정신적인 여유가 확보되는데요. 이와 더불어 화가 날 때 스스로 나에 대해 어떤 생각이 드는지, 이 화는 두려움, 부끄러움, 부당함, 통제 불가능 등 어떤 초감정에서 파생된 것인지, 화를 내는 사람을 보면 어떤 기분이 드는지와 같이 자신의 초감정을 살펴보는 습관을 갖는 것이 트리거 파악에도 큰 도움이 됩니다.

자신이 자주 경험하는 감정의 패턴과 표면적인 원인을 파악했다면, 그 후에는 이와 같은 기분을 경험한 최초의 기억을 되돌아보는 것도 더 뚜렷한 초감정 인지로 향해가는 방법이 될 수 있습니다. 행복했던 기억, 부끄러웠던 기억, 자존심이 상했던 기억과 같이 뚜렷한 감정의 변화가 인식된 상황에 대해서는 이것이 나에게 상처로 남아 있는 것은 아닌지, 그래서 비슷한 경험이 반복될 때 더욱 민감하게 반응하는 것은 아닌지 자신에게 묻는 과정이 중요합니다. 또한 놀이터에서 그네를 탔던 일, 엄마에게 혼난 경험, 시험에서 백 점을 맞았을 때와 같이 지난 일의 기억을 꺼내 그 당시 느꼈던 감정을 나열해 보는 것도 감정의 역사를 돌아보는 방법입니다.

초감정 알기가 필수인 시대

2012년 페이스북이 무려 약 69만 명에 달하는 사용자들의 동의 없이 감정 상태를 파악하는 실험을 감행해 논란이 된 사례가 있었습니다. 페이스북 데이터 사이언스팀과 코넬대학교 연구진이 함께 진행한 이 실험은 사용자들의 피드에 등장하는 긍정적인 게시물과 부정적인 게시물의 빈도를 조절하고 이에 따른 사람들의 감정 변화를 살폈는데요. 연구진은 긍정적인 게시물을 더 많이 접하는 사람들은 자신의 피드에도 긍정적인 게시물을 더 많이 생산했고, 부정적인 게

시물에 노출된 사용자들은 자신의 피드에도 부정적인 내용을 더 많이 올리는 '감정 전염' 현상이 나타났다고 발표했습니다. 이는 SNS가 자칫 잘못 남용되었을 때는 나도 모르는 새 내 감정의 결정권이 흔들릴 수도 있음을 보여주는데요. AI를 사용해 사람의 감정을 파악하고 유도하는 것이 가능한 세대에 사는 우리에게 내 마음의 근원지인 초감정을 제대로 파악하는 것은 더 이상 선택이 아닌 필수 과제일지도 모르겠습니다.

감정 교육을 행하는
부모의 단골 실수

감정 교육은 언제부터 언제까지 시켜야 하나요?

종종 감정 교육의 적정 시기에 대한 질문을 받습니다. 초등 교육에서는 어떠한 능력이건 새로운 기술을 학습해 진정 자신의 것으로 만드는 데 2년여의 시간이 필요하다는 표현을 자주 사용하는데요. 마음을 인지하고 조절하는 능력은 이보다 더욱이 지속적이고 꾸준한 노력이 동반되어야 합니다. 단기간에 진도를 빼는 식의 학습으로는 마음과 친해지기 어렵기 때문입니다. 이에 대해 CASEL은 적어도 일주일에 30분 이상, 그리고 1년 이상 꾸준한 사회정서학습 교육이 이루어질 때 효과가 나타난다고 주장합니다. 따라서 아이의 내면을 살피는 교육은 '언젠가 할 일'이 아닌 '빨리 시작하면 할수록 좋은 일'로 생각해야 합니다.

처음 사회정서학습을 시작하기에 적합한 연령에 대해서도 다양한 시선이 존재합니다. 공교육에서는 감정에 대한 대화를 나눌 만큼 언어 발달이 이루어진, 만 4~6세경부터 사회정서학습을 시행하는 경우가 많지만, 부모가 아이의 신체적인 감정 표현을 말로 서술해 주고, 아이가 느끼는 감정에 공감하는 태도를 보이는 기본적인 정서 읽기는 수용 언어 단계에서도 충분히 적용할 수 있기 때문입니다. 다시 말해 사회정서학습은 언제부터 언제까지 해야 하는 하나의 숙제가 아니라 아이와 교감을 나누는 그 순간부터 이미 첫발을 내디뎠다 볼 수 있습니다.

한 가지 정답이 있는 것이 아니다

막상 사회정서학습을 시작하려고 하면 부모뿐만 아니라 교사들 또한 어떤 커리큘럼을 사용해 지도해야 하는지 막막하게 느끼는 경우가 많습니다. 미국은 학교 내에서 프로그램을 지정해 사용하지만 아직 한국에는 이러한 지원이 없는 데다가, 특정 커리큘럼이 채택된 미국 학교에서도 정해진 매뉴얼을 그대로 따르는 경우는 많지 않습니다. 커리큘럼에 적힌 내용을 그대로 읽고, 제시된 질문을 한다고 해도 그 과정 자체가 자연스럽게 느껴지지 않는다면 아이들의 몰입을 기대하기 어려운데요. 그렇기에 미국 학교는 CASEL이 제시하는 여러 프로그램을 활용하되 현재 학급 혹은 가정에서 중요하게 다루는 역량을 중심으로 수업 순서를 재구성하는 유연함도 유지합니다. 요즘 들어 학급의 정리정돈이 잘 이루어지지 않는다면 '책임감'을 다루는 그림책을 함께 읽고, 학기 초 해보았던 '함께 규칙 만들기'를 다시 진행하는 것이 아이들에게 필요한 가르침이기 때문입니다. 대통령 선거나 올림픽과 같이 일상에서 일어나는 사회적 이슈 또한 다양한 가치를 지도할 수 있는 소재가 되어주기에 '하나의 정답'보다는 내 아이의 관심사를 따르는 것이 최적의 교재라는 것을 기억해야 합니다.

아이 감정의 주인은 아이

아이가 자신의 감정과 친해지는 것을 돕는 과정에서 그 본분을 잊고 자신의 감정에 과몰입하는 부모도 많습니다. 아이가 학교에서 시무룩한 표정을 하고 돌아오기라도 하면 아이가 자신의 감정을 돌아볼 시간을 채 갖기도 전에 "누가 널 괴롭혔어?", "친구가 없어서 외로워?", "발표를 잘 못했어?"와 같이 부모가 생각할 수 있는 문제점들을 나열하고 해결하려 나서는 것이 그 예인데요. 아이들과 감정 대화를 나눌 때는 "그렇다", "아니다"로 답변할 수 있는 닫힌 질문이 아니라, 아이가 스스로의 감정을 표현하도록 기회를 주는 것이 중요합니다. 언제까지나 부모가 아이를 따라다니며 감정 인지를 도울 수 있지 않을뿐더러, 아이가 표현하기도 전에 앞서 문제를 예측하는 부모의 말에서 아이는 스스로를 '외로운 아이', '친구들에게 인기가 없는 아이', '할 말을 잘 못하는 아이'로 생각하게 되기 때문인데요. 특히 "너 또 그랬구나?"라며 단정짓는 말투를 사용하거나 다른 사람들 앞에서 아이의 성향을 꼬리표처럼 설명하면 아이는 이를 자신의 행동이 아닌, 자아로 받아들이기까지 합니다.

아이가 문제 행동을 보이거나 감정 조절이 필요한 상태라면, 부모는 아이 자체가 아닌 특정 행동 또는 상황을 주어로 표현하려고 해야 합니다. 같은 문제에 대한 지적이라도 "우리 애는 원래 내성적이에요", "너 또 야채 안 먹었구나", "또 울보처럼 울 거야?"라고 말하는 것과 "처음 만나는 사람과는 천천히 다가가는 것을 선호해요", "야채를 색깔별로 하나씩만 먹어보자", "혼자만의 시간이 필요한가 보구나. 엄마가 기다릴 테니 준비되면 와서 말해줘"라는 표현은 전혀 다른 느낌을 담고 있습니다. 아이들은 부모가 생각하는 것보다 부모의 말에 더 많은 관심을 두고 있으며, 의미를 부여하기 때문에 이와 같이 작은 표현 방법에도 정성을 다하는 것이 아이의 자존감을 지켜주는 효과를 가져오는데요. 부모는 자녀가 자신의 감정을 내비칠 수 있는 넓은 공간을 마련해 주고, 조급함을 내려놓는 것이 자립적으로 문제를 해결할 줄 아는 아이를 키우는 비결입니다.

감정 교육을 싫어하는 아이도 있을까?

"선생님, 아이에게 마음에 대해 이야기를 하자고 하면 손사래 치며 거부 반응을 보여요."

"감정 코칭 커리큘럼을 따르면 뻔한 이야기를 한다며 싫어해요."

부모뿐만 아니라 친구들 사이에서도 자신의 이야기를 구구절절 털어놓기 좋아하는 아이가 있는 반면, 속 이야기를 잘 꺼내지 않는 아이도 있습니다. 특히 부모와의 교류보다 자립적인 존재로서 자아 실현에 더 큰 의미를 부여하는 초등학교 고학년 시기가 다가올수록 이런 대화가 더욱 낯간지럽게 느껴지는 것은 당연합니다. 그래서 사회정서학습은 가능하다면 빨리 시작하길 권장하고 있는데요. 초등학교 저학년 이전부터 감정에 대한 대화를 시작해 마음을 표현하는 것에 대한 장벽을 적극적으로 허문다면, 대화의 활성도를 유지하는 데 큰 도움이 되기 때문입니다.

아이가 초등학교 저학년 시기에도 감정 대화에 시들한 모습을 보인다면, 감정 교육이 이루어지는 순간이 언제인지 점검하는 것도 필요합니다. 이 시기의 아이들은 대체로 대화의 중심이 되는 것을 즐기기 때문인데요. 만약 아이가 화를 내고 격한 감정을 표출할 때만 감정 교육을 하려고 하거나, 이를 따라야 하는 규칙처럼 강요한다면 아이에게는 자신의 생각을 통제하거나 처벌하는 도구로만 느껴질 수 있습니다. 특히 머리끝까지 화가 차올랐을 때는 제 아무리 효과적인 마음 다스리기 전략도 제대로 받아들이기 힘들어지므로 아이의 정서가 안정적인 상태일 때 아이와 가상의 감정 시나리오에 대해 충분히 대화를 나누고 대응 방법들에 대해 지도하는 것이 좋습니다. 아이가 격동적인 모습을 보인다면, 폭발적으로 감정을 내비치는 순간보다는 감정의 강도가 상승 곡선을 따르는 초기, 혹은 마음이 조금 진정된 이후에 일어난 일을 돌아보는 시간을 갖는 것이 더욱 효율적인 지도 타이밍입니다.

감정의 롤러코스터 위,
자주 욱하는 우리 아이

　재미난 장난감을 가지고 놀다가도 무언가 마음에 들지 않으면 금세 짜증을 내는 아이. 하지만 또 잠시 후에는 다시 깔깔 웃고 있습니다. 감정의 기복이 심하고 느끼는 마음을 바로바로 표현하는 아이를 키우는 양육자는 도대체 어떤 장단에 춤을 춰야 할지 난감하기만 합니다. 더불어 감정을 제대로 완화하지 못하고 기분 가는 대로 행동하는 아이의 모습은 주위 사람과의 관계에도 부정적인 영향을 끼치기 쉬운데요. 감정 표현을 조절하는 데 어려움을 겪는 아이들에게 가장 필요한 것은 어떠한 것을 하고 싶은 충동에 즉각적으로 반응하지 않는 충동 조절 능력입니다.

　흔히 우리는 '충동'이라는 단어를 들으면 게임이나 술처럼 중독성이 강하고 심각한 수준의 통제 불가능한 시나리오를 떠올립니다. 하지만 우리의 행동 대부분은 충동과 밀접한 관련이 있습니다. 뒤집힌 양말을 아무데나 벗어 놓고 싶은 마음을 꾹 참고 빨래 바구니에 잘 넣어 놓는 것과 같이 아주 사소한 것이라도 원초적으로 편하게 느껴지는 행위 대신 더 옳은 일을 선택하는 것 또한 충동을 조절하는 일이기 때문인데요.

단체생활에서 자신의 욕구를 조절하는 것은 특히 더 중요합니다. 내가 말하고 싶은 것이 있어도 친구의 말이 끝나기 전까지는 그 마음을 다스려야 하고, 빨리 배식을 받아 점심을 먹고 싶어도 차례대로 줄을 서는 것이 여럿이 함께하는 생활에서는 꼭 필요한데요. 실제로 감정 다스리는 훈련이 필요한 친구들 중에 대다수는 학교에서 정해진 규율을 따르는 생활 습관 면에서도 어려움을 겪는 경우가 많습니다. 그렇다면 자신의 욕구를 조절하는 이 능력은 타고나야만 하는 것일까요? 충동 조절 능력을 키우는 방법은 무엇이 있을까요?

마시멜로 테스트의 성공 조건

충동 조절 능력과 관련해 사람들이 한 번쯤 들어보았을 만큼 유명한 실험에 대한 이야기를 하겠습니다. 바로 1990년대에 스탠퍼드대학교에서 진행한 '마시멜로 테스트'인데요. 연구진은 만 4세 아이들에게 마시멜로 하나를 건네며 정해진 시간 동안 먹지 않고 기다리면 더 많은 마시멜로를 주겠다는 조건을 내걸었습니다. 잠시 후 연구진이 방문을 열고 밖으로 나가자, 아이들 중 일부는 눈앞의 마시멜로를 먹고 싶다는 충동이 이끄는 대로 행동했고 나머지 아이들은 더 큰 보상을 받을 거라는 기대감에 부풀어 기다리는 것을 선택했습니다. 훗날 이 아이들을 추적 연구해 보자, 흥미롭게도 만 4세 때 충동 조절능력을 발휘한 아이들이 그렇지 않았던 아이들보다 더 높은 SAT(미국 대입시험) 성적을 거두었다는 사실이 밝혀졌고, 이는 충동 조절 능력이 아이들의 성공 지표가 될 수 있다는 주장의 대표 사례로 널리알려졌습니다. 해당 실험은 추후 우리나라에도 소개되어 '우리 아이는 어떨까?' 하며 여러 부모의 궁금증을 불러일으켰고, 한때는 아이에게 매일 마시멜로를 주면 이에 익숙해져 충동 조절 능력이 향상된다는 루머까지 떠돌았습니다.

　그런데 정작 진짜로 아이들의 충동 조절 능력을 향상시키는 핵심요소를 밝혀낸 2012년도의 연구에 대해서 아는 사람들은 많지 않은데요. 로체스터대학교가 진행한 이 실험은 기존 마시멜로 테스트에 '장치'를 더한 업그레이드 버전이라고 볼 수 있습니다. 연구진은 본격적인 실험에 앞서 유치원 연령의 아이들을 두 그룹으로 나누고 서로다른 경험을 하게 하는 환경을 설정했습니다. 먼저 첫 번째 그룹의 아이들에게 잘게 부서져 볼품없는 색연필로 그림을 그리게 한 뒤, 잠시만 기다리면 새 학용품을 가져다주겠다고 약속합니다. 하지만 연구진은 고의로 이 약속을 지키지 않았는데요. 그리고 실험이 진행되는동안 잇따라 작은 스티커를 주며 더 큰 스티커를 가져오겠다고 말하는 등 계속해서 지키지 않을 거짓 약속을 내걸었습니다. 반면 두 번째 그룹에게는 비슷한 실험을 하되 주기로 약속한 물건들을 제대로 잘 전달했는데요. 연구진은 이렇게 두 그룹의 아이들이 서로 다른 경험을 하게 한 뒤, 마지막으로 마시멜로 테스트를 진행했습니다. 놀랍게도 그 결과에는 큰 차이가 존재했는데요. 연구진이 약속을 지켰던 그룹에 속한 아이들이 그렇지 않았던 그룹의 아이들보다 더 높은 비율로 마시멜로를 먹지 않고 기다린 것입니다. 자신의 기다림에 대한 보상을 기대했다가 그 믿음이 지켜지지 않는 경험을 반복한 아이들은 더 이상 눈앞의 유혹을 참아야 할 이유를 찾지 못했기 때문인데요. 이는 아이의 충동 조절 능력이 '신뢰'를 바탕으로 하고 있다는 것을 증명하는 사례가 됩니다.

다시 말해 아이들의 충동 조절 능력은 환경에 따라 충분히 향상될 수 있을 뿐만 아니라 자신의 기대감이 배신되지 않는 경험을 통해 강화될 수 있다는데요. 가정에서 이런 환경을 만들어주는 핵심 요소는 바로 부모의 일관성 있는 태도에서 비롯됩니다. 아이가 같은 행동을 해도 그때그때 기분에 따라 부모가 달리 반응한다면, 불확실성이 커져 아이가 끈기를 가지고 충동을 조절하려 노력하는 것이 어려워집니다.

충동 조절 능력 키워주기 전략 1 :
놀이로 배우는 조절

미국 초등학교 저학년 교실에서 충동 조절 능력과 관련해 아이들에게 가장 많은 주의를 주는 부분은 바로 신체 움직임의 조절입니다. 이 시기의 아이들은 자신의 몸을 편안하게 움직이기 위해서 얼마만큼의 공간이 필요한지 인지하는 능력이 완성되지 않은 상태인 데다가, 한 공간 안에서 여럿이 함께하는 생활에 적응하는 중이기 때문인데요. 예로 책상의 중간 선을 넘는다든지 정해진 시간 동안 자리에 앉아 수업을 듣는 일에 어려움을 느낍니다. 이뿐만 아니라 갈등이 생겼을 때도 언어 표현의 답답함을 이기지 못하고 친구를 밀거나 깨무는 등 돌발 행동을 보이기도 합니다.

문제는 이와 같은 상황들은 처벌하거나 반복해서 주의를 준다고 자연스레 해결되는 것이 아니라는 점입니다. 충동을 조절해 볼 기회가 제공되지 않는 환경에서는 자의로 유혹을 뿌리치는 연습 자체가 이루어지지 않기 때문인데요. 이는 어른이 지적하는 그 순간에만 행동을 교정하는 지극히 일시적인 변화에 그칠 뿐만 아니라, 반복되는 잔소리로 인해 아이의 반발감을 더욱 키우는 상황을 초래할 수 있어 주의해야 합니다.

따라서 미국 초등학교는 문제가 발생한 뒤에 이를 지적하기보다는 평소 브레인 브레이크brain break 시간을 통해 규칙을 따르고 충동을 조절하는 연습 기회를 마련하도록 노력합니다. 이 시간은 지시 사항을 따라 신체의 움직임을 조절해야 하는 놀이로 구성되는 경우가 많은데요. 그중에서도 특히 아이들에게 반응이 좋은 대표 활동으로는 한국의 '무궁화 꽃이 피었습니다'와 비슷한 게임인 '신호등 놀이'를 꼽을 수 있습니다. 이 게임은 초록불에는 자유롭게 몸을 움직이다가 "빨간불"이라는 소리가 들리면 즉각 멈춰 서야 하는 게임인데요. 지시에 따라 하던 일을 즉각적으로 멈추어야 하기 때문에, 환경 전환을 어려워하거나 규칙을 수용하는 데 연습이 필요한 친구들에게 매우 좋은 훈련입니다. 특히 강한 승부욕 때문에 유독 게임에서 탈락하는 것을 받아들이기 힘들어하는 아이들에게 이런 놀이 활동들은 융통성 있게 게임의 승부를 받아들이는 연습의 장이 되기도 합니다. 게임을 할 때면 이기기도 하고 또 질 때도 있다는 것을 경험으로 배워가면서 아이는 승부를 막론하고 즐겁게 참여하는 성장을 이루어냅니다.

그 외에도 노래를 틀어 놓고 신나게 춤을 추다가 음악이 멈추면 그 자리에 멈춰서는 프리즈 댄스^{freeze dance}, 상대의 말에 귀를 기울이며 집중력을 발휘해야만 하는 '사이먼 세이즈^{Simon Says}' 놀이도 인기가 좋습니다. 이를 잘 활용하면 특정 아이를 콕 집어 지적하는 대신, 참여하는 모든 사람의 행동을 조절하는 도구가 될 수도 있는데요. "엄마가 밥 먹을 때는 허리를 쭉 펴라고 했지?" 지적하는 대신 "사이먼이 말하길, 식탁에 앉아 있는 우리 가족 모두 허리를 펴고 머리를 좌우로 스트레칭 해주세요"와 같은 놀이 구절을 사용해 아이가 따르고 싶은 주의 사항을 전달하는 것이 가능해지기 때문입니다. 이는 아이가 자신의 부족한 부분이 공격받는다는 기분을 줄여줄 수 있어 훈육 상황을 더 긍정적으로 바꿔줍니다. 이런 놀이 경험은 직접적으로 문제 상황에 충동을 조절하는 법을 다루고 있지는 않으나 엄연히 아이가 자신의 의지에 따라 행동을 결정하고 조율하는 경험으로 쌓이기 때문에 크게 보아 감정 조절의 기본기를 다져주는 것과 같습니다.

충동 조절 능력 키워주기 전략 2 : 마음챙김 호흡과 생각 전환 활동

한국에 "참을 인 세 번이면 살인도 면한다"라는 속담이 있듯이 미국에도 감정 조절의 중요성을 강조한 말이 있습니다. 바로 미국의 대통령이었던 토머스 제퍼슨은 "화가 나면 1부터 10까지 세어보라. 분노가 더욱 심할 때는 100까지 세어보라"는 명언을 남겼는데요. 이 두 표현만 보아도 인내는 우리의 마음에 어떠한 행위를 하고 싶은 욕구가 생기거나 감정의 소용돌이가 몰아칠 때 이를 효과적으로 다스리는 믿을 만한 방법이라는 것을 알 수 있습니다.

존 가트맨 박사 또한 기분이 태도가 되려 할 때 잠깐의 시간을 가지고 심호흡하는 것이 마음 조절에 큰 도움이 된다 설명하며, 이에 '15초의 기적'이라는 명칭을 부여하기까지 했습니다. 숨소리에 집중하며 5초 정도 긴 숨을 들이마시고 잠시 멈추었다 내뱉는 이 행위는 부교감신경계를 활성화해 스트레스 호르몬 코르티솔의 분비를 줄여준다고 알려져 있습니다. 그리고 이는 곧 마음을 더 편안한 상태로 전환하는 데 역할을 합니다. 이 같은 마음챙김 호흡법은 순간의 격동적인 감정을 가라앉히고, 마음의 방향을 전환시키는 효과가 있어 미국 초등학교에서도 아이들의 시선에 맞춰 적용한 사례를 자주 만날 수 있습니다.

그중에서도 재미난 그림이나 이야기를 통해 마음챙김 호흡법을 소개하는 전략은 아이들에게 특히나 인기가 좋습니다. 케이크 그림 위에 내 나이만큼 촛불을 그려놓고 "후" 내쉬며 불을 끄는 상상, 커다란 풍선에 바람을 넣는 시늉, 따뜻한 코코아를 입김으로 식히는 것처럼 아이들이 재미있어할 만한 시나리오를 적극 활용하는 것인데요. 대부분의 아이는 상상의 나래를 펼치는 과정 자체를 즐겁다고 생각하기 때문에 이야기와 함께 심호흡을 연습할 때 더욱 적극적으로 참여하는 모습을 보입니다. 만약 아이가 가상의 시나리오를 떠올리는 것을 어려워한다면, 바람개비나 빨대처럼 실제로 큰 심호흡을 이끄는 도구를 사용하는 것도 도움이 됩니다. 이런 재료를 사용하면 숨을 들이쉬고 마시며 나오는 바람의 움직임이 눈에 보이기 때문에 자신의 심호흡을 더욱 의식하게 하는 효과를 가져옵니다.

마음챙김 호흡 활동은 아이가 격한 감정에 휩싸였을 때 특히나 빛을 발합니다. 어린 친구들은 감정의 소용돌이에서 스스로 빠져나오는 법을 모르기 때문에, 이렇게 시선을 전환시키고 새로운 것에 집중하게 하는 기회가 감정 조절의 시작을 돕는데요. 이 외에도 마음의 전환이 필요한 상황이라면 무지개 일곱 가지 색에 상응하는 물건을 찾는 '무지개 탐정' 활동이나 보이는 것 세 가지, 들리는 것 두 가지, 느껴지는 것 한 가지를 찾는 '3-2-1' 활동과 같이 집중을 요하는 미션을 활용하는 것도 좋습니다. 도저히 참을 수 없을 것만 같던 감정도 잠깐의 기다림 뒤에는 금세 수그러드는 경험을 하게 되면서 아이도 조금씩 자신의 마음 주인이 되는 뿌듯함을 알아가게 되기 때문입니다.

충동 조절 능력 키워주기 전략 3 : 화내기를 피할 수 없다면 화를 잘 내자

얼마 전 시애틀에서 약 90킬로미터 거리에 위치한 레이니어산에 뿌얀 연기가 피어올랐습니다. 캐스케이드산맥에서도 가장 높은 데다 세계에서 가장 위험한 활화산 중 하나로 꼽힌 산이라 사람들은 놀란 마음을 숨기지 못했는데요. 다행히도 전문가들은 이날 발생했던 연기는 화산 내에 있던 압력이 배출되어 나타난 것이라며 이는 오히려 폭발의 위험을 줄여줄 수 있는 긍정적인 현상이라는 답변을 내놓았습니다.

이는 우리의 감정과도 많이 닮았습니다. 특히 포화 상태가 될 때까지 마음속 불편함을 담아두다가 단번에 분출하는 모습은 극적이고 주위 사람들에게 상처를 입힌다는 점에서 화산 폭발과 매우 흡사한데요. 그렇다면 '빵' 하고 터져버리기 전에 조금씩 연기를 내뿜어 압력을 해소하는 레이니어산처럼 부정적인 감정을 더 효과적이고 현명한 방법으로 풀어나가는 방법은 무엇이 있을까요?

건강한 관계를 유지하려면 안 싸우는 것보다 잘 싸우는 것이 더 중요하듯 화도 무턱대고 참는 것보다는 잘 내는 것이 중요합니다. 하지만 대부분의 사람은 자신이 분노를 표출하는 방법에 대해서 객관적으로 바라보는 시간을 갖는 것이 매우 드물어 충동적으로 반응하게 되는데요. 따라서 미국 초등학교 교실에서는 '화 잘 내는 법'을 가르치고자 자신의 감정 표현을 점검하는 활동들을 적극 활용하려고 합니다.

예를 들어 거울을 손에 쥐고 여러 기분을 나타내는 표정을 지으며 자화상으로 남기는 '거울 속 내 모습 그리기' 활동은 감정에 따라 나의 행동이나 목소리, 몸짓이 어떻게 변화하는지 살펴보는 메타인지의 시간인데요. 짜증이 난 상태의 나는 어떤 표정을 짓는지, 그리고 이것은 분노하는 모습과 어떤 차이가 있는지 분석하는 과정에서 아이들은 작은 문제에도 과도하게 반응하는 자신을 발견하게 되기도 합니다.

잘 화내기 기술은 타인과의 관계에서 필요한 것입니다. 반복된 요청에도 불구하고 내 마음을 계속 상하게 행동하는 친구에게는 언짢음을 드러내야 하는 상황이 오기 마련인데요. 이때 나의 불편한 감정을 다짜고짜 쏟아내기보다는 지혜롭게 드러내는 방법을 찾는 것이 중요합니다. 지금 내가 비추고 싶은 감정은 '경멸'이 아닌 '단호함'이라는 판단이 섰다면, 그 반응 또한 이와 상응하는 강도인지 생각해 봐야 하는데요. 이 경우 사회적으로 단호함으로 여겨지는 찌푸린 눈, 혹은 굳은 표정과 같은 표현을 넘어 소리를 지르거나 발길질을 하는 것과 같이 과도한 반응을 보이게 되면, 오히려 내가 관계를 해친 원인 제공자가 될 수 있습니다.

불 같은 마음을 조절할 수 있는 대안을 알면 화도 더 잘 다스리게 됩니다. 격한 감정을 느끼는 아이를 진정시키고자 우리가 자주 던지는 "화가 난다고 물건을 던지면 안 되지!", "누가 소리를 질러!"와 같은 표현들은 지금 문제가 되는 행동을 비판하고 제어하려고만 할 뿐, 어떻게 대처해야 하는지에 대해서는 가르침을 주지 않는데요. 화가 나 물건을 부수거나 던지고 싶은 욕구가 드는 아이의 마음을 무작정 억누르기보다는 드럼 치기, 제자리 뛰기, 공차기 등을 통해 마음의 압력을 내보내게 하는 마음 조절 전략입니다.

이 외에도 스스로 포옹하기, 그림 그리기, 편지 적기 등 진정 효과가 있는 대안들을 풍부하게 제시하며 선택 폭을 넓혀줄수록 그 효과는 배가 됩니다. 특히 신체를 움직이는 활동은 격동적인 감정을 가라앉히고 마음을 재정비하는 데 효과적인데요. 다양한 스트레칭과 요가 동작과 함께 "과일의 즙을 짜는 것처럼 손을 꽉 쥐어봐", "선반 위의 물건을 잡으려는 듯 쭉 손을 뻗어봐"와 같은 상황을 접목하면 굳은 신체의 긴장감을 풀어주는 동시에 아이의 인지 신경 또한 전환시켜 줍니다. 이처럼 자녀에게 어떤 감정이 찾아오는지를 제어하는 것은 불가능하지만, 그 감정을 지혜롭게 해소하는 법을 가르치는 것, 그리고 그 결정권은 전적으로 아이 자신에게 있다는 것을 교육하는 것이 충동 조절 능력 향상의 핵심입니다.

충동 조절 능력 키워주기 전략 4 : 내가 원하는 내 모습 찾기, 메타 모멘트

마음을 잘 조절하지 못하는 아이들이 겪는 다양한 문제 중에서 가장 우려스러운 부분은 바로 충동적인 성향을 가진 친구들 중에는 유독 자신의 모습을 불만족스럽게 여기는 경우가 많다는 점입니다. 마음먹은 대로 행동하는 것 자체가 어렵다 보니 내가 원하는 나의 모습과 진짜 내 모습 사이에서 괴리감을 느끼게 되기 때문인데요. 이런 상태가 오래 지속될수록 자존감에도 부정적인 영향을 끼치기 때문에 충동 조절 능력을 키워주는 것은 아이가 자신을 바라보는 시선 또한 긍정적으로 유지하게 도와준다고 볼 수 있습니다.

미국 초등학교 교실에서 사용하는 메타 모멘트 활동은 바로 이 격차를 줄이는 과정을 단계별로 이끌어주는 대표 도구인데요. 이는 먼저 아이에게 평소 자신이 감정에 대처하는 방법을 묘사하게 한 뒤, 연이어 내가 생각하는 '이상적인 나의 모습'을 떠올리게 하는 활동입니다. 내가 되고 싶은 나라면 이 상황에 어떻게 행동했을까 상상해 보는 것인데요. 학급에서 이를 연습할 때는 쉬는 시간 같이 놀 친구가 없을 때, 친구가 자꾸 말을 걸어 집중이 안 될 때와 같이 학교생활 중에 있을 법한 현실적인 시나리오를 기반으로 실용적인 메타 모멘트를 적용합니다. 이때 종이 인형에 아이들의 얼굴을 붙여 '내가 생각하는 나의 이상적인 모습'을 형상화하고 망토나 왕관 같은 악세사리를 더해 꾸며주는 것도 몰입도를 높이는 효과가 있는데요. 특히 해당 캐릭터의 옷이나 주변에 내가 지향하는 덕목이나 행동을 적는 과제를 더하면 그 모습에 가까워지기 위해 지금 당장 내가 할 수 있는 일들은 무엇이 있을까 더 체계적인 목표를 세우는 데 큰 도움이 됩니다. 단순히 '화를 내지 말아야지'처럼 다소 실천하기 어려운 목표를 세우기보다 '나는 화가 나도 소리를 지르기보다는 강단 있는 사람이 되고 싶다'는 구체적인 롤 모델을 가지는 것은 그 실현 가능성을 높여주기 때문입니다. 가정에서도 '내가 생각하기에 가장 이상적으로 여름방학을 보내는 아이의 모습은 어떠한가', '내가 실천하며 뿌듯함을 느낄 아침 루틴은 무엇인가'와 같이 구체적인 그림을 그린다면 아이의 생활 습관 형성에 발전적인 도움이 될 것입니다.

불안한 아이,
예민한 아이 대처법

욱하는 아이들은 자신의 감정을 날것 그대로 표현한다면, 불안도가 높은 아이들은 외부의 자극에 민감한 반응을 보이기 쉬운데요. 그 때문에 주위로부터 예민하다는 오해를 사거나 낯선 일을 시도하는 것에 소극적인 태도를 보이기도 합니다.

불안감은 낯섦, 걱정, 긴장감 등 다양한 감정이 엉킨 혼합 감정입니다. 따라서 이를 잘 다스리기 위해서는 뒤죽박죽한 마음의 실타래를 잘 풀어내는 연습이 필요한데요. "다 괜찮다. 괜찮아질 거다"라는 주변의 위로는 머릿속이 걱정으로 가득 차 있는 아이에게 실질적인 도움이 되지 않습니다. 특히 불안감이 높은 성향의 아이들은 단체생활에 참여할 때도 혹 자신의 소극적인 태도가 이상하게 비춰지진 않을까 걱정하는 경우가 많은데요. 두려움이나 걱정은 다른 친구들을 포함한 우리 모두에게 찾아오는 자연스러운 감정이며 도움을 요청하는 것은 매우 용기 있는, 응원을 받아 마땅한 일이라는 것을 가르쳐주는 것이 불안감을 직면하고 다스리는 연습을 시작하는 방법입니다.

불안한 아이를 위한 처방 1 : 대항-회피-경직 이해하기

우리가 갖춘 '불길함을 느낄 수 있는 능력'은 긴 시간 동안 인류의 생존을 보장해 주는 핵심적인 역할을 해왔을 뿐만 아니라, 지금도 시험공부에 집중하게 만들거나 주위에 위험 요소를 살피게 하는 없어서는 안 될 능력입니다. 하지만 극심한 불안감으로 고민하는 아이들 중에는 아드레날린이나 코르티솔과 같은 스트레스 호르몬의 영향으로 심장이 빠르게 뛰거나 울렁거림, 복통과 같은 신체적 증상을 겪는 경우도 있어 이를 조절하는 능력을 키워주는 것이 필요합니다. 아이들에게 뇌의 가소성을 지도하는 것이 성장형 사고력을 향상시키는 것처럼 '불안감'이라는 감정에 대해 이해하도록 돕는 것은 곧 이를 다스리는 힘이 되어줍니다.

불안감의 인지는 우리 뇌 중에서도 공포를 느끼게 해주는 영역인 편도체에서 출발합니다. 이 신호는 자율 신경계로 전달되어 스트레스 호르몬의 분비로 이어지는데요. 여기서 흥미로운 점은 같은 상황에서 발생한 불안감에 대해서도 사람들은 각자 다른 반응을 보인 다는 사실입니다. 심리학에서는 스트레스 요소에 대처하는 자기방어 기제로 대항fight-회피flight-경직freeze 세 가지, 즉 F3을 꼽는데요. 길을 걷다 사납게 짖으며 달려오는 강아지를 만났을 때도 사람들은 이 세 기제에 따라 다르게 반응할 뿐만 아니라, 신체에서 일어나는 현상에도 차이가 있습니다. 우리가 어떤 방식으로 스트레스 요소에 반응하는지는 자율 신경계를 이루는 교감신경계와 부교감신경계, 둘 중 어느 기관이 그 시점에 더 강하게 작용하느냐에 따라 달라지기 때문인데요. 교감신경계가 더 활발하게 발동하는 사람의 신체는 맥박과 혈압을 상승시키고 소화 기능은 억제시키는 등 위험한 상황에 대응하는 데 온 힘을 쓰고 긴장 상태에 돌입합니다. 그래서 이런 유형의 사람들은 사나운 강아지에게 물건을 던지거나 큰 소리를 내는 대항성 반응, 혹은 높은 곳으로 올라가거나 도망가는 회피성 반응을 보이는데요. 반면 부교감신경계가 더욱 활성화되는 사람의 신체는 오히려 맥박과 혈압을 감소시키고 편안한 상태에 들어서게 만듭니다. 따라서 위험을 마주했을 때 몸이 굳는 듯한 경직 반응을 나타낼 가능성이 크다는 것이지요.

이렇듯 우리가 위험에 맞서는 반응은 자율 신경계가 좌지우지하기 때문에 이를 마음대로 조절하거나 억제하는 것은 매우 어렵습니다. 다만, 우리의 신체가 불안감에 어떠한 방어 기제를 발동시키는지를 인지한다면 이성적 판단을 내리는 데 도움이 됩니다. 지금 내 몸의 어느 부분이 어떤 작용을 하고 있고 이런 증상들은 보통 20~30분

내에 해소된다는 사실을 기억하는 것만으로도 두려움에 극도로 몰입하는 것을 방지할 수 있기 때문입니다. 특히 불안이 높은 아이들은 종종 이런 감정이 영원히 이어질 것이라는 비관적인 생각에 사로잡히는데요. 이를 호르몬에 의한 자연스러운 신체 반응으로 받아들이는 연습은 감정의 일시적인 성질을 기억하게 만들어줍니다.

불안한 아이를 위한 처방 2 : 진짜 걱정과 가짜 걱정 구별하기

두려움, 걱정, 불안감과 같은 감정은 실체가 없어 꼬리를 물면 물수록 그 몸뚱이가 더 커지기 마련입니다. 걱정은 계속될수록 최악의 시나리오를 떠올리게 하기 때문에 문제를 실제보다 더 심각하게 인식하는 경우도 많은데요. 현실과 가상의 경계선을 명확하게 인지하지 못하는 어린아이는 이런 과장된 걱정이 불안 장애로 이어질 위험에 놓이게 됩니다. 따라서 나에게 드는 불안감이 진짜 걱정할 만한 데서 비롯되었는지 구별하는 능력을 키워주는 것이 매우 중요합니다.

미국 초등학교에서 불안함의 실체를 파악하는 힘을 키워주기 위해 활용하는 대표 활동으로는 '걱정 구름'이 있는데요. 이는 요즘 나를 불안하게 만드는 고민거리들을 구름 모양의 차트에 나열하고, 실제 이런 상황이 일어날 가능성이 높은 순서대로 정렬하는 활동입니다. 특히 "운동회 날 달리기를 하다가 넘어질까 봐 걱정이다"와 같이 한 번도 일어난 적이 없지만 우려되는 일과 "이번 주에만 벌써 지우개를 세 번이나 잃어버려서 엄마한테 혼났는데 또 잃어버릴까 봐 걱정이 된다"와 같이 과거의 경험이 두려움의 원인이 되는 사례를 구분하는 것은 고민할 가치를 판단하는 데 도움이 됩니다.

자신이 불안감을 느끼는 원인을 알게 되면 상황에 맞는 대처 또한 가능해집니다. 한 번도 일어난 적 없지만 왠지 고민이 되는 일들에 대해서는 그와 관련된 자신의 성공 사례를 떠올려보도록 지도하는 것이 좋습니다. "지난번 학예회 때도 무대에 서는 것이 긴장되었지만, 막상 실전에서는 재미있었어", "지금까지 하루에 세 바퀴씩 운동장을 도는 연습을 했는데 넘어진 적은 한 번도 없었잖아"와 같이 내가 불안하게 느끼는 바를 성취했던 기억이 자신감이 되어주기 때문인데요. 이때 부모가 나서서 아이의 장점을 칭찬해 주는 것도 좋지만, 아이 스스로 자신이 대견하게 느껴지는 과거의 경험을 떠올리게 유도해 준다면 그 효과는 배가됩니다. 반면 아이가 과거 있었던 일에 대해 불안감을 느끼는 상황이라면 성장형 사고를 발동시키며 '지난번과 같은 일이 일어나지 않기 위해서 내가 만들 변화'를 구상하는 시간을 추천합니다. "이번에 마련한 지우개는 오랫동안 잘 간수할 수 있게 지우개를 보관할 전용 공간을 만들어볼까?"와 같이 문제를 극복할 방안을 주는 것이 아이의 막연한 두려움의 크기를 줄여주기 때문인데요. 이는 내 마음의 상태는 나의 선택으로 인해 얼마든지 변할 수 있다는 사실을 실감하게 만들어주어 장기적인 감정 조절 능력에도 긍정적인 영향을 끼칩니다.

이와 같은 활동 과정을 통해 불안감의 요소들을 분석하고 공략했다면, 걱정을 상징하는 구름 모양 종이를 찢어 비나 눈처럼 내리게 함으로써 '걱정 구름' 활동은 마무리되는데요. 손가락으로 종이를 찢으며 소근육을 움직이는 행위는 안정 찾기에 도움이 될 뿐만 아니라 거대한 먹구름처럼 느껴지는 고민거리들도 찬찬히 살피다 보면 해결될 수 있다는 교훈을 줍니다.

불안한 아이를 위한 처방 3 : 내가 바꿀 수 있는 것과 바꿀 수 없는 것 나누기

영국의 속담 중에 "걱정은 흔들의자와 같아서 나에게 무언가 할 거리가 되기는 하지만, 쓸모 있는 결과를 가져오지는 않는다"라는 말이 있습니다. 특히 불안감을 자주 느끼는 사람의 경우, 나에게 닥친 모든 걱정거리에 대해 일일이 최선을 다해 고민하는 것은 너무나도 버거운 일일 수밖에 없는데요. 이에 효율적으로 맞서기 위해서는 내가 통제할 수 있는 것과 그렇지 않은 범위의 것들을 명확하게 따져본 뒤, 우선 순위를 정하는 것이 필요합니다.《신경 끄기의 기술》이라는 유명한 책을 쓴 마크 맨슨은 살면서 접하는 모습 상황들은 따지고 보면 크게 '내가 통제할 수 있고 중요한 일', '내가 통제할 수 있지만 중요하지 않은 일', '내가 통제할 수 없지만 중요한 일', '내가 통제할 수 없고 중요하지도 않은 일' 이렇게 네 가지로 구분할 수 있다 말하며 현실적으로 내가 통제할 수 있는 일들에 집중하는 것이 더욱 윤택한 삶으로 향하는 길이라고 주장했습니다. 여기에서 '내가 통제할 수 있는 것'이란 자신의 언행, 타인을 대하는 태도, 시간의 배분과 같이 우리에게 선택권이 있는 요소를 뜻하고 반대로 '내가 통제할 수 없는 것'은 날씨, 타인의 감정, 생김새, 키와 같이 나의 의지로 어찌할 수 없는 것을 이야기합니다.

하지만 초등학교 시기 아이들의 고민을 살펴보면 그중 대다수가 자신의 통제권 밖에 있는 일들과 관련된 걱정인 경우가 많습니다. "시험 문제가 어려우면 어떡하지?", "소풍날 비가 오면 어떻게 하지?"와 같이 그 누구도 어떻게 할 수 없는 일들에 대한 고민은 전혀 영양가가 없을 뿐만 아니라 답이 없는 불평 불만으로 이어지기 쉬운데요. 걱정 구름을 줄이려면 이런 통제 불가능한 고민보다는 어떤 루틴으로 시험을 준비할지, 소풍날 비가 온다면 어떤 신발을 신어야 할지와 같이 스스로 선택할 수 있는 일에 집중하는 자세가 필요합니다. 처음부터 발전적인 사고의 적용이 어렵다면 T차트를 활용해 통제권의 범위에 있는 일과 그렇지 않은 고민거리를 구분하는 것부터 시작한 뒤, 그중에서도 나에게 중요한 의미를 가진 순서대로 정리해 보는 것도 좋은 방법이 됩니다. 이런 연습이 반복되다 보면, 통제할 수 없다고 판단했던 일에 대해서도 내가 영향력을 부여할 수 있는 부분은 없는지 재해석하는 능력이 생기기 마련입니다.

불안한 아이를 위한 처방 4 : 익숙함에서 오는 편안함 적극 활용하기

미국 초등학교 교실의 칠판에는 그날의 스케줄뿐만 아니라 다양한 루틴 차트가 곳곳에 붙어 있습니다. 대다수는 손을 씻는 순서, 줄을 서는 단계, 주간 하교 계획과 같이 단순한 생활 루틴을 담고 있어 의아함을 불러일으키기도 하는데요. 미국 초등학교가 이처럼 매일 반복되는 일상도 반복적으로 지도하는 것은 바로 '예측 가능한 환경'이 아이들의 긍정적인 학교 생활에 큰 일조를 하기 때문입니다. 무엇보다 사람은 자신에게 익숙한 것은 큰 노력이 없어도 편안하게 받아들이므로 모든 아이가 학교생활의 규칙을 친숙하게 느낄 수 있게 도와주는 것은 불안감을 대폭 줄여주는 효과를 가져오는데요. 비슷한 이유로 일상 루틴뿐만 아니라 생활 환경 또한 아이들이 편안함을 느끼는 공간이 되도록 노력을 기울입니다. 새학기에 대한 부담감을 느끼는 학년 초에는 가정에서 애착 인형이나 친근한 소품을 가져와 함께 수업 듣기를 허용할 뿐만 아니라, 학급 내에도 '교실 마스코트 인형'처럼 한 해 동안 정을 나눌 수 있는 것들을 구비합니다. 더불어 변화에 민감하고 불안을 쉽게 느끼는 성향의 아이들에게는 다른 친구들보다 지정된 자리를 더 오래 유지하도록 하는데요.

가정에서는 익숙한 환경뿐만 아니라 익숙한 관계 또한 편안함을 유발하는 효과가 있다는 것에 집중하며 아이가 학교에서 의지할 수 있는 대상을 교육하면 좋습니다. 초등학교에서는 담임선생님이 대부분의 과목을 모두 맡아 지도하기 때문에 아이들이 교내에서 도움을 요청할 만큼 가깝게 느끼는 어른은 담임선생님, 단 한 명에 그치는 경우가 많습니다. 따라서 아이에게 담임선생님 외에 나를 도와줄 수 있는 사람은 누가 있는지에 대해 직접적인 대화를 나누어보는 것을 추천합니다. 과거 아이가 교실 밖 선생님과 교류했던 상황을 자주 상기해 주거나 사서 선생님이 추천해 준 도서를 읽어보도록 하는 등은 아이의 내적 친밀감을 쌓아주는 방법이 되는데요. 이와 같이 내 편이 있다는 사실은 아이의 걱정주머니를 대폭 축소시켜 학교생활에 대한 불안감을 낮춰줍니다.

그림책으로 시작해서
역할극으로 끝나는 감정 대화

그림책을 활용한 감정 코칭의 효능

그림책은 다양한 감정 세계를 담고 있어 독자에게 공감과 재미, 그리고 간접적인 문제 해결 능력을 키워줄 수 있는 도구로 널리 인정받고 있습니다. 게다가 학령전기와 초등학교 시기에 걸쳐 가장 중요한 능력이라 볼 수 있는 문해력 또한 함께 향상시킵니다. 실제로 미국 초등학교 교실에서는 매일 수업에 그림책을 활용할 만큼 그 의존도가 높은 편인데요. 2016년에 발표된 한 논문에 따르면 똑같은 내용의 그림책을 읽더라도 그 후에 감정 코칭 활동을 동반하는 것이 아이들의 정서 조절 능력에 긍정적인 영향을 끼쳤습니다.

이 연구는 유치원 연령의 아이들을 두 그룹으로 나눠 8주 동안 주두 번 그림책을 읽어준 뒤 그중 한 그룹에게만 추가적으로 이와 연계된 감정 활동을 진행했는데요. 그 결과, 감정 코칭을 함께 실시한 집단의 아이들은 그림책만 읽었던 아이들보다 통계적으로 정서 조절능력과 또래 상호작용에 더욱 큰 성장을 보였습니다. 다시 말해 아이와 양육자가 함께 그림책을 읽으며 어떤 상호작용을 해나가는지가그림책 내용 그 자체보다 더 강력한 힘을 가지고 있다는 뜻인데요. 특히 그림책은 아이가 몸소 슬프거나 두려운 상황을 겪지 않더라도 등장인물에 자신을 대입해 간접적인 경험을 하도록 이끌어주기 때문에위험 감수가 낮은 환경에서 문제를 해결하는 훈련을 할 수 있다는 장점이 있습니다.

그림책을 선택하는 이유

그림책을 활용해 사회정서학습을 진행하는 이들은 이만큼 흥미롭고, 공감이 쉬우며, 접근성이 좋은 교재는 없다고 단언하는 경우가많습니다. 그중에서도 다양한 사건이 발생하는 글을 읽는 과정은 아이들이 타인의 관점으로 상황을 바라보는 관찰자 역할을 수행하게한다는 특징이 있는데요. 자신이 직접 경험할 때는 쉽게 표현하지 못한 생각 혹은 감정도 제삼자의 입장에서는 더 날카롭게 분석하는 것이 가능하기 때문에 감정을 이성적으로 바라보는 기회가 됩니다. 특히 습관적으로 코를 파는 아이에게 주의를 주어야 하는 상황과 같이 아이가 자신의 행동에 대해 수치심을 느낄 가능성이 있는 경우에도 그림책은 매우 훌륭한 교재가 되는데요. 예를 들어 손가락과 콧구멍을 인격화해 유머러스하게 그 관계를 풀어낸《The Finger and the Nose(손가락과 코)》그림책을 사용하면 아이의 감정을 자극하지 않고도 그릇된 행동을 교정할 수 있습니다. 이뿐만 아니라 책은 우리가 실생활에서 만날 수 있는 사람들보다 더욱 다양한 환경과 인물을 표현하기 때문에 타인과 나의 생각이 다를 수 있다는 유연성을 길러주기에도 유용합니다. 이를 창의적인 연계 활동, 역할 놀이, 쓰기와 토론으로 확장해 나가면 가치 교육 그 이상의 배움이 이루어져 '두 마리 토끼'를 잡듯 시너지까지 기대할 수 있습니다.

그림책 감정 코칭 하우투

그림책 읽기의 효과는 책에 적힌 글자를 같이 읽는 것에서 그치는 것이 아니라 대화를 통해 서로의 생각이 공유될 때, 더욱 빛을 발합니다. 하지만 대부분의 성인은 누군가에게 책을 소리내어 읽어주는 것, 그리고 이에 대한 생각을 나누는 활동을 어색하게 느끼는 경우가 많은데요. 특히 어린아이들과 같이하는 책 읽기는 과장된 목소리 톤과 큰 몸짓, 언어 발달에 맞는 단어 선택이 요구되어 더욱 부담스럽게 다가올 수 있습니다. 그렇다 보니 간혹 그림책을 읽을 때 어떤 질문을 하는 게 좋은지, 그리고 또 이를 기반으로 진행하는 감정 코칭은 어떻게 해야 하는지 막막하다는 양육자들을 만나게 되는데요. 이번에는 무궁무진한 그림책 활용 방법 중에서도 가정에서 쉽게 적용할 수 있는 '감정 코칭용 책 읽기 팁'들을 정리해 두었습니다.

그림책 감정 코칭 전략 1 : 등장인물에 집중하기

처음 그림책을 활용한 감정 코칭을 시작할 때 가장 접근하기 좋은 소재는 바로 '등장인물'입니다. 아동 그림책은 주로 이야기의 첫 부분에는 배경과 인물에 대한 묘사, 중간에는 사건의 발생, 그리고 글의 끝에는 교훈이 담기는 구조로 구성됩니다. 이러한 구조는 주인공의 성장에 공감을 이끌어내며 자연스럽게 마음에 대한 대화로 이어지는데요. 이때 사건의 흐름에 따라 등장인물의 감정 변화를 유추해 보거나 내가 만약 그 캐릭터와 같은 상황에 처했다면 어떻게 행동했을지를 떠올리는 것처럼 직접적인 대입을 이끄는 질문을 사용하면 아이의 감정 인지력을 엿보는 기회가 됩니다. 예를 들어 미운 오리 새끼가 소외감을 느끼는 상황이나 의붓언니들이 신데렐라에게 질투를 느낀 장면을 소재로 아이가 이런 상황에 대처하는 방법을 알고 있는지 파악하는 것인데요. 친구의 이사, 반려동물과의 이별, 새 학기와 같이 아이의 일상에 큰 변화가 예고되어 있다면 사전에 비슷한 내용을 담은 책을 미리 활용하는 것을 추천합니다. 이는 다가올 상황에 대한 준비를 수월히 해줄 뿐만 아니라 '나 외의 다른 사람도 이런 상황에서는 비슷한 마음을 느끼는구나' 하는 생각을 불러일으켜 감정의 정당성을 만들어주기 때문입니다. 만약 아이가 그림책 내용에 공감하는 것을 어려워한다면, 부모가 자신의 경험과 이야기 사이에 연결 고리를 만들어주는 것도 좋습니다. "엄마도 《모모와 토토》 이야기처럼 친구가 좋아하는 선물을 고르기 위해 고민했던 적이 있었는데, 친구가 좋아하는 색깔과 자주 사용하는 물건은 무엇인지 떠올려보는 것이 도움이 되었어. 너는 친구 생일 선물을 고를 때 어떤 방법을 주로 사용하니?"와 같이 책을 읽으며 나누는 대화는 아이에게 세상을 예습하는 것과 같은 경험입니다.

그림책 감정 코칭 전략 2 : 그림에 집중하기

그림책에서 매력적인 등장인물이나 흥미로운 글만큼 아이들의 몰입도에 기여하는 것이 바로 그림입니다. 실제로 초등학교 저학년까지 아이들이 읽는 책들을 살펴보면 그림이 차지하는 비중이 꽤 높은데요. 아이가 긴 호흡의 글을 독립적으로 읽으면서부터는 그림이 생략된 책이나 장편의 글을 선택하는 경우가 많아 그림을 활용한 대화 기회 또한 줄어들게 됩니다. 그러나 책 속 그림은 말이나 글로 표현되지 않는 비언어적 표현을 보여주기 때문에 나이를 불문하고 감정 살피기의 영감이 될 수 있는데요. 등장인물의 표정이나 몸의 움직임이 상황에 따라 어떻게 변화하는지를 분석하거나, 글이 적힌 부분을 가리고 그림에만 의존해 내용을 파악해 보는 활동은 고학년 아이들, 더 나아가 성인에게까지 생각을 전환하는 경험이 됩니다. 특히 고학년 아이들이 좋아하는 그래픽 노블(학습 만화)은 그림이 주가 된 콘텐츠일뿐더러 과장된 표정과 액션이 담겨 있기 때문에 훌륭한 대화 소재의 역할을 톡톡히 해내는데요. 등장인물의 몸짓과 표정이 나타내는 감정선은 그대로 유지하되 말풍선 속 대사를 바꿔가며 '내 버전의 글쓰기'에 도전하는 것도 색다른 재미를 불러일으키는 방법이 됩니다.

부모가 적극적으로 이러한 활동에 참여하는 것이 가능하다면 가족이 함께 다양한 콘텐츠를 시청하고 해석하는 기회를 마련하는 것도 추천합니다. 같은 그림 혹은 영상물의 한 장면을 보면서 어떤 감정이 느껴지는지 서술해 보는 시간은 미국 초등학교 교실에서도 유독 인기가 많은데요. 상대의 생각을 듣다 보면 내가 미처 발견하지 못했던 비언어적 신호들을 알아차리게 되고, 같은 표정을 보고도 서로 다른 느낌을 받을 수 있다는 사실을 배울 수 있습니다.

그림책 감정 코칭 전략 3 :
상상 주머니 열어주기

그림책의 가장 큰 매력을 꼽자면 아마도 우리의 상상 주머니가 열리는 경험을 만들어준다는 점입니다. 특히 아이들이 이미 잘 알고 있는 고전동화에서 배경, 인물, 문제, 해결, 교훈과 같이 세분화된 요소를 살짝 변경하거나 이야기의 결말만 바꾼 장르인 '고전 동화 패러디'는 아이들의 웃음을 보장해 주는 저의 단골 교재인데요. 이러한 작품들은 작가의 시점에 따라 이야기가 완전히 뒤바뀌기 때문에 타인의 관점을 한 번쯤 생각해 봐야 한다는 교훈을 주곤 합니다.

예를 들어《늑대가 들려주는 아기 돼지 삼 형제 이야기》라는 책은 아기 돼지 삼 형제 이야기를 늑대의 시선으로 풀고 있는데요. 고전 이야기에서 돼지는 항상 두려움을 느끼는 약자로, 늑대는 악랄하고 포기를 모르는 캐릭터로 그려진 것과는 상반된 관점이 매우 흥미롭습니다. 아픈 할머니 늑대를 위해 설탕을 빌리러 이웃을 찾았다가 재채기하는 바람에 오해를 샀다고 주장하는 이 책 속의 늑대는 강하고 무서운 모습보다는 웃기고 비굴한 인상을 풍기기까지 하는데요. 이 작품은 타인의 입장을 한 번쯤 생각해 봐야 한다는 교훈을 얻을 수 있습니다. 그 외에도 "심청이가 임당수에 뛰어들었을 때 박태환 선수만큼 수영을 잘했다면 어떻게 되었을까?", "흥부와 놀부에서 알고 보니 놀부는 굉장히 성실하고 흥부는 게을렀다면 어땠을까?"와 같이 엉뚱한 질문을 활용하면 책에 적힌 내용 그 이상으로 등장인물의 성격과 상황을 분석하는 경험이 쌓입니다. 새로운 이야기를 창조하기 위해서는 글을 읽고 이해하는 것 이상의 깊은 사고가 바탕이 되어야 하는데요. 책장에 적힌 글자 너머의 것을 탐구하도록 이끄는 그림책 활용 대화는 감정 인지와 분석 능력에 다채로운 자극이 되어줍니다.

그림책 감정 코칭 주의 사항

그림책을 활용한 감정 코칭은 다양한 마음에 대한 대화를 이끌어주는 훌륭한 도구이지만, 이를 사용할 때 주의해야 할 점들도 분명 존재합니다. 책을 읽으며 대화해야 한다는 사실에 너무 몰두해 너무 많은 질문을 던지거나 아이 수준에 맞지 않는 활동들을 진행하는 경우에는 오히려 아이의 독서 흥미를 떨어뜨릴 수 있다는 것을 유의해야 하는데요. 이는 감정 대화뿐만 아니라 어떠한 대화에서도 마찬가지입니다. 과유불급이라는 말처럼 이러한 활동들은 아이가 감당할 수 있는 양, 그리고 수준에 맞추는 것이 가장 효과적이며 아이의 기질과 발달 상태 또한 고려해야 합니다. 따라서 처음 감정 동화책을 소개할 때는 기쁨, 슬픔, 화와 같이 아이가 현재 인지하는 주요 감정들을 주제로 한 그림책들을 선택하고 점차 질투나 부끄러움, 외로움과 같이 구체화된 마음을 다루는 책으로 확장해 나가는 것을 추천하는데요. 한꺼번에 너무 많은 감정을 다루는 책들을 몰아서 소개하는 것은 과유불급입니다. 또한, 부모가 적절한 주제의 책을 준비해 주되 그 안에서 아이가 읽고 싶은 책을 스스로 선택하도록 자율성을 존중해 주는 것이 책을 사랑하는 아이, 그리고 이에 대한 자신의 생각을 나눌 줄 아는 아이를 만듭니다.

사회정서학습 관련 그림책 추천 리스트

모든 아이에게 가장 도움이 되는 추천 도서 목록을 작성하는 것은 어려운 일입니다. 아이의 연령, 흥미, 읽기 및 이해 능력 그리고 감정 발달 사항 등 고려해야 할 항목이 많은 데다 같은 또래의 아이들 간에도 해당 사항에 격차가 존재하기 때문인데요. 다만, 감정 대화를 풍부하게 해주는 그림책은 대화 소재가 풍부하며, 아이들이 공감할 수 있는 줄거리와 등장인물이 나온다는 공통점이 있습니다. 다음은 그와 같은 특징을 지닌 국내 출간 도서들을 정리한 추천 목록입니다.

책 제목 작가 출판사		감정	내용
좋아, 싫어 대신 뭐라고 말하지?	감정 어휘 감정 인지 감정 표현		마음을 표현하는 방법은 "좋아"와 "싫어" 외에도 얼마나 많은지 몰라요. 이 책을 읽으며 감정을 구체적으로 표현해 주는 감정 어휘력을 키워보아요.
송현지, 순두부			
이야기공간			
다정한 말, 단단한 말	감정 어휘 감정 표현 긍정 확언		"내 아이가 스스로에게 이런 말을 할 수 있는 사람으로 성장했으면 좋겠다." 다정한 말, 단단한 말을 읽고 처음 든 생각입니다. "나는 이 세상에 하나 밖에 없어. 처음부터 잘하는 사람은 없어. 난 나를 믿어." 자신을 귀하게 여기는 말과 타인에게 건넬 수 있는 따뜻한 표현을 가르치는 부분, 두 가지 영역으로 나누어진 이 책은 아이들의 마음을 표현하는 데 큰 힘이 될 것입니다.
고정욱, 릴리아			
우리학교			
어린이를 위한 마음 처방(감정 편)	감정 어휘 감정 인지 감정 표현 감정 조절		자신의 마음을 슬기롭게 다루고 소통하는 방법을 안내하는 이 책은 아이뿐만 아니라 양육자에게도 감정 교육에 좋은 가이드 역할을 하는데요. 아이들이 일상에서 쉽게 접할법한 상황들을 예시로 들며 아이들의 눈높이에 맞는 조언들을 제시하고 있어 제목 그대로 "마음 처방"의 효과를 가져옵니다.
펠리시티 브룩스, 마르 페레로			
어스본코리아			

	앵거게임	감정 인지 감정 조절	"화를 내시겠습니까?" 삐빅. 주인공이 화가 나면 핸드폰 어플 알람이 울립니다. 화가 나는 것과 화를 내는 것의 사이에 존재하는 시간을 다루는 이 책은 '게임'이라는 비유를 통해 자신의 감정을 제대로 인지하고 조절할 수 있는 방법들을 유쾌하게 풀어나가고 있습니다.
	조시온, 임미란		
	씨드북		
	안 돼!	감정 인지	동생이 태어나 속상한 마음을 느끼는 제럴딘. 소리를 지르는 아기에게도 다정하기만 한 부모님을 보며 아기와 똑같이 행동하다 꾸짖음을 들었습니다. 속상해 눈물을 흘리던 제럴딘은 어떻게 문제를 해결했을까요? 속상함이 가슴을 가득 채우면 마음이 뾰족해지는 듯한 기분이 들어요. 하지만 그대로 행동했다가는 상황만 더 악화되는데요. 어떤 방법으로 감정을 다스릴 수 있을지 알아보아요.
	메리 루이즈 피츠 패트릭		
	을파소		
	소피가 화나면, 정말 정말 화나면	감정 인지 감정 조절	화가 난 소피는 밖으로 나가서 자신이 좋아하는 나무에 오릅니다. 한창 즐겁게 놀고 있는데 갑자기 동생이 나타나 장난감을 뺏어가는 것처럼 화나는 게 당연한 상황에는 어떻게 대처해야 할까요? 화가 날 때는 화를 참는 것보다 잘 내는 것이 중요하다는 교훈을 담고 있어요.
	몰리 뱅		
	책읽는곰		
	모모와 토토	교우 관계	사이좋은 친구인 모모와 토토. 하지만 두 친구는 서로 다른 취향을 가지고 있어요. 그들은 서로의 경계를 존중해 주는 방법을 배울 수 있을까요? 친구 사이의 차이점을 서로 다른 색으로 나타내고 있는 귀여운 책. 우리 가족은 서로 어떤 차이를 가지고 있나요? 우리 가족을 색으로 표현하자면 어떤 색이 어울릴까요?
	김슬기		
	보림		
	마음 안경점	자신감	외모 콤플렉스로 항상 다른 사람의 시선을 의식하던 미나가 마음 안경점에서 겪는 이야기를 담은 이 책은 "진짜 매력은 눈이 아니라 마음으로 보이는 것"이라는 교훈을 담고 있어요. 재미있는 모양의 안경테들과 신기한 시력 검사표를 살펴보며 내 내면의 아름다움도 생각해 보아요.
	조시온, 이소영		
	씨드북		
	네 기분은 어떤 색깔이니?	감정 인지 감정 어휘 감정 표현	감정을 색상으로 나타내어 표현하는 이 그림책은 아름다운 색감과 따뜻한 삽화가 특히 돋보이는 작품입니다. 아이들의 상상력을 자극하며, 묘한 감정 등을 뛰어난 색감으로 잘 표현하고 있어 어린아이들에게도 기분이 나타내는 뉘앙스를 전달하기에 효과적입니다.
	최숙희		
	책읽는곰		

	내 손을 잡아	감정 인지 감정 조절	어느 날 자신의 발끝에 생긴 파란색 얼룩을 발견한 아이는 이 작은 얼룩은 금방 지워질 것이라 생각하지만, 실망스럽고 슬픈 일을 겪을 때마다 푸른 얼룩을 커져만 가요. 우울한 감정을 온몸에 뒤집어쓴 아이는 어떻게 다채로운 마음을 되찾았을까요?
	여름꽃		
	그린북		
	곰씨의 의자	교우 관계	차 마시기와 독서, 음악 감상을 좋아하는 곰씨네 집에 어느 날 탐험을 하느라 지칠 대로 지친 토끼가 찾아옵니다. 곰씨는 따뜻한 마음으로 토끼에게 자신의 의자를 양보하는데요. 하지만 토끼는 갈수록 곰씨에게 더 많은 것을 요구하게 되지요. 착하고 예의 바른 곰씨가 어떻게 이 난관을 헤쳐나가는지 살펴보아요. 타인과의 관계에서 불편한 마음이 생겼을 때 슬기롭게 대처하는 방법들을 나눕니다.
	노인경		
	문학동네		
	점	감정 인지	"나는 그림을 잘 못 그려요." 미술 시간 하얀 도화지 앞에 앉아만 있던 베티에게 선생님은 어떤 것이라도 좋으니 마음 가는 대로 시작해 보라는 조언을 건넵니다. 화가 난 마음에 힘껏 내리꽃은 점 하나. 하지만, 이 작은 점 하나는 멋진 미술작품의 시작이 되는데요. 도전하기 어려운 일들도 "한번 해볼까?" 용기를 만들어주는 이야기 세계로 들어가 볼까요?
	피터 H. 레이놀즈		
	문학동네		
	욕 좀 하는 이유나	감정 인지 감정 조절 행동 조절	욕 좀 한다는 칭찬 아닌 칭찬을 듣는 주인공, 유나. 유나는 욕을 가르쳐달라는 친구의 부탁을 듣고는 국어사전을 뒤져가며 창의적인 욕을 연구합니다. 하지만 신나게 욕을 한바탕 퍼부어도 오히려 찝찝함만 늘어나는데요. 욕하기에 흥미를 보이는 아이와 말이 가진 힘에 대해 신선한 시각을 가지고 대화를 나눌 수 있게 이끌어주는 책입니다.
	류재향, 이덕화		
	위즈덤하우스		
	화해 대작전	감정 조절 교유 관계	부모 참관 수업 시간, 단짝 친구인 현상이와 동민이는 배려 없는 행동으로 서로의 마음에 상처를 입히고 맙니다. 더 큰 문제는 이를 계기로 현상이 엄마와 동민이 엄마까지 크게 다투게 되었다는 점인데요. 어떻게 하면 엄마들을 잘 화해시킬 수 있을지 화해 대작전을 세우는 아이들을 통해 불편해진 관계를 스스로 풀어나가는 방법들을 배워볼까요?
	이명랑, 나오미양		
	위즈덤하우스		
	아홉 살 마음 사전	감정 인지 감정 어휘	감정을 표현하는 80개의 단어를 담은 책으로 마음을 나타내는 단어들을 그림과 함께 사전 형태로 소개하고 있습니다. 구체적인 예시들과 따뜻하면서도 유머러스한 동시가 아이들의 마음에 대한 이해를 길러주는 데 효과적입니다.
	박성우, 김효은		
	창비		

	꽉	교우 관계	신비한 알을 낳는 오리는 자신의 능력을 자랑스러워하다 못해 거만하기까지 했어요. 하지만 집에서 혼자만 알을 만끽하던 오리네에서는 언제부터인가 악동이 진동하기 시작하는데요. 혼자 알을 차지하고 있어도 행복하지 않다는 것을 알게된 오리에게 어떤 일이 벌어질까요?
	김나은		
	씨드북		
	아름다운 실수	성장형 마인드	그림을 그리다 잘못 찍은 점 하나가 갈수록 멋진 그림으로 변해가는 모습을 담은 이 책은 실수는 곧 새로운 작품의 시작이라는 시선을 제시합니다. 그림이 다양하게 변하는 것을 보며 아이들은 실수를 받아들이고 창의적으로 대처할 용기를 배워갈 거예요.
	코리나 루켄		
	이야기공간		
	그 소문 들었어?	교우 관계 리더십	새로운 왕을 뽑는다는 소식을 듣게 된 금색 사자는 라이벌인 은색 사자를 이기기 위해 거짓 소문을 내기 시작합니다. 그러자 동물들은 진실 여부를 밝히기보다는 금색 사자의 말을 이쪽저쪽 옮기는 데 여념이 없는데요. 소문을 대하는 우리의 자세와 말의 힘, 그리고 리더의 자질까지 다양한 대화 주제를 건네는 마음교육 책입니다.
	하야시 기린, 쇼노 나오코		
	천개의바람		
	슈퍼 토끼	성장형 마인드	낮잠을 자다가 거북이에게 달리기를 진 것으로 알려진 "토끼와 거북이" 이야기 속 토끼는 그 뒤 어떤 삶을 살고 있을까? 신선한 접근을 담고 있는 이 창작 동화책은 실패에 반응하는 우리의 모습과 참 많이 닮아 있습니다. 다른 사람의 시선에 신경을 쓰느라 달리기를 아예 포기하려던 토끼가 또 다른 도전을 통해 자신이 진정으로 즐기는 일을 찾아가는 과정은 "실패해도 괜찮다"라는 메시지를 담고 있어요.
	유설화		
	책읽는곰		
	핑!	교우 관계	친구 사이를 '핑퐁 게임(탁구)'으로 비교하는 이 그림책은 우리가 할 수 있는 노력은 "핑"뿐이라는 교훈을 담고 있습니다. 친구는 환한 웃음으로 "퐁" 하고 답할 수도 있지만 또 내가 생각한 것과 다른 반응을 보일 수도 있다는 것이지요. 친구가 어떤 행동을 보이는지보다는 온 마음을 다해 정성 어린 "핑"을 보내는 것의 중요성에 대한 속 깊은 대화를 시작하는 데 도움 되는 책입니다.
	아니 카스티요		
	달리		
	다다다 다른 별 학교	대인 관계	작아도 별에서 온 키가 작은 친구, 숨바꼭질 별에서 찾아온 부끄럼쟁이 친구. 한 교실 안에도 서로 다른 친구들이 옹기종기 모여 있어요. 성격도, 생김새도 하나같이 다 다른 아이들은 어울리며 최고의 친구들이 되어갑니다. 다양성을 수용하는 태도를 재미있는 비유를 통해 가르치기에 특히 좋은 책입니다.
	윤진현		
	천개의바람		

CHAPTER 4

관계 교육 :
함께 사는 세상, 사회성 좋은 아이로 키우기

내 아이의 인생을 바꾸는
사회성

소셜 페인

직접 아이를 키우게 되기 전에도 저는 스스로를 꽤 부모의 입장을
잘 이해하는 교사라고 자부했습니다. 일반적으로 학부모와 교사가
소통하게 되는 것은 학부모 상담이나 아이의 학교생활에 문제가 생
겼을 때입니다. 그렇지만 저는 이런 단편적 관계에서 벗어나고자 매
주 뉴스레터에 과목별 활동 내역과 가정에서 아이와 함께하면 좋은
연계 활동을 아주 자세히 적어 발송했습니다. 하지만 부모의 입장이
되고 나서야 새로이 눈을 뜨게 된 점들이 분명히 있었는데요. 그중 대
표적인 것은 아이가 수업 시간에 얼마나 적극적으로 참여했고 무엇

을 배웠느냐보다 부모의 눈이 닿지 않는 시간 동안 아이에게 마음을 나눌 수 있는 친구가 있었는지가 더욱 중요하게 느껴진다는 사실이었습니다. 특히 제 아이가 유치원에 가기 싫다고 떼를 쓰던 날에는 이 사실을 더욱 절실히 실감했는데요. 교실에 들어서서는 금세 제일 친한 친구와 수다 삼매경에 빠졌다는 선생님의 짧은 이메일 한 줄에 혹여 아이가 그늘진 하루를 보낼까 걱정하던 조바심이 순식간에 녹아내렸기 때문입니다.

아이의 학교생활을 평가할 때 교우 관계를 제일 먼저 살피는 것은 비단 부모만의 시선이 아닙니다. 제가 몸담았던 영재 초등학교에서는 아이들의 정서적 안정감을 점검하고 학교생활의 만족도를 파악하는 파노라마 서베이panorama survey를 분기별로 실시했는데요. "내가 제일 좋아하는 과목은?", "이번주 제일 기대되는 시간은?"과 같은 질문에 아이들의 답변이 한결같이 "쉬는 시간recess"이었다는 것만 보아도 또래 친구들과의 교류가 아이의 정서에 미치는 영향력을 가늠해 볼 수 있습니다. 실제로 학생, 그리고 학부모님들이 털어놓는 학교생활 관련 고민 대다수는 또래 관계에서 비롯된 정서적인 스트레스를 동반하고 있는 경우가 많은데요. 사회적으로 인정받고 집단에 소속되고자 하는 욕구가 채워지지 않아 발생하는 소셜 페인social pain은 분노와 우울감을 유발하기 때문에 이를 관리하고 건강하게 해소하는 능력을 키워주는 것이 꼭 필요합니다.

흔히 우리는 상처 입은 감정을 두고 "마음이 부서지는 듯 아팠다" 혹은 "가슴이 찢어지는 듯한 이별"과 같이 신체적 고통을 나타내는 표현을 사용하는 경우가 많은데요. 흥미롭게도 우리가 사회적 고통을 느끼는 상황은 신체적인 아픔을 느낄 때와 같은 뇌의 부분을 활성화시킨다고 알려져 있습니다. 이는 다시 말해 또래 관계에서 느끼는 아이들의 정서적 상처는 몸을 다치는 것만큼이나 심각한 고통을 초래한다는 뜻이기도 합니다. 그렇다면 우리 아이들이 본격적으로 정서적 부담감을 느끼는 시기는 언제일까요?

아이들이 소셜 페인에 노출되는 시기는 평균적으로 유치원 입학 전후, 즉 만 5세경이라 알려져 있습니다. 단체생활이 시작되면 기껏해야 부모, 형제로 국한되어 있던 인간관계가 급격히 확장되면서 사회성을 발휘해야 하는 상황 또한 자연스레 늘어나게 되는데요. 이때 친구와 갈등을 겪는 아이에게 "다 싸우면서 크는 거야", "친구들끼리 그럴 수도 있지"와 같이 문제를 축소하는 이전 세대의 양육 문화를 그대로 적용하게 되면, 오히려 사회성 발달에 걸림돌이 될 수 있습니다. 다행히도 요즘에는 자녀가 학교에 입학하기 전부터 또래 아이들과 원활한 관계를 맺고 이어나갈 수 있는 역량을 키워주기 위한 부모의 역할에 관심이 커지는 추세인데요. 친구들과의 원만한 사회생활이 자녀의 정서적 건강과 직결된다는 점을 이해하는 분들이 점점 늘고 있어 감사한 마음입니다.

사회성이 좋다는 것은 무슨 뜻일까요

흔히 우리는 인간관계가 넓고 낯을 잘 가리지 않는 성격의 사람들을 보고 "사회성이 좋다"라고 이야기합니다. 요즘 들어서는 MBTI 성격 유형 검사에서 외향적인 성격을 뜻하는 'E' 유형의 사람들을 보고 이같이 이야기하는데요. 여기서 우리가 오해하고 있는 것이 있습니다. 바로 사회성과 외향성은 엄밀히 말해 다른 개념이라는 점입니다. 소수의 친구를 깊게 사귀는 것을 값지게 여기는 사람과 다수의 인연을 더 중하게 여기는 사람, 둘 중 어느 것이 더 좋다 나쁘다 따질 수 없듯이 여러 사람과 적극적으로 활발하게 소통하는 것은 개인 성향일 뿐, 그것을 사회성의 지표로 보기는 어렵기 때문입니다. 그렇다면 진짜 사회성이 좋다는 것은 무엇을 의미하는 것일까요?

이에 대해서는 학계에서도 의견이 분분하지만, 공통적으로 등장하는 키워드로는 '관계 형성 및 유지', '유연성', 그리고 '존중'을 꼽을 수 있습니다. 다시 말해 높은 사회성은 새로운 만남을 편안하게 받아들이는 능력, 그 외에도 다양한 관계를 유지하기 위한 유연성이 요구되는 경우가 많으며 타인을 사회적 일원으로서 존중하는 마음가짐 또한 갖춰진 상태를 의미하는데요. 물론 기질적으로 새로운 환경에 적응이 빠르고, 낯선 사람과의 교류를 즐기는 성향의 아이들일수록 사회적 경험을 쌓아갈 기회가 많아 자연스레 높은 사교성을 보이는 경우가 많은 것은 사실입니다. 하지만 사회성은 평생에 걸쳐서 성장하는 영역이기 때문에 기질적으로 예민하고 새로운 자극을 반기지 않는 아이들 또한 적절한 지도와 풍부한 연습을 통해 얼마든지 사회성이 좋은 사람으로 커나갈 수 있습니다.

사회성 교육이 필요한 영재 학교 아이들

영재 학교에 대한 여러 편견 중에는 또래 관계와 관련된 오해 또한 존재합니다. 그중 대표적인 것은 바로 연령에 비해 빠른 지적 발달을 보이는, 소위 영특한 아이들끼리는 사회적 교류 또한 고차원적일 것이라는 인식인데요. 물론 서로 지적 자극을 주고받는 모습이 나타나기도 하지만, 아이들의 모든 상호작용이 그런 형태를 띠고 있지는 않습니다. 학업 성취도가 높다고 해서 모두가 이에 걸맞은 사회성을 갖추고 있지는 않다는 것이 가장 큰 이유인데요. 따라서 특수교육 special education 을 요하는 학생들이 적을 것이라는 일반적인 예측과 달리 영재 학교에도 사회성 및 정서적인 발달을 위한 도움이 필요한 친구들이 많습니다. 흔히 우리는 특수교육을 받는 아이들은 학업과 생활 태도 면에서 추가적인 지도가 필요하다고 생각하는 경우가 많지만 실제 미국 초등학교의 특수교육 대상 기준은 조금 다른데요. 특히 "No Child Left Behind(단 한 명의 학생도 놓치지 말라)"라는 슬로건의 교육 정책이 실행되고, 사회성 발달 또한 학교가 지도해야 할 영역으로 자리 잡으면서 사회정서적 역량 또한 국가가 책임져야 하는 영역으로 여겨지고 있습니다. 신체적, 정신적, 혹은 언어적 결핍뿐만 아니라 사회적 발달의 부족함 또한 책임지고 지원하는 것이 아이들의 교육 받을 권리를 지키는 것이라고 믿기 때문인데요.

사회성 교육은 복합적이고 다양한 역량을 포괄적으로 담아내기 때문에 각 아이의 필요에 맞춰 504 교육 계획504 educational plan 혹은 개별 교육 계획individual educational plan이 만들어집니다. 1학년 같은 반 친구였던 루시, 로렌 그리고 잭, 세 학생은 모두 사회적 교류가 서툴러 특수교육 대상자로 선정되었다는 공통점이 있었지만, 각기 서로 다른 지도가 필요한 사례를 보여줍니다.

매사에 밝고 긍정적이지만 분위기를 읽는 능력이 부족했던 루시는 친구들이 언짢아할 때도 자신에게 중요한 이야기를 전달하는 데 급급해 배려심이 없다는 오해를 사는 경우가 많았습니다. 서글서글하고 융통성 있는 모습으로 친구들에게 인기가 많았던 로렌은 그와는 또 다른 고민거리를 가지고 있었는데요. 루시와는 정반대로, 타인의 감정을 지나치게 배려하고 만족시키는 데 집중한 탓에 정말 자신이 원하는 것을 표현하는 것조차 어렵게 느끼는 지경에 이르고 말았습니다. 일대일 관계 맺기에는 능숙하지만 집단 안에서 단체로 협동하는 것을 어려워하는 잭 역시 둘과는 다른 어려움을 겪고 있었습니다.

이처럼 사회성 지도는 내성적이고 수줍음이 많거나 친구와 자주 다투는 아이만을 위한 지원이 아니라, 타인과의 교류가 버거운 모든 아이에게 도움이 될 수 있습니다. 특히 성인들로 구성된 사회에서는 사회성이 부족한 사람을 주위에서 배려해 주는 것이 가능하지만, 모두가 배움의 단계에 있는 초등학교 환경에서는 이런 사회성의 부족함이 날것 그대로 드러나기 때문에 부모가 내 자녀에게 필요한 사회적 역량은 무엇인지 파악하고 지도하는 것이 필요한데요. 이번 장에서는 사회성을 이루는 작은 조각들을 함께 살펴보도록 하겠습니다.

모든 것의 시작,
공감력 키우기

"다른 사람의 신발을 신고 서는 법을 배우는 것, 그리고 그들의 시선으로 세상을 바라보는 것, 그것이야말로 평화의 시작입니다. 공감은 세상을 바꿀 힘을 지니고 있기 때문입니다." 전 미국 대통령 오바마는 공감에 대한 중요성을 자주 언급한 것으로 유명합니다. 특히 "타인의 신발을 신어라be in someone else's shoes"는 표현을 통해 정치적, 종교적, 문화적 차이와 같이 극복되기 어려워 보이는 부분들도 서로를 이해하려는 노력을 쏟다 보면 충분히 이겨낼 수 있다고 강조했는데요.

오바마가 강조하는 이 공감 능력은 미국 교육계가 지향하는 사회성 교육의 가장 핵심적인 가치이기도 합니다. 실제로 많은 교육 전문가들은 학교폭력과 같은 심각한 또래 갈등이 근절되지 못하는 원인 또한 우리 사회의 공감 능력 부재에서 찾을 수 있다고 말합니다. 타인의 삶에 흠집을 내는 것을 대수롭지 않게 여기고, 남의 상처는 내 알 바 아니라는 마음가짐이 누군가를 함부로 대하게 되는 근본적인 원인이라는 것인데요. 따라서 어린 시절부터 나와 다른 타인의 존재를 인정하고 존중할 수 있도록 이끌어주는 교육을 하는 것이 중요합니다. 상대에 대한 이해가 두터워지면 타인을 나와 극명하게 다른 '외집단'이 아니라 애착과 일체감을 느끼는 '내집단'으로 인식하게 되어 갈등 상황도 줄어드는데요. 아무리 눈살이 찌푸려지는 행동을 하는 사람을 보아도, 그가 이런 행동을 하게 된 원인은 무엇일지 궁금해하는 마음이 바탕을 이루면 불편한 감정이 안타까움으로 변할 가능성이 크기 때문입니다. 공감할 수 있는 대상의 폭이 넓어지면 타인과의 소통에 더 유연한 잣대를 부여하게 되기 때문에 관계로부터 얻는 만족도는 올라가고 스트레스는 줄어드는데요. 이는 친구, 형제, 부모뿐만 아니라 살아가면서 맺게 되는 모든 관계를 긍정적으로 바라보게 해주는 원동력이 됩니다.

공감 vs. 동정

누군가에게 공감한다는 것은 단순히 타인의 감정에 동조하거나 동정하는 것과는 차이가 있습니다. 동정은 타인의 기분이나 마음을 안쓰러워하는 데 그치는 반면, 공감은 한 걸음 더 나아가 이를 온전히 이해하고 포용하는 것과 같기 때문입니다. 이 차이는 매우 사소해 보이지만 관계 형성에서는 매우 핵심적인 역할을 하는데요. 직장 내 인간관계 및 자기 계발을 연구하는 잠재력 프로젝트^{potential project}가 출간한 아래 그림을 보면 그 차이를 확인할 수 있습니다.

이 도표는 가로축을 타인의 경험을 이해하는 정도, 그리고 세로축을 도움을 줄 의향으로 표기해 측은^{pity}과 동정^{sympathy}, 그리고 공감^{empathy}과 같이 비슷하지만 미묘하게 다른 의미를 지닌 단어들을 시각적으로 수치화해 나타내고 있습니다. 그래프에 따르면 우리가 타인의 상황을 바라보며 느끼는 "참 안됐다"라는 감정, 즉 동정은 그 경

공감: 측은에서 연민으로

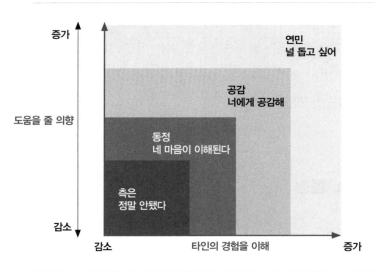

험을 이해하는 깊이가 얕을 뿐만 아니라 도움을 주려는 의지 또한 적은 상태로 표현되고 있는데요. 반면 공감은 깊은 이해와 더불어 그 사람을 기꺼이 도와주고 싶어 하는 마음까지 담긴 상태입니다.

제대로 공감하기 전략 1: 억지 긍정, 억지 조언 꺼내지 않기

이해의 부재는 아무리 가까운 사이라도 문제를 초래하기 마련입니다. 실제로 부모와 자녀 간의 갈등을 잘 살펴보면 공감 혹은 이를 표현하는 방법의 미숙함으로 인해 발생한 경우가 많은데요.

특히 마음을 내비치고 이해받는 경험이 부족한 부모 세대는 자녀의 고민에도 '억지 긍정'으로 응대하는 경우가 많습니다. 주식 투자로 큰 손실을 입은 친구에게 "적어도 너는 나만큼은 안 잃었잖아" 하고 자학 멘트를 건네거나 키가 작아 고민인 자녀에게 "너 정도면 그렇게 안 작은 거야. 괜찮아"와 같은 반응을 보이는 것이 섣부른 공감 표현의 대표적인 예시인데요. 이와 같은 억지 긍정화법은 당장의 분위기를 가볍게 만드는 데에는 효과적일지 몰라도 상대의 생각이나 느낌을 온전히 이해하려는 노력이 빠져 있기 때문에 오히려 공감과 멀어지는 문제를 초래합니다.

이 외에도 부모와 자녀 사이에 자주 보이는 또 하나의 대화 패턴인 "나 때는…" 혹은 "내가 해보니까…" 또한 공감이라는 탈을 쓴 잔소리는 아닌지 점검해 볼 필요가 있습니다. 부모의 말 몇 마디로 상황 자체가 나아지는 일은 매우 드문데요. 따라서 자녀의 말에 완벽한 해결책을 내놓으려 하기보다는 "어떤 마음인지 상상도 하기 힘들다. 엄마한테 이야기해 줘서 고마워.", "어쩜 그런 일이 있었니. 정말 속상했겠다. 그래서 어떻게 하고 싶은지 좀 더 이야기해 줄래?"와 같이 아이의 생각을 경청하고 감정을 엿보려는 자세를 취하는 것이 바람직합니다. 이처럼 내가 아닌 상대에게 초점을 유지하는 진짜 공감이야말로 소통의 문을 활짝 열린 채로 유지하는 방법입니다.

제대로 공감하기 전략 2 : 억지 사과 시키지 않기

불편한 감정이 생기는 상황은 무조건 나쁘다는 인식을 갖고 살아온 부모는 이와 관련된 초감정을 지니고 있는 경우가 많습니다. 따라서 부모가 아이의 사회적 교류에 개입할 때에도 자신의 초감정이 나오는 것은 아닌지 점검해야 하는데요. 자신이 제일 좋아하는 장난감을 만지는 친구를 보고 난처해하는 자녀에게 착한 아이는 친구랑 나누어 써야 한다며 준비되지 않은 양보를 시키거나 실수로 친구가 다친 상황에 아이를 다그치며 사과를 종용하는 태도는 불편한 감정을 마주하는 것을 두려워하는 부모가 빠르게 문제를 해결하기 위해 선택하는 대표적인 반응입니다.

자신이 잘못한 행동에 대해 책임을 지는 것은 매우 중요하지만, "미안해"라는 말을 입 밖으로 내뱉는 행위가 무조건 상대의 마음에 공감한다는 것을 나타내지는 않습니다. 특히 만 3세 이전처럼 시기적으로 타인의 입장을 이해하는 능력이 부족한 상태의 자녀에게 무리해서 친구의 마음을 읽게 하는 것은 역효과를 불러일으킬 수도 있어 특별히 주의해야 하는데요. 공감이라는 명목으로 양보와 사과만 강조하다 보면 이는 도리어 진심을 담은 사과의 의미를 퇴색시키기 때문입니다. 잘못된 공감 표현의 지속적인 권장은 "사과부터 하고 보자"라는 성의 없는 생각으로 "미안해"를 외치는 데 급급한 아이를 만들기 십상입니다. 따라서 자녀가 친구와 갈등을 겪는 상황에는 무작정 사과를 건네게 하기보다 부모가 나서서 상대 아이의 몸짓이나 표정 등을 서술하고 이를 감정과 연결해 주는 역할을 하는 것이 전제되어야 합니다. 이 과정은 진심으로 타인의 상태를 살피는 경험을 만들어주기 때문에 겉뿐만 아니라 속까지 알찬 '진짜' 공감 능력의 향상을 가능케 하기 때문입니다.

제대로 공감하기 전략 3 : 공감할 수 있는 상황인가 파악하기

또래 아이들이 서로 공감할 수 있는 기회를 만들어주기 위해서는 먼저 문제 상황이 '아이가 공감할 수 있는 영역'인지 파악해야 합니다. 한 친구가 놀이터에서 울고 있는 상황만 살펴보아도 자녀와 그 아이의 관계나 눈물의 이유와 같이 다양한 요인에 따라 아이의 반응이 달라질 수 있기 때문인데요. 친한 친구가 발을 헛디뎌 넘어진 상황과 같이 자신의 잘못한 것이 부재한 상황이라면 아이는 다친 친구를 위로해 줄 가능성이 높습니다. 하지만 친구가 울고 있는 이유가 자신과 다투어서라면 이야기는 완전히 달라집니다. 어른이 보기에는 여전히 사과를 건네야 마땅한 상황이지만, 아이는 이를 복잡한 고민으로 여기는데요. 자신이 잘못한 점보다 "친구가 먼저 자신의 포켓몬 카드를 뺏었다", "별로 세게 밀지도 않았는데 나를 혼나게 만들려고 크게 우는 것 같다"와 같은 마음을 더 강하게 느끼고 있을지도 모르기 때문입니다. 이런 경우라면 당연히 친구의 눈물에 공감하는 것이 어려울 수밖에 없을 텐데요.

상황에 따른 공감 능력의 격차는 형제 관계에서도 쉽게 목격됩니다. 따라서 첫째들은 동생과 사이좋게 지내다가도 갑자기 퉁명스러운 모습을 보인다는 오해를 사기 쉬운데요. 이를 아이의 변덕으로 치부하기보다는 그날 아이의 마음 상태와 구체적인 상황에 따라 동생의 감정에 공감할 수 있는 여유 주머니의 크기가 달라진다는 시각으로 다가가면 아이를 더욱 잘 이해하게 됩니다. 형제 간 갈등이 있을 때에는 먼저 아이들이 각자 자신의 감정을 돌아보는 시간을 갖도록 하는 것이 특히 중요합니다. 이 단계가 생략된 채 형, 누나는 동생을 이해하고 사랑해 주어야 한다는 부담감이 더해지면 아이는 '내가 나쁜 사람이 된 것 같다'는 죄책감을 가질 수 있기 때문입니다.

케이스 스터디 – 공감의 종류

쌍둥이인 에밀리와 에덜라인은 달라도 너무 다른 성향을 가진 자매였습니다. 에밀리는 시크한 성격의 소유자로 감정을 거의 드러내지 않는 학생이었던 반면, 에덜라인은 반에서 웃음소리가 가장 크고 리액션이 풍부한 아이였는데요. 에밀리와 에덜라인의 어머니는 가족이 기르던 반려견이 하늘나라로 떠난 후, 아이들의 반응에서 그 차이를 어느 때보다 더욱 선명하게 느꼈다고 말했습니다. 이틀 내내 눈물을 터트리며 울던 에덜라인과 반려견이 묻힌 사과나무 아래에 애착 이불을 가져다 놓은 에밀리의 애도 방식은 둘의 성격만큼이나 너무 달랐기 때문인데요. 두 아이가 감정을 인식하고 표현하는 방법의 차이는 뇌과학이 바라보는 공감의 두 가지 관점과도 유사합니다.

공감이란 다른 사람의 감정을 인식하는 능력으로, 크게 '감정'과 '인지'라는 두 가지 관점으로 구분될 수 있는데요. 그중 감정적 공감 능력은 에밀리와 같이 다른 사람의 감정을 고스란히 느끼는 것을 의미합니다. 우리가 TV 드라마 속 주인공이 울 때 함께 눈물을 흘리거나 역경을 딛고 목표를 달성한 사람들의 이야기를 들으며 함께 기뻐하는 것이 바로 감정적 공감입니다. 이와 상반되는 인지적 공감 능력은 다른 사람의 입장이 되어 세상을 바라보는 것이라 볼 수 있습니다. 인지적 공감 능력이 발달한 에밀리는 자신을 반려견의 입장에 대입해 보며 '애착 이불이 안정을 찾게 해줄 것 같다'는 결론에 도달했던 것이지요.

《공감의 반경》이라는 책을 쓴 과학철학자 장대익은 정서적 공감을 따뜻한 감정의 힘, 인지적 공감은 따뜻한 사고의 힘이라고 일컬으며 둘 중 어느 하나가 부족한 상태에서는 상대에게 진심으로 동조하고 문제를 해결할 수 있는 도움을 주기 어렵다고 말했습니다. 이는 균형 있는 정서적 공감 능력과 인지적 공감 능력의 중요성을 강조하는 대목인데요. 《감정 지능》의 저자인 데니엘 골맨 또한 이와 같은 의견에 동의한 바 있습니다. 그는 인지적 공감 능력은 지도자 역할을 하는 이에게 꼭 필요한 역량이지만, 상대에 대해 진심으로 연민을 느끼지 못하는 경우에는 '훌륭한 고문관'이 될 뿐이라고 표현했습니다. 하지만 그와 동시에, 이와 반대로 타인의 감정에 너무 깊게 빠지는 것은 심리적 에너지의 소모를 야기해 번아웃을 느끼게 되기 쉽고 실질적인 대책으로 이어지기는 어렵다는 점을 문제로 꼽았습니다. 다시 말해 현재 우리 아이의 공감 방식은 이 두 가지 중에 어디에 치우쳐 있는가 점검하고 균형 잡힌 발달을 돕는 것이 필요하다는 뜻입니다.

공감 마일스톤(단계별 공감 능력) 이해하기 1 : 신생아~만 1세

신생아들은 다른 아이의 울음소리를 들으면 그 스트레스를 고스란히 느끼는듯 함께 울음을 터뜨립니다. 이렇듯 우리는 모두 태어날 때부터 타인의 기분에 스며드는 능력, 즉 기본적인 감정적 공감 능력을 갖추고 있습니다. 반면 인지적 공감 능력은 영아기부터 성인까지,

장기간에 걸쳐 발달되는 것으로 알려져 있는데요. 다양한 사람과의 교류를 통해 사회적 통념을 배워갈수록 이해하고 공감할 수 있는 영역 또한 확장되기 때문입니다. 유년기 자녀의 공감 능력을 위해 부모가 가장 집중해야 하는 부분은 바로 아이가 자신을 귀하게 여기는 마음을 키워주는 것인데요. 타인을 진심으로 배려하기 위해서는 '너도 나만큼이나 소중한 존재'라는 인식이 바탕이 되어야 하기 때문에 자신을 사랑할 줄 아는 역량이 필수적으로 전제되어야 합니다.

《When You wonder, you are learning(궁금할 때 배우는 것)》이라는 책의 저자 그렉 베어와 라이언은 "사랑과 관심을 나누는 사람이 되는 것은 아이들이 먼저 자신이 사랑과 관심을 받을 만한 사람이라는 것을 아는 것에서 시작된다"라는 말을 남겼는데요.이는 공감 능력에도 그대로 적용됩니다. 부모가 아이를 포용하는 환경은 아이 또한 타인에게 같은 가치를 나눌 줄 아는 사람으로 만들어주기 때문입니다. 아이들은 빠르면 생후 6개월부터 부모님의 행동과 말을 살피는 소셜 레퍼런싱social referencing(사회적 참조)을 시작합니다. 이는 낯선 사람을 마주했을 때 부모의 제스처와 표정, 목소리 톤을 토대로 이 사람이 안전한지 여부를 판단하고, 특정 상황에서 부모가 과거에 보였던 행동을 그대로 따라 하는 모습으로 나타나는데요. 소셜 레퍼런싱이 시작되는 이 시기는 생활 속에서 자연스레 타인과 관계를 맺는 이상적인 모습을 모델링할 수 있는 적기입니다.

누군가 친절을 베풀었을 때 마음속으로만 이를 인지하기보다는 "우리에게 양보해 주신 게 참 감사한 일이네"라고 소리 내어 표현하고, 식당 종업원을 대할 때에도 존중하는 태도를 보이는 것이 이 시기에는 더욱 중요한데요. 이와 같은 사소한 일들이 모여 아이에게 타인의 마음을 귀하게 여기는 방법이라는 데이터로 축적되기 때문입니다. 물론 그중에서도 제일 중요한 것은 부모와 아이가 교류할 때 자녀의 마음에 공감하는 태도를 보이는 것입니다. 길가에 강아지를 보고 무서워하는 아이에게 "에이, 겁쟁이처럼 왜 그래? 하나도 안 무서워"라고 핀잔하는 대신, "강아지가 무섭구나, 순해 보이지만 큰 소리로 짖으면 네가 무서움을 느낄 수 있지. 엄마 손을 잡아볼까? 용기를 주고 싶은데"와 같이 아이의 감정을 있는 그대로 수용하는 것이 필요한데요. 다른 사람이 내 마음을 읽어주었을 때 생기는 그 따뜻한 감정을 직접 경험해 온 아이는 타인과의 교류에서도 이와 같은 표현을 사용합니다.

한 연구에 따르면 13개월 무렵이면 아기들도 슬퍼하는 사람에게 부모가 포옹이나 다독임과 같이 자신을 위로해 주었던 방법대로 대응하는 모습을 보인다고 하는데요. 이는 아이의 감정을 어루만지는 부모의 손길이 추후 아이가 타인의 아픔을 다독일 줄 아는 사람을 만든다는 증거라 볼 수 있습니다.

공감 마일스톤 이해하기 2 : 18개월~만 4세

만 18개월에서 24개월 사이의 아이들은 공감 능력 발달에 매우 중요한 기점을 만나게 됩니다. 이 시기부터는 타인과 자신을 분리하고 자신을 독립적인 개체로 생각하기 때문인데요. 따라서 두 돌 즈음의 아이들은 자신만의 방법을 탐구하거나 스스로 해내고 싶어 하는 욕구 또한 두드러지는 모습을 보입니다. 매일 밤 자신만의 방법으로 인형들을 나열해 두어야 직성이 풀리는 것처럼 별것도 아닌 일에 자기 방식을 고집하는 모습은 황당하게 느껴질 정도인데요. 이런 아이의 행동이 안전을 위협하거나 타인에게 불편을 초래하는 경우에는 부모가 적극적으로 개입해야 하지만 그게 아니라면 아이의 방식을 존중해 주는 것은 공감력 발달에 큰 도움이 될 수 있습니다. "그럴 수도 있지" 하고 아이의 사고를 유연하게 받아들이는 부모의 태도가 아이에게 세상에는 다양한 의견과 방식을 가진 사람들이 함께 공존하고 있다는 암묵적인 메시지로 인식되기 때문인데요. 이는 타인을 이해하려는 마음가짐, 그리고 상대를 존중할 줄 아는 기본기로 아이에게 고스란히 축적되기 마련입니다.

대부분의 아이들은 만 3~4세 무렵이면 타인의 감정을 파악하는 능력을 발휘하며 교우 관계에 더욱 적극적인 모습을 보입니다. 따라서 이 시기에는 놀이터나 또래들을 쉽게 만날 수 있는 곳 등을 방문해 다양한 사회적 경험을 만들어주는 것이 매우 중요해지는데요. 특히 이 연령대는 친구들과 비슷한 놀이를 하는 것에 그치던 과거와 달리 서로 대화를 나누고 규칙을 세우는 형식의 활발한 상호작용이 일어나 관계 밀도가 상승한다는 특징이 있습니다. 따라서 아이들은 친구들과 긴밀한 관계를 맺기 위해 이전보다 상대의 의견과 인식을 살피기 시작하는데요. 이때 부모가 아이의 놀이에 적절한 중재를 제공하면 놀이의 즐거움을 증폭시키는 효과뿐만 아니라 경험하지 못했던 낯선 세계와의 조우, 놀이를 통해 새로운 것을 습득하는 즐거움, 그리고 소통하고자 하는 욕구를 채워주는 것이 가능해집니다.

예를 들어 어느 날 자녀가 친구들과 고양이 소리를 내는 놀이를 시작했다면 그날 밤 재빠르게 달리기, 앞발 하이파이브, 그렁그렁 소리내기와 같은 고양이의 습성을 소개해 주는 것인데요. 이는 친구와 한 번 하고 말았을 놀이 시간을 장기적인 관계로 전환시킬 가능성을 열어줍니다. 고양이에 대해 새로운 정보를 배운 아이는 자연스레 이를 놀이에 접목하고 친구들에게 설명하려 들며 더욱 폭넓은 소통 기회를 만들게 되기 때문입니다. 자신이 즐거워하는 일을 좋아하는 사람과 함께함으로써 생기는 기쁨을 통해 아이는 공감받는다는 것은 행복한 일이라는 따뜻한 기억 또한 쌓아갑니다.

공감 마일스톤 이해하기 3 :
만 4세 이상

타인의 아픔을 인지하고 그 마음에 공감하는 능력이 활발하게 향상되는 만 4세 아이들과는 '우리를 구해주는We Care 상자 만들기'와 같이 공동체 의식을 키워주는 활동을 추천합니다. '우리를 구해주는 상자 만들기'는 신체와 정신적 상처를 돌보는 데 필요한 일종의 구급상자를 만드는 프로젝트로 미국의 영재 초등학교 학급에서도 매년 활용되는데요. 빈 구급상자 안에 어떤 물건을 넣으면 좋을지 토론하는 과정은 "친구가 넘어져서 아파하는 것 같네. 이런 상황에 친구를 위로할 방법으로는 이 무엇이 있을까?"와 같이 타인의 감정에 공감할 수 있는 질문이 두루 사용됩니다. 이는 아이들이 서로를 돌보아야 마땅한 공동체의 일원으로 바라보는 계기가 되는데요. 가정에서도 '속상한 마음이 들었을 때 우리 가족이 서로를 위해 할 수 있는 일'을 구상해 보거나 기분 전환이 필요할 때 사용할 '응급 치킨 펀드 저금통' 만들기를 실시하며 가족 내 정서적 거리감을 줄이고 서로의 기분을 보살피는 유쾌한 분위기를 만드는 효과를 기대할 수 있습니다.

더 나아가 초등 저학년 시기부터는 사회적 약자에 대한 설명을 통해 아이들이 공감할 수 있는 대상을 확장해 나가는 것을 추천합니다. 실제로 미국 초등학교 교실에서는 공평성과 도덕성, 그리고 봉사의 필요성 등에 대해 심도 있는 대화를 나누는데요. 이는 자신과 비슷한 상황에 처한 사람뿐만 아니라 나와 교집합이 많지 않은 사람도 이해할 수 있는 힘을 키워주기 위함입니다.

　미국의 경우, 발전을 위해서는 불편한 진실에 대한 교육 또한 꼭 필요하다는 인식이 있는데요. 따라서 코로나19 시기에 급격하게 늘어난 노숙 인구와 최근 더욱이 수면 위로 떠오른 인종차별 문제와 같이 다소 무거운 주제에 대한 토론 또한 권장됩니다. 물론 이런 사회적 문제는 단번에 해결할 수 있는 성질의 주제는 아니지만, 아이들이 사회의 현상을 제대로 인지하도록 돕고 상대의 입장을 헤아리는 기회를 제공하는 것이 공감을 바탕으로 한 해결책에 한걸음 더 다가가는 과정이라고 생각하기 때문입니다.

　따라서 가정에서도 아이들에게 무거운 이야기들을 무조건 감추기보다는 이를 제대로 이해할 수 있도록 연령에 맞는 정보를 제공하고 아이의 생각 듣기를 추천하는데요. 층간 소음이나 노키즈존과 같이 아이들의 삶에 직접적인 영향을 미치는 이슈들을 주제로 양측의 입장을 대변하는 토론을 나누는 것과 같은 활동은 아이의 공감 그릇을 키워주기에 매우 효과적입니다.

매너와 규칙,
그 미세한 차이 가르치기

　사회생활을 하다 보면 꼭 지켜야 하는 것은 아니지만 대부분의 사람들이 암묵적으로 따르는 관습들을 만나게 됩니다. 영어로는 에티켓 혹은 매너, 우리말로는 예의범절인데요. 규칙이나 법과 같은 강제성이 없다 보니 중요성 또한 간과되는 경우가 많지만, 사실 예절은 사람들 사이에 적절한 간격을 설정함으로써 모두를 보호해 주는 고마운 장치입니다.

　간혹 "어린아이들이 알기는 뭘 알아. 애들은 원래 멋대로 크는 거야"라고 이야기하며 아이들이 에티켓이나 예의범절을 지키지 못하는 것을 대수롭지 않게 생각하는 부모들이 있습니다. 이런 인식 뒤에는 '자유롭고 자존감이 높은 아이로 키우고 싶다'는 육아신념이 자리하는 경우도 많은데요. 하지만 진정으로 자존감이 높은 자녀를 키우는 방법은 아이가 사회적 규범을 무시하고 자기 멋대로 행동하게 두는 것이 아니라, 서로를 존중하는 선을 제대로 인지할 수 있게 돕는 일입니다. 덩달아 아이들을 무조건 배척하고 제외시키는 노키즈존 문화 또한 바뀔 필요가 있습니다. 이는 아이들이 매너를 배우거나 개선될 여지가 없다는 메시지를 보내고 있기 때문입니다.

아이들이 올바른 매너를 배우기 위해서는 부모를 거울 삼아 실전에 적용해 보는 경험이 꼭 필요한데요. 현대 사회는 가족 구성원이 줄어 소통의 폭 또한 좁아진 데다 '어린이 출입 제한 구역'마저 늘어나고 있으니 배움이 이루어질 수 있는 환경이 점점 사라지고 있는 셈입니다.

매너 좋은 아이로 키우기 전략 1: 왜 규칙을 지켜야 하는지 이해시키기

그렇다면 아이들에게 매너와 에티켓을 지도하기 위해서는 어떤 방법을 사용해야 할까요? 아이들은 어른들이 생각하는 것보다 훨씬 영특하고 눈치가 빨라서, 매너를 지키지 않는다고 큰일이 일어나지 않는다는 것쯤은 금세 알아차리는 경우가 많습니다. 음식을 먹을 때 쩝쩝 소리를 내는 것은 물건을 훔치거나 거짓말을 했을 때와 같이 큰 책임이 따르지 않는데요. 그럼에도 "시끄러워! 원래 음식은 조용히 먹는 거야"라며 강압적인 분위기로 행동을 통제한다면 아이의 반감만 커지기 마련입니다. 반면 가정에서부터 우리 사회에 예의범절이 존재하는 이유, 그리고 이것이 역사와 환경에 따라 어떻게 변화해 왔는지 차근차근 설명해 주면 자연스레 예절의 가치를 배우는 계기가 됩니다.

우리나라는 조선 시대 때부터 입 안의 음식물을 상대에게 내비치는 것을 무례하게 여겼다는 설명을 들은 아이는 "입 다물고 먹어야지"라는 부모의 지시가 없이도 자신의 식사 예절을 점검하고자 하는 동기를 갖게 되기 때문입니다. 특히 영화관에서 조용히 하기, 지하철에서 큰 소리로 통화하지 않기와 같은 예절은 상대방을 존중하는 마음을 행동으로 담는 배려인데요. 이러한 사회적 통념을 벗어나는 언행은 의도치 않게 남의 감정을 상하게 할 수 있어 이를 교육하는 것은 필요한 일입니다. 만약 법이 아니라는 이유로 모두가 이런 배려를 멈추었을 때 어떤 일이 일어날지에 대한 대화를 나누는 것도 존중을 바탕으로 한 매너를 이해시키는 데 효과적인 전략이 될 수 있습니다.

매너 좋은 아이로 키우기 전략 2 : 해도 되는 말 vs. 해서는 안 되는 말

어린아이들의 지나치게 솔직한 표현에 당황하게 되는 경우가 종종 있습니다. 좋게 이야기하면 순수함으로 똘똘 뭉친 존재여서라고 생각할 수 있지만, 좀 더 냉정하게 이야기해 보자면 사회화가 덜 되어서라고 볼 수 있는데요. 친구가 싸온 도시락 속 낯선 반찬을 보고 "도대체 그게 뭐야?" 하고 경계심을 드러내거나 몸이 불편한 사람에게 어찌 된 일인지 물어보는 아이에게 부모는 어디서부터 어떻게 설명해야 할지 당혹스럽기만 합니다.

실제로 초등학교 저학년 교사로 일하다 보면 이따금씩 방귀를 뀐 친구에게 왜 지독한 냄새가 난다고 말하면 안 되는지를 이해시켜야 하는 상황을 마주하는데요. 만약 우리 아이가 해도 되는 말과 해서는 안 되는 말에 대한 구별을 어려워한다면 화를 내거나 나무라기보다는 먼저 그 원인을 파악하여 적절한 도움을 주는 것이 필요합니다.

직설적인 언행의 대표적인 원인 중 하나는 바로 말이 갖는 힘을 인지하지 못하기 때문입니다. 아이들은 공감 능력이 미성숙한 상태이기 때문에 자신의 말이 다른 사람에게 어떤 영향을 끼치는지 예상하지 못하는 경우가 많은데요. 우리나라에서 "한 번 뱉은 말은 주워 담을 수 없다"라는 속담이 인용되는 것과 같이 미국 가정에서는 "If you don't have anything nice to say, then don't say anything(어떤 것에 대해서 긍정적인 말을 할 거리가 없다면 아예 말을 하지 말아라)"라는 표현이 자주 사용됩니다.

이를 교육하기 위해 미국 초등학교에서 자주 사용되는 구겨진 마음crinkle heart 활동은 '말이 가진 힘'에 대해 생각해 보도록 돕는 아주 간단한 시각 놀이인데요. 아이에게 감정을 나타내는 하트 모양 종이를 구겼다 펼치게 하면 상대의 마음에 상처를 준 뒤에는 이를 다시 매끄럽게 되돌리는 것이 얼마나 어려운지 시각적으로 보여줄 수 있어 아이가 자신의 언행을 살피는 계기가 됩니다.

매너 좋은 아이로 키우기 전략 3 : 아이의 호기심에 잘 대처하기

아이의 직설적인 화법이 상대의 감정에 대한 무심함이 아니라, 정말 순수한 궁금증에서 시작되는 경우는 더 난해한 과제입니다. 나이가 많은 사람을 보고 왜 늙은 건지, 살이 찐 사람에게 왜 뚱뚱해졌는지를 묻는 것 등이 여기에 해당합니다. 다양한 인종이 함께 어우러 사는 미국의 경우, 여태껏 만나보지 못한 인종의 피부색에 대해 질문을 하기도 합니다. 이런 상황에서 아이에게 가장 필요한 것은 소셜 필터social filter에 대한 이해입니다. 이는 대화의 주제에 따라 그것이 적절하게 이루어질 수 있는 공간이나 대상, 혹은 환경이 달라질 수 있다는 것을 지도하는 것인데요. 인종이나 장애와 같이 눈에 보이는 차이점에 대해 아이가 관심을 갖는 것은 지극히 건강하고 자연스러운 일이므로 이에 부정적인 반응을 보이거나 침묵하기보다는 "우리의 피부에는 멜라닌이라는 색소가 있는데, 이 색소를 얼마만큼 가지고 있는지에 따라 다양한 피부색이 나타난단다"와 같이 사실적 정보를 기반으로 답해주는 것이 좋습니다.

추가로 아이에게 "네가 궁금하다면 우리 함께 더 자세히 알아볼까? 하지만 여기에서 계속 이야기하는 것은 상대방을 불편하게 만들 수도 있으니 조심해야 해. 모르는 누군가가 멀리서 너를 쳐다보며 너에 대해 이야기한다면 언짢은 기분이 들 수도 있잖아"와 같이 상대방의 감정 또한 배려하는 자세를 지도해 주는 것이 바람직합니다. 또한 흡연이나 종교와 같이 개인적인 선택의 영역의 질문에서는 우리 가족의 선택과 신념을 설명해 주되, 세상에는 여러 관점과 의견이 존재할 수 있음을 알려주는 것이 필요한데요. 우리 모두에게는 삶을 살아가면서 선택할 권리가 있고 자신의 선택에 대한 이유를 타인에게 설명해야 할 의무는 없음을 가르쳐주는 것이 아이가 향후 해야 할 질문과 마음에 담을 질문을 판가름하는 데 도움이 될 수 있습니다.

사회적 거리는
코로나가 끝나도 유지되어야 한다

사회적 거리라는 단어의 첫인상은 사회성을 길러주고자 하는 우리의 목적과 상반되는 분위기를 물씬 풍겨옵니다. 하지만 코로나 시대의 적절한 거리 두기가 사회의 안전을 보장해 주었던 것처럼 우리가 살면서 만나는 관계들 또한 서로가 정한 신체적 그리고 정신적인 적정선을 지키는 것이 필요한데요. 어린 시절 책상에 금을 그어놓고 자신의 물리적인 소유권을 지키던 그 마음, 혹은 주말에 업무 문자를 보내는 직장 상사에게 품게 되는 불만을 떠올려보면 나만의 공간을 확보하고자 하는 우리의 본능을 쉽게 이해할 수 있습니다.

하지만 안타깝게도 가까운 사이일수록 그 선을 넘는 경우가 많습니다. 친숙한 관계일수록 "나와 같은 마음이려니" 하고 넘겨짚기 때문인데요. 미국 초등학교에서는 아이들에게 사회적 경계선^{social boundary}을 울타리 혹은 층간에 빗대어 설명하면서 이를 지키는 것을 강조합니다. 좋은 관계를 유지하는 옆집 이웃과도 서로의 편안한 휴식 공간을 보장하기 위해서는 벽이 필요한 것처럼 가까운 사이일수록 존중과 배려가 필요하다는 것이지요.

바운더리를 지키는 아이로 키우기 전략 1: 신체적 거리

초등 저학년 학급에서는 신체적 거리감을 교육하는 것이 매우 중요한 숙제입니다. 특히 개인적인 공간을 중요하게 여기는 미국 문화권에서는 한 팔을 뻗을 수 있는 정도의 공간(45~60센티미터)을 유지하는 것이 사회적인 통념으로 받아들여지기 때문에 이에 대한 인지가 부족한 아이는 친구들과 선생님의 주의를 받기 쉬운데요. 친구들에게 너무 가까이 다가가는 아이들이 거리감을 인지할 수 있게 도와줄 수 있는 가장 효과적인 방법은 바로 상대가 너무 가까이에 있음으로 인해 초래되는 불편한 감정을 직접 경험하게 해주는 것입니다. 자녀와 대화할 때 일부러 귀 바로 옆에서 말을 건다든지, 소파에 앉아 있는 아이에게 몸을 잔뜩 밀착하는 것처럼 의도적으로 개인 공간을 침범해 '당하는 입장'을 만들어주는 것인데요. 우리처럼 서로 사랑하는 사이에도 사적 공간은 꼭 필요한 것이라는 사실을 강조해 주면 신체적 거리를 지키는 것이 결코 상대를 소중하게 여기지 않는 의미가 아니라는 것도 일깨워 줄 수 있습니다. 평소 신체적 적정 거리를 지키는 것을 어려워하는 아이들은 신나는 마음으로 친구에게 다가갔다가 거부를 당하는 경우도 많기 때문에, 상대가 자신을 좋아하지 않는다는 오해를 하곤 하는데요. 개인적 공간을 소중히 여기는 마음과 우정은 별개의 문제라는 것을 이해하면 마음에 상처를 입을 가능성도 현저히 줄어듭니다.

미국 유치원에서 자주 사용하는 표현인 보이지 않는 방울invisible bubble 비유법을 활용하는 것도 추천합니다. 이는 사적인 공간을 하나의 비누방울로 묘사하는 것인데요. 아이가 타인과 적정 거리를 유지할 때에는 모두의 방울이 둥실둥실 자유롭게 떠다니는 모습을, 또 그와 반대로 상대가 불편해할 정도로 거리가 좁아질 때에는 '펑' 하고 방울이 터지는 비유를 사용합니다. 이러한 설명에 재미있는 효과음과 신체의 움직임을 더하면 하나의 게임이 되기도 하는데요. 음악을 틀어놓고 신나게 춤을 추다가 음악이 멈추면 적정 거리의 위치로 움직이는 미션을 더하거나 아이가 너무 가까이에 접근했을 때 "팝!" 하고 장난스러운 신호를 보내는 놀이를 통해 가정에서도 얼마든지 적정 거리를 가늠하는 즐거운 연습 시간을 만들 수 있습니다.

그 외에도 집에 있는 물건이나 신체 일부를 활용해 기준점을 세워주는 것도 적정 거리 인지에 도움이 됩니다. 친구와 이야기를 할 때에는 손끝부터 팔꿈치까지 정도의 공간을 확보하는 것이 서로의 표정을 살피는 데 도움이 되고 운동장에서 공놀이를 할 때에는 우리 집

냉장고와 식탁 사이 정도의 거리를 두는 것이 안전하다는 예시처럼 눈에 보이는 잣대를 예로 드는 것인데요. 거리나 무게와 같이 사회가 정한 수치들은 아직 단위를 잘 모르는 아이들에게 모호하게 느껴지므로 그보다는 이미 익숙한 사물 혹은 신체와의 비교가 더 이해하기 쉽습니다.

다만 이러한 기준치는 평균적인 수치를 나타내기 위한 비유일 뿐, 절대적인 것은 아니라는 것을 함께 지도할 필요도 있는데요. 개개인이 편안함을 느끼는 거리는 각자 다를 수 있다는 점을 설명하고 아이에게 "너에게 필요한 공간은 어느 정도이니?"라고 물어 스스로 적정 거리를 설정해 보도록 유도하는 것도 좋습니다. 친한 친구가 하이파이브를 건넬 때, 얼마 전 알게 된 친구가 어깨동무를 할 때, 부모님이 내 등을 쓰다듬을 때와 같은 여러 신체적 접촉에 대한 아이의 감정은 어떠한지 점검해 보는 것 또한 스스로를 존중하는 계기가 되는데요. 자신의 경계를 제대로 파악하고 중시하는 사람은 타인의 바운더리 또한 존중해야 마땅한 영역으로 쉽게 받아들입니다.

바운더리를 지키는 아이로 키우기 전략 2 : 정서적 거리

물리적 경계를 인지하고 적당한 거리를 유지하는 것보다 더 어려운 일이 어쩌면 정서적 거리를 지키는 일일 것입니다. 간혹 정이 많고 타인의 감정을 돌보기 좋아하는 사람들 중에는 자신의 정서적 울타리가 상대에게 상처가 될까 우려하는 경우도 있습니다. 하지만 상대와 나 사이의 거리감을 인정한다는 것은 오히려 그 관계를 진정성 있게 발전시킬 수 있는 지름길인데요. 실로 건강한 관계는 구성원들 사이에 존중의 선이 지켜져야 존재할 수 있기 때문입니다. 의도치 않게 소중한 사람의 경계를 넘어 불편함을 초래하는 것을 즐기는 사람은 없습니다. 따라서 목소리를 높여 자신의 바운더리를 주장하는 것은 나뿐만 아니라 상대를 위해서도 바람직한 일인데요. 특히나 아무리 가까운 사이에도 각자 정서적으로 소중하게 여기는 바는 다르기 때문에, 나의 기준을 명확히 알려야 할 필요가 있습니다. 예를 들어 방을 청결하게 유지하는 것을 중요하게 여기는 사람은 놀러 온 친구가 외출한 옷을 그대로 입고 침대에 앉는 것을 보면 자신의 영역이 침범당했다고 생각하지만, 청결에 무딘 이는 별다른 불편함을 느끼지 못하는데요. 이런 서로의 차이를 솔직하게 표현하지 않는 관계는 발전과 개선이 이루어지기 어렵습니다.

어린아이들은 친구와 정서적 거리가 너무 좁혀지면, 그 관계에 지나치게 집착하거나 의존하게 될 수 있어 각별한 주의가 필요한데요. 심한 경우 친구와 많은 시간을 함께하면서도 정작 그 행복을 느끼기보다는 떨어진 시간에 대한 불만에 집중하기 때문에 건강하고 발전적인 관계가 오래 지속되기 어렵습니다. 각자 자신이 맡은 일을 잘 수행해 가며 때로는 같이, 또 다른 때에는 떨어져 삶을 사는 게 당연하다는 것을 일깨워주는 일이 중요한데요. 부모가 아이의 바운더리를 존중하는 환경은 은연중에 가까운 사이에도 적당한 공간이 필요하다는 가르침을 담고 있어 정서적 거리 지키기의 좋은 예시가 될 수 있습니다.

평소 아이와 대화를 나눌 때에도 다짜고짜 이야기를 시작하기보다는 "우리 지금 이야기를 좀 나눌 수 있을까?" 의사를 묻고 포옹과 뽀뽀, 손잡기와 같은 신체적 애정 표현에 대해서도 허락을 구하는 태도를 보이는 것인데요. 이러한 부모의 존중을 통해 아이는 *끈끈한* 관계를 가졌다고 모든 것을 함께하거나 서로에게 맞춰야 하는 것은 아니라는 사실을 배우게 됩니다. 이는 곧 '나를 사랑하는 사람은 내가 편안함을 느끼기 위해 필요한 경계를 존중해 주는구나'라는 인식으로 이어지기 때문에 훗날 맺게 되는 모든 관계를 판단하는 기준점이 될 수 있습니다. 정서적 거리감이 인정되는 환경에서 자란 아이들은 혹 미래에 자신을 있는 그대로 존중하지 못하는 친구를 만났을 때도 이것은 바람직한 관계의 형태가 아니라는 것을 알아보는 능력이 있기 때문입니다. 친구와 놀던 아이가 갑자기 짜증을 내거나 시무룩해지는 모습을 보일 때에도, 간식을 쥐어준다거나 새로운 장난감을 꺼내 상황을 무마시키기보다는 "지금 좀 버거워 보이는데 우리 잠시 쉴까?", "친구가 네 장난감을 만지는 걸 달가워하지 않았던 것 같은데 다음에 비슷한 일이 생기면 어떻게 해야 할까?"와 같이 아이가 자신의 경계에 대한 탐색을 시작하게 만드는 질문을 사용하는 것이 바람직합니다. 부모의 이런 조력 속에서 아이는 비로소 자신이 원하는 바를 조금 더 자신 있게 찾아가는 방법, 그리고 이를 표현하는 능력을 쌓아갈 수 있기 때문인데요. 부모가 매번 아이를 대신해 방어하고 문제를 해결해 줄수록 아이가 정서적 독립을 이루어낼 공간이 줄어든다는 것을 기억하기 바랍니다.

'즉석' 세상에서도
참을성을 발휘하려면

즉각적인 반응이
참을성이 부족한 세대를 만든다

우리는 밤에 잠들기 전, 누워서 핸드폰으로 주문을 하면 다음 날 새벽, 미처 눈을 뜨기도 전에 문 앞에 원하는 물건이 배송되는 세상에 살고 있습니다. 좋아하는 만화영화 방영 시간을 기다리다 정시가 되면 경건한 마음으로 텔레비전 앞에 자리를 잡던 과거와 달리, 내 일정에 맞춰 원하는 것을 취하는 것을 자연스럽게 여기는 현대인들은 즉각적인 즐거움을 얻는 것에 매우 익숙해져 있는데요. 문제는 이러한 편리함이 항상 긍정적인 영향만 가져오지 않는다는 점입니다.

요즘 교실에서 두꺼운 책과 공책을 대체하는 타블렛의 키워드 검색기능은 학습의 효율성을 높여준다는 장점이 있지만 지식들이 어떻게 연결되어 있는지 이해하고자 하는 측면에서 보자면 오히려 해가 되기도 하는데요. 따라서 달라진 교육 환경을 어떻게 활용하는지에 대한 고민이 필요합니다.

최근 매사추세츠 대학교가 약 670만 명을 대상으로 진행한 설문 조사에 따르면, 요즘 미국 사람들이 영상을 시청할 때 평균적으로 소요하는 로딩 시간은 고작 2초로 나타났습니다. 워낙 즉각적인 반응에 익숙해져 이제는 3초 이상을 기다릴 바엔 차라리 다른 영상을 선택하겠다는 사람이 많다는 것인데요. 이 연구가 진행된 미국보다 더 빠른 인터넷 속도를 자랑하는 환경을 고려하면, 우리 아이들이 익숙해져 있는 속도, 그리고 이로 인해 퇴행된 인내심에 대한 고민은 더욱 깊어집니다.

실제로 어려서부터 빠르고 다양한 콘텐츠에 노출된 요즘 세대의 미디어 사용과 그 영향에 대해서는 지금도 많은 연구가 진행되고 있습니다. 그중 일부는 어릴 때부터 현란한 화면 전환과 비현실적인 시각 요소들이 가득 찬 영상을 시청하는 것이 주의력 결핍 장애의 상승 곡선에 한몫했다고 주장하는데요. 미국의 미디어 및 문화 영향에 대해 연구하는 데이비드 월쉬 박사는 그와는 조금 다른, 매우 흥미로운 의견을 내놓았습니다. 그는 요즘 세대 어린아이들의 문제는 "ADD[attention deficit disorder](주의력 결핍 장애)가 아니라 DDD[discipline deficit disorder]에 가깝다"라고 표현하는데요. 여기서 discipline은 '훈육'이라는 의미보다는 아이들의 'self-discipline' 즉, 자기 훈련 및 절제력을 뜻합니다. 다시 말해 더 쉽고 빠르게, 더 자극적인 것을 추구하는 문화가 아이들에게 인내하고 절제하는 법을 배울 기회를 앗아갔다는 것이지요. 기술의 발전이 우리에게 건넨 '효율성'이라는 선물을 아이들이 균형감 있게 사용하기 위해서는 먼저 참을성이라는 열쇠를 얻는 것이 중요합니다.

참을성의 부재는 학습뿐만 아니라 인간관계에서도 반드시 문제를 일으키게 됩니다. "선생님 그런데요. 오늘 아침에요…." 초등 교실에는 매년 유독 잠시를 참지 못하고 모든 대화에 끼어드려는 아이들이 한두 명씩 있습니다. 다른 친구가 발표하는 중간에 끼어들기도 하고 선생님이 모두가 기대하던 소풍에 대한 정보를 전달할 때 말을 끊기도 해서 친구들의 눈총을 받는 일이 비일비재한데요. 어쩌다 한 번쯤 상대의 말이 끝나기 전에 나의 생각을 말하는 것은 있을 수 있는 실수이지만, 이것이 지속되다 보면 배려심이 부족하고 버릇없는 아이로 낙인찍혀 타인과의 관계에도 악영향을 끼치게 됩니다. 물론 사회적 교류가 많아질수록 차례를 지켜 대화하는 능력 또한 자연스레 향상되지만 만약 아이가 만 5세 이후에도 순서대로 대화하기를 어려워한다면, 참을성을 키워주기 위한 특별한 노력을 기울일 필요가 있습니다. 순서를 지키며 대화를 이어나가는 것 또한, 자신의 욕구를 지연하고 상대를 존중하는 일이므로 참을성을 키워주는 전략들을 아이에게 알려주어야 합니다.

참을성을 키워주는 전략 1 :
하기 어려운 일은 즐거운 일과 함께

잠시도 책상에 진득히 앉아 있지 못하는 아이를 보면 부모는 걱정이 앞섭니다. 곧 초등학교 고학년이 될 텐데 저렇게 인내심이 없어서 원하는 목표는커녕, 수업 시간에 제대로 집중은 할 수 있으려나 싶은 생각이 드는데요. 그렇다 보니 아이에게 집중력을 키워주겠다는 목적으로 새로운 문제집이나 인터넷 강의를 추천하며 '오늘부터 하루에 30분씩 꾸준히 풀어라'라고 요구하는 부모님들이 적지 않습니다. 하지만 아이의 입장에서 잠시만 생각해 보면 이것이 얼마나 비효율적인 방법인지 알 수 있는데요. 누군가 나에게 매일 운동하는 습관을 키워준다며 내일부터 새벽에 두 시간씩 달리기를 시킨다고 해서 기쁜 마음으로 벌떡 기상해 운동하는 사람은 거의 없기 때문이지요.

이와 마찬가지로 책상에 앉아 짧은 시간 집중하기도 어려워하는 아이에게 인내를 기대하는 것은 너무 가혹한 일입니다. 하물며 온 힘을 다해 의자에 엉덩이를 붙이고 있는 아이에게 구부정한 자세, 정리되지 않은 필기구를 지적하기 시작하면 '책상에 앉아 있는 시간은 엄마에게 혼만 나는 일'이라는 부정적인 생각을 심어주게 됩니다. 따라서 아이의 공부 인내심을 키워주기 위해서는 일명 '식은 죽 목표'를 설정하는 것이 매우 중요합니다. 소파 대신 책상에 앉아서 간식 먹기, 책상에 앉아서 5분 동안 좋아하는 일 하기와 같은 작은 미션들을 활용해 아이가 느끼기에도 스스로 충분히 해낼 수 있다는 자신감을 불러일으키는 것이 그 핵심인데요. 책상에 앉아 있는 것을 어려워하는 아이에게 하기 싫은 공부까지 시키는 것은 처음부터 너무나 큰 자기 조절 능력을 요하기 때문에, 이 두 가지를 동시에 훈련하기보다는 먼저 아이가 책상에 앉는 일을 친숙하게 느끼도록 차근차근 접근하는 것을 추천합니다. 문제집을 푸는 것은 책상에 앉아 있는 습관이 형성된 뒤에 시작해도 늦지 않습니다. 작은 계단을 오르듯, 지금 당장 실천 가능해 보이는 일부터 시작한 도전은 처음에는 절대 불가능해 보이던 일들도 현실로 만들어주는 힘을 가지고 있는데요. 이 과정에서 학업의 가장 큰 동기인 성취감을 맛본 아이는 꺼려지는 일도 쉽게 포기하지 않고 시도하는 튼튼한 공부 정서를 쌓아가게 됩니다.

참을성을 키워주는 전략 2 : 멈추어 생각하기

충동 조절이 어려운 아이들의 두드러진 특징 중 하나는 생각보다 행동이 앞선다는 것입니다. 따라서 교정되어야 할 행동이 튀어나오기 이전에 잠시 멈추어 생각을 정리할 시간을 확보해 주는 것은 문제 행동의 완화에 큰 도움이 되는데요. 특히 아이가 주체적으로 자신의 역할을 점검할 수 있는 일종의 의식을 만들어주는 것은 인내심의 향상으로 이어집니다. 예를 들어 미국 초등학교 교실에서는 대화 도중 상대방에게 집중하는 것을 어려워하는 아이들에게 듣는 자의 주문

listener's spell을 가르치는데요. 이는 대화 도중 머릿속에 '나는 상대의 눈을 보고 있는가', '나의 몸과 표정은 상대에게 향하는가', '대화의 주제는 무엇인가'와 같이 청자로서 내가 해야 하는 역할을 떠올리는 활동입니다. 물론 처음에는 대화 도중 자신의 행동을 점검하는 것을 다소 낯설게 느끼는 아이들도 있습니다. 하지만 엄지, 검지, 중지를 순서대로 만지며 내가 주의해야 할 세 가지 행동을 떠올리거나 가벼운 고개 끄덕임과 같은 호응을 세 번 이상 보인 뒤, 말을 시작하는 것처럼 자신에게 맞는 규칙을 선택하게 하면 어느새 주문에 대한 주인의식을 갖게 됩니다.

상대의 말이 채 끝나기도 전에 끼어들기를 좋아하는 아이와는 '속삭이기whisper 1, 2, 3 게임과 같이 충동형 대화습관을 의식적인 소통 방식으로 전환해 주는 활동을 추천합니다. 게임 방법 또한 매우 간단한데요. 이는 시계나 핸드폰에서 2~3분짜리 타이머를 설정하고 대화 도중, 알람이 울리면 청자의 역할을 하던 사람이 "1, 2, 3" 하고 소리를 내어 숫자를 센 뒤 상대의 마지막 문장을 이야기해야 하는 게임입니다. 어느 순간에 벨 소리가 울릴지 모르니 상대의 말에 집중해야 하는 것은 물론이고, 소리 내어 숫자를 센 뒤에 문장을 이야기해야 하기 때문에 대화 사이에 필요한 일시적 침묵을 경험하게 해주는 효과가 있습니다. 이런 활동들은 물론 학교뿐만 아니라 가정에서도 식사 시간과 같이 자주 대화가 겹치는 환경을 개선하기 위해 활용할 수 있는데요. 발표자가 누구인지 알 수 있게 해주는 시각 도구를 더하면 개인의 역할을 상기시켜 주는 효과까지 기대할 수 있습니다. 미국 교실에서는 예쁘게 꾸며진 '말하기 지팡이$^{talking\ stick}$'를 주로 사용하지만, 아이가 좋아하는 인형, 배지, 스티커 등 눈에 띄는 도구라면 무엇이든 좋습니다. 자신의 이야기 차례가 끝난 뒤, 다음 사람에게 징표를 넘겨주는 규칙까지 더해주면 아이가 나서서 '순서 지켜 말하기 보안관'을 자처할 것입니다.

참을성을 키워주는 전략 3 : 기다림을 가능하게 만드는 정보 전달법

"엄마 우리 다 왔어요?" 이동 중이면 어김없이 뒷자리에서 들리는 아이의 물음에 여러분은 어떻게 답하고 있나요? 5분 간격으로 쏟아지는 질문 공격 틈새로 운전에 집중하다 보니 우리가 주로 선택하는 답변은 "응, 다 와가" 아니면 "방금 전에도 물어봤잖아. 도착하면 말해줄게"에 그치는 경우가 많습니다. 그리고 이런 반응은 부모가 전화통화를 하고 있거나 저녁 준비를 하는 중에도 계속해서 이어지는데요. 하지만 자녀의 입장에서 보면 "잠깐만" 혹은 "이따가"는 도대체 얼마큼 기다리라는 말인지 가늠조차 하기 어려울 뿐더러, 같은 대답을 들었더라도 상황에 따라 자신이 원하는 결과를 얻을 때까지 소요되는 시간이 달라 답답하게 느껴지기 마련입니다.

특히 평소 기다림을 어려워하는 아이에게 이처럼 모호한 답변을 내놓는 것은 마치 젖먹던 힘을 다해 뛰고 있는 선수에게 남은 거리를 알려주지 않는 것과 같은데요. 아이가 인지할 수 있는 명확한 수치를 사용한 답변을 사용하는 것은 참을성이 부족한 아이에게 줄 수 있는 가장 좋은 선물입니다. 아직 아이가 10분, 1시간과 같은 구체적인 시간 개념을 완벽하게 이해하지 못하더라도 다양한 도구를 사용하면 얼마든지 시간을 구체화시켜 주는 것이 가능한데요. 가정에서는 시간의 흐름을 그림으로 보여주는 시각 타이머나, 구글홈, 시리, 지니와 같은 음성 알람 디바이스를 활용할 수 있고, 차에서 이동을 할 때에는 "로보카 폴리 한 편 볼 시간 정도가 남았어", "노래 열 곡을 들을 정도 걸릴 것 같은데 지금부터 노래가 바뀔 때마다 세어볼까?"와 같이 평소에 아이에게 익숙한 매체를 기준으로 정보를 전달하는 것도 대안이 될 수 있습니다.

이때 무엇보다 중요한 것은 아이에게 약속한 시간이 되면 그것을 지키기 위해 노력해야 한다는 점입니다. "기다림은 어려운 일이지만, 시간은 흐르고 결국 원하는 바(엄마의 관심)를 받을 수 있다"라는 믿음은 기다리는 과정에서 아이에게 큰 동기가 되기 때문입니다.

참을성을 키워주는 전략 4 : 욕구 지연 기회 만들기

사회가 즉각적인 욕구를 채워주는 환경에 살고 있는 한, 아이에게 참을성과 인내를 교육하기 위해서는 의도적인 욕구 지연의 상황을 만들어줄 필요가 있습니다. 특히 요즘 아이들 중에는 자신이 원하는 것이 있으면 지금 당장 가져야 한다고 믿는 경우가 많은데요. 꼭 사고 싶던 물건이 아니더라도 눈앞에 멋진 장난감이 보이면 사고야 마는 아이들은 현명한 소비 습관을 쌓아가기 힘듭니다. 특히 이런 상황이 반복되는 경우에는 충동을 조절하지 못하는 데서 그치는 것이 아니라, 자신이 특별한 대접을 받는 것이 당연하다고 여기는 상태로까지 이어질 수 있어 주의해야 합니다. 실제로 많은 연구가 장기적으로 가치 있고 오래 지속되는 보상을 얻기 위해서는 즉각적인 쾌락의 유혹에 저항하는 힘이 필요하다고 하는데요. 어떤 것을 구매할 때에도 원하는 마음이 들자마자 즉시 그 값을 내기보다는 그 물건이 나에게 진짜 필요한 것인지 고민하고 기다렸다가 꼭 적절한 시기에 사는 것이 만족감을 극대화해 줄 수 있다는 것입니다. 이는 소비에 대한 인내심을 키워주기 위해서는 아이가 장난감을 사달라고 떼를 쓸 때, 딱히 사주지 않아야 할 이유가 없더라도 매번 허락하지 않아야 한다는 뜻이기도 합니다.

백화점에 갈 때마다 떼쓰는 아이와 전쟁을 치르다 보면, 아예 함께 쇼핑하기를 포기하거나 장난감이 있는 층만큼은 절대 아이의 눈에 띄지 않게 멀리 돌아가는 비밀 작전을 펼치고 싶은 마음이 들기 마련이지만, 사실 욕구를 참기 힘들어하는 아이일수록 더 많이 장난감 코너에 방문하는 경험이 필요합니다. 원하는 것을 참고 기다리는 연습을 통해 앞으로 살면서 만나게 될 수많은 유혹을 뿌리치는 능력을 길러야 하기 때문이지요. 그렇다면 잘 참는 아이로 키우기 위해서는 어떤 전략들을 사용해야 할까요?

제일 간단하고 효과가 좋은 방법은 바로 "장난감은 정해진 날에만 산다"라는 원칙을 세우는 것입니다. 이는 목적 있는 소비 인식을 심어주어 충동적인 구매를 줄여줄 수 있는데요. 한 달에 한 번, 아이와 함께 장난감을 사는 날을 정해 미리 달력에 표시하고 기다리는 연습을 하거나 꼭 갖고 싶은 물건의 사진으로 퍼즐 조각을 만들어 이를 모으는 과제를 부여하는 것과 같이 기다림을 놀이화하는 것도 좋은 동기가 됩니다.

이때 가장 중요한 것은 정해진 날이 아닐 시에는 아이가 아무리 떼를 쓰더라도 "오늘은 장난감을 사러 온 날이 아니니까 우리에게 필요한 물건만 사고 돌아갈 거야"라고 강단 있게 말하는 힘을 발휘해야 한다는 점인데요. 물론 아이에게 바람직한 소비 습관을 가르치는 것이 단기간에 이루어지는 일이 아닌 만큼, 그 과정 또한 쉽지 않습니다. 하지만 부모가 흔들림 없이 일관성을 유지하는 모습을 보인다면 아이 또한 이를 당연하게 받아들이는 시기는 분명 찾아옵니다. 그리고 이렇게 인내의 시간 끝에 얻은 쇼핑 기회는 원하는 것을 마구잡이로 소비하던 때와 비교해 더욱 신중한 구매, 더 큰 만족감으로 이어질 수밖에 없습니다.

연령이 조금 더 높은 아이들에게는 소비와 저축에 대한 개념을 알려주는 것도 인내심을 키우는 좋은 방법입니다. 특히 물건을 구매할 때마다 이것이 내가 '원하는' 것인지 아니면 '필요한' 것인지 그 차이를 따져 우선순위를 세우게 하는 것은 지혜로운 경제 관념을 만드는 첫 걸음이 되는데요. 내가 가지고 싶은 것을 무작정 사 모으다가는 꼭 필요한 일에 쓸 돈이 부족할지도 모른다는 것을 이해하는 순간, 재정 계획을 세우고 목표를 위해 절약하려는 마음이 생기기 때문입니다.

미국 가정에서는 아이들의 경제 관념과 소비 인내심을 동시에 키워주기 위해 어린 시절부터 직접 돈을 모아 물건을 구매하게 합니다. 초등학교에 입학하기 전부터 자신에게 필요 없는 물건을 벼룩시장에 팔게 하거나 집안일을 도울 때마다 일정 금액을 지불해 금전 인식을 심어주려 합니다. 근래에는 개인이 노후 자금에 투자하는 만큼 회사가 동일 금액을 추가로 투자해 주는 미국의 401k 연금 시스템을 본 따, 아이가 매달 저금한 금액만큼 부모가 추가로 보태주는 방법을 적용하는 가정도 늘고 있는 추세인데요. 이렇게 저축한 돈은 아이가 주체가 되어 관리하는 경우가 많습니다. 게임이나 최신 핸드폰과 같이 부모가 꼭 사주어야 하는 물건이 아닌 아이가 '원하는' 소비에 지금껏 자신이 모아둔 금액의 일부 혹은 전액을 부담하게 함으로써 불필요한 소비를 참아내는 법을 지도합니다.

틀림과 다름을
이해하는 자세

나와 닮은 사람 vs. 다른 사람

우리는 자신과 닮은 사람과 다른 사람 중 누구에게 더 끌릴까요? 물론 세상의 모든 관계를 단 두 가지로 분류하는 것은 다소 무리가 있습니다. 우리가 스스로와 비슷하다고 생각하는 대상과 실제로 공통점이 많은 대상 사이에도 차이가 있을뿐더러, 누군가를 알아가는 초기 단계에서 닮은 점이 많다고 느꼈더라도 더 깊게 알아갈수록 사실은 그렇지 않다는 것을 깨닫는 경우도 많기 때문인데요. 심지어는 상대에 대한 호감이 객관적인 판단을 흐리게 만들어 매우 작은 공통점조차 부풀려 의미를 부여하기도 합니다.

심리학에서는 사람이 자신과 비슷하거나 다른 사람에게 이끌리는 원리에 대해 '유사성의 원리' 그리고 '상보성의 원리'라는 표현을 사용합니다. 자신과 비슷한 점이 많은 상대라면 그의 반응이나 생각을 예측할 수 있기 때문에 편안함을 느끼기 쉽고, 또 그와 반대로 자신과 다른 성향의 사람에게서는 이색적인 매력을 발견할 수 있다는 것인데요. 대부분의 연구가 장기적인 관계의 측면에서는 둘 중 비슷한 점이 많은 사람들 사이에 생기는 유대감이 더욱 강한 힘을 가지고 있다고 말합니다.

실제로 우리는 자신과 공통점이 많은 사람들과 함께 있을 때면 흔히 '코드가 맞다' 혹은 '나를 이해해 준다'는 인상을 받습니다. 생각이 비슷한 무리 속에서는 굳이 자신을 설명하지 않아도 소속감을 느낄뿐더러, 평가받을지도 모른다는 두려움을 느끼지 않아 표현과 행동이 자유로운데요. 이처럼 자신과 비슷한 상대를 선호하는 성향은 안정감을 느끼고 싶어 하는 인간 본능에도 부합합니다.

그러나 세상은 넓고 인류는 많아서 항상 내가 편안하게 느끼는 관계만을 형성하며 살 수만은 없다는 문제가 있습니다. 설령 그럴 수 있다고 하더라도 세상을 바라보는 시선의 폭이 매우 제한되어 마치 자신이 아는 것만이 진실이라고 생각하는 고집쟁이의 길로 들어서게 될 텐데요. "나뿐만 아니라 내 주위 사람들은 다 그렇게 생각해"라는 착각에 사로잡히지 않으려면 나와 다른 사람의 새로운 시선도 이해하려는 노력이 필요합니다.

틀림과 다름, 구별력 키우기 전략 1:
"내 생각에는~" 주문

13살 나이로 처음 미국에 유학을 왔을 때, 일과표에 배정된 요리 수업 시간을 보고 신이 났던 기억이 있습니다. 학교에 음식을 만드는 수업이 있다는 사실뿐만 아니라 실습이 끝나면 직접 만든 요리를 시식한다는 소식에 잔뜩 들뜬 마음을 품었습니다. 첫 요리 수업 날, 제가 만들게 된 메뉴는 멕시코 음식인 케사디아와 부리토였는데요. 그때만 해도 한국에서는 멕시코 음식을 접할 기회가 많지 않았기 때문에 이는 제게 매우 낯선 음식이었습니다. 선생님의 지시대로 양파를 볶고 생전 처음 보는 양념을 더해 요리을 완성한 저는 바로 옆에 앉은 친구에게 "혹시 이거 매운 음식이야?"라고 물었습니다. 그리고 그때 돌아온, "내 생각에는 안 매워"라는 대답은 지금도 잊히지 않는데요. 매우면 매운 것이고 안 매우면 안 매운 것이지 도대체 '내 생각에 안 맵다는 것'은 무슨 소리일까, 오히려 질문하기 전보다 더 아리송한 기분이 들었습니다. 하지만 그 뒤로 미국 친구들과 수많은 "내 생각에는~"으로 시작되는 대화를 경험하며 이것이 다양한 생각을 존중하는 미국의 문화가 언어 속에 배인 예라는 것을 이해하게 되었습니다. "내 생각에는 안 매워"라는 말은 "나의 입맛에는 그다지 맵게 느껴지지 않지만, 네 입맛에는 어떨지 모르겠다. 사람들은 서로 느끼는 게 다를 수 있으니까"라는 표현의 축약판이었던 것입니다.

자신의 생각을 있는 그대로 표현하는 것을 중요하게 여기는 미국에 비해 우리나라 사람들은 정답을 맞히는 데 더 큰 가치를 두는 경우가 많습니다. 학교에서 배움이 이루어질 때에도 정보를 외우고 분석하는 시간이 이에 대한 자신의 의견을 나누는 시간보다 절대적으로 많고, 회사에서 인정받는 직원을 떠올려도 자신 고유의 생각을 이야기하는 사람보다는 사실에 의거해 예리한 분석을 내놓는 직원이 그려집니다. 이처럼 다양한 생각을 나누는 기회가 적은 환경은 그만큼 나와 다른 의견들을 들을 기회 또한 적다는 것을 의미하는데요. 만약 한국에 있는 친구들에게 처음 접하는 음식에 대해서 물었다면 미국 친구와는 사뭇 다른 스타일의 대화가 오갈 것입니다.

나: "혹시 이거 매워?"
A: "아니야. 이거 신라면보다 안 매워."
B: "무슨 소리야. 이거 완전 맵지! 내가 전에 불닭이랑 같이 먹어봤는데 이게 훨씬 매워."

친절하고 분석적인 민족답게 매움의 단계를 설명할 때에도 누구나 알 법한 대표 매운 음식을 예로 들며 성심성의껏 답해주는 한국 친구들. 동시에 두 명 이상이 모였을 때는 '맵다 파'와 '맵지 않다 파'가 대립하는 모습도 쉽게 떠올려집니다. 이는 탕수육 먹는 법이나 깻잎 논쟁과 같이 사회적으로 유행하는 대화의 소재에서도 쉽게 찾아볼 수 있습니다. 탕수육 소스를 부어 먹는다는 사람에게 우리는 "아니지! 탕수육은 찍먹이지. 탕수육 먹을 줄 모르네"라는 반응을 보이고 애인이 아닌 사람에게 깻잎을 떼 줄 수도 있지 않느냐는 사람에게는 "어떻게 그럴 수 있냐"라는 비난을 보내기도 하는데요. 가장 중요한 것은 '다르다'와 '틀리다' 사이에는 분명한 차이가 있다는 것을 기억하는 것입니다.

우리에게 자주 혼용되는 이 두 단어의 차이는 국립국어원 표준국어대사전의 정의를 살펴보면 더욱 확연하게 느낄 수 있는데요. '다르다'는 '비교가 되는 두 대상이 서로 같지 아니하다'는 의미를 담고 있어 둘 중 어느 것이 더 좋다는 선입견이 없는 표현인 반면, '틀리다'는 '셈이나 사실 따위가 그르게 되거나 어긋나다'는 정의처럼 "내가 옳다"라는 감정이 담겨 있기 때문입니다.

미국에서는 이처럼 둘 중 하나만이 정답이라 여기는 사고방식을 '둘 중 하나 사고either or mentality'로 부르고 다양한 의견을 수용하는 사고방식을 '둘 다 사고법both and'이라고 표현하는데요. 틀림이 아닌 다름을 강조하는 환경은 정답보다 개인의 고유성이 존중받는 사회의 기반이 되어줍니다.

부모와 자녀 간의 대화에도 "내 생각은~"이라는 사고를 적용한다면 세대 차이로 인해 발생하는 수많은 '다름'의 요소들을 포용하는 것이 가능해질 것입니다.

틀림과 다름, 구별력 키우기 전략 2 : 관점 안경 써보기

《어린이라는 세계》를 쓴 김소영 작가는 "남과 다른 점뿐만 아니라 비슷한 점도, 심지어 남과 똑같은 점도 어린이 고유의 것"이라는 표현을 통해 아이들 각자의 개성을 존중해야 한다고 강조했습니다. 실제로 한날한시 같은 집에서 태어난 쌍둥이 자매라 하더라도 똑같은 인격을 지닌 것은 아닌데요.

학교에서도 아이들은 저만의 방식으로 자라납니다. 이 때문에 똑같은 교실에서 같은 내용의 수업을 들어도 저마다 얻어가는 게 다른 것은 당연한데요. 이 고유성을 놓치고 획일화된 관점으로만 아이를 바라보면 자녀의 특별한 장점보다 부족한 점에 초점이 맞춰지게 됩니다. "넌 왜 그러니? 다른 아이들은 안 그러는데…" 비교를 일삼거나 아이의 엉뚱한 행동을 틀린 행동으로 치부하게 되기 때문입니다. 반면 세상에 아이가 열 명이 있다면 열 개의 고유성이, 백 명이 있다면 백 개의 고유성이 존재한다는 사실을 기억하면 내 아이의 유별난 단점도 특색으로 느껴집니다.

다양한 관점에 대해 다루고 있는 에이미 크루즈 작가의 그림책 《Duck! Bunny!(오리와 토끼)》는 글밥이 적고 재치 있는 그림을 담고 있어 초등학교 입학 이전 연령의 아이들부터 초등 저학년에 걸쳐 두루두루 활용하기에 좋은 도서입니다. 이 책은 두 명의 내레이터가 책 속 그림을 보고 서로 다른 동물이라 주장하는 것으로 시작되는데요.

처음에는 "이건 오리야!", "아니야, 이건 토끼야!" 하며 서로에게 반박하는 대화가 이어집니다. 하지만 "여기 길쭉한 귀를 위로 세우고 있잖아. 오른쪽에 주황색 삼각형이 보이지? 그게 바로 토끼가 먹고 있는 당근이야"와 같이 추가적인 설명이 더해질수록 두 캐릭터는 서로를 이해하는 모습을 보입니다. 심지어 이야기의 말미에는 "네 말이 맞는 것 같아", "아니야, 네 의견이 맞는 것 같아" 또 다른 논쟁이 일어나는데요. 미국 교실은 이처럼 한 가지 이상의 관점으로 해석될 수 있는 상황을 예시로 들어 타인에게 공감하기 위해 노력하는 행위를 "관점 안경을 썼다"라고 표현하는데요. 이 책의 내레이터들처럼 같은 의견에서 출발하지 않더라도 서로가 지닌 마음의 눈으로 세상을 바라보려 노력한다면 편견 없는 따뜻한 세상이 되지 않을까요.

틀림과 다름, 구별력 키우기 전략 3 : 동의하지 않기로 동의하기

이 그림책의 내용과 같이 서로를 이해하기 위해서는 존중, 그리고 생각을 말로 잘 풀어내는 능력을 발휘해야 합니다. 눈빛만으로 상대의 의도를 읽는 것은 불가능할뿐더러 현실에는 나와 목표는 같지만 문제를 풀어가는 방법이 다른 사람, 그리고 과정은 같지만 최종적으로 이루고자 하는 목표가 다른 사람들이 뒤섞여 살아가고 있기 때문인데요. 따라서 성숙한 토론 능력을 갖추는 것은 소통을 위한 최소한의 전제 조건이라 해도 과언이 아닙니다.

　미국 초등학교는 하루의 절반 이상을 토론 수업에 소요할 정도로 자신의 생각을 표현하는 기회를 중시합니다. 저학년 교실에서도 학기 첫 달부터 아이들에게 '존중하며 반론하기'와 같은 토론 기술을 가르치는데요. 자신의 의견을 강조하기 위해 상대를 비난하거나 낮추는 것은 해법이 아니라는 기초 토론 의식부터, 상대의 기분을 고려하며 반론을 제시하는 효과적인 전략 또한 지도합니다.

　그중에서도 초등 저학년 시기에 학교뿐만 아니라 가정에서도 특히 자주 활용되는 대화 전략으로 '샌드위치 대화법'을 꼽을 수 있는데요. 요약, 긍정, 그리고 반론을 순서대로 나열하는 이 대화법은 주제를 막론하고 상대를 경청하게 만드는 힘을 가지고 있습니다.

　샌드위치 대화법의 첫 번째 단계는 타인의 의견을 내가 받아들인 대로 요약하고 정리해 다시 내뱉는 과정입니다. 이는 상대의 의견을 존중한다는 인상을 심어줄 뿐만 아니라 오해 요소를 초기에 해소하는 기회가 되기도 하는데요. 이때 내가 일부 동의하거나 흥미롭게 느낀 점에 공감 표현을 더하면 대화 분위기를 부드럽게 만들어주는 효과까지 가져올 수 있습니다. 이렇게 상대의 감정을 어루만지는 '요약과 공감'의 과정을 거친 뒤, 본격적으로 자신의 주장인 반론을 덧대주는 샌드위치 대화법은 다짜고짜 상대의 말에 반박하는 것보다 효율적으로 의견을 전달할 수 있는데요. 예를 들어 학교에 포켓몬 카드를 가지고 오는 것과 관련해 토론이 이루어지고 있는 상황이라면, '포켓몬 카드 때문에 애들이 자꾸 싸우니까 무조건 금지해야 돼"라는 주장보다 "네 말은 포켓몬 카드를 가지고 오면 쉬는 시간에 누구랑 놀지 고민하지 않아도 되어서 좋다는 거구나(요약). 나도 포켓몬을 좋아하는 아이들끼리 이야깃거리가 많아지는 건 좋다고 생각해(긍정). 하지만 포켓몬을 아예 모르거나 카드를 살 돈이 없는 애들은 오히려 소외되는 느낌을 받을 수도 있어서 그게 큰 문제가 아닐까?(반론)" 순서로 의견을 이야기할 때 서로를 이해하려는 마음이 솟아나기 때문입니다.

가정에서 부모가 자녀와 대화를 나눌 때에도, 무조건 부모의 말을 따르길 바란다거나 자녀의 의견을 묵살하기보다는 요약-긍정-반론 순서의 샌드위치 대화법을 사용해 보기 바랍니다. "숙제를 하기 전에 먼저 게임을 한 시간 하고 싶다는 거구나(요약). 하루에 게임을 한 시간씩 하기로 약속했으니까 엄마도 그건 괜찮다고 생각해(긍정). 하지만 지난주에 몇 번 게임을 먼저 했더니 한 시간이 지난 후에도 더 하고 싶은 마음이 들어 게임을 그만두기 힘들어했고 그 뒤로 숙제에 집중도 잘 안 되었잖아. 어떻게 생각해?(반론)"와 같은 대화를 통해 아이는 일방적으로 지시를 듣는 이가 아닌 부모와 의견을 나눌 수 있는 대상으로서 존중받게 됩니다.

토론의 기술과 더불어 모든 논쟁의 목적이 비책을 마련하기 위한 것이 아님을 교육하는 것도 필요합니다. 세상에는 장기적으로 변화가 필요한 사안들이 많기에 단 한 번의 토론으로 명확한 해결책을 찾기란 불가능한데요. 그중 일부는 서로 다름을 인정하는 것만으로도 해결되는 문제도 있습니다. 예를 들어 탕수육 부어 먹기와 찍어 먹기 대립의 경우, 둘 중 한 가지를 최선의 방법으로 꼽기보다는 서로의 취향을 존중하고 무시하지 않는 것만으로도 효과적인 토론이었다고 볼수 있기 때문입니다. 미국에서는 이런 상황을 'agree to disagree'라고 부르는데요. 직역하자면 '동의하지 않기로 동의하는 것'이라는 뜻입니다. 자녀와 부모 사이에도 "우리는 생각이 조금 다르네. 그럴수 있지. 네 의견은 그렇구나"라고 말하며 상이한 관점을 수용하려는 노력은 서로를 있는 그대로 인정하는 첫 걸음이 되어줍니다.

책임이 따르는
선택의 기회

우리 아이는 결정을 내릴 준비가 되어 있나요?

　방송이나 인터넷을 잠시만 보아도 1980년대 초부터 2000년대 사이에 태어난 이들을 통틀어 칭하는 'MZ세대'에 대한 분석을 쉽게 접할 수 있습니다. 그도 그럴 것이, 2025년이면 이들이 전 세계 노동 인구의 약 75퍼센트를 차지하는 사회의 핵심 구성원이 될 것이기 때문인데요. 기성세대와 새로운 세대 간의 격차는 항상 존재해 왔지만 자기 계발의 기회를 안정성보다 중시하는 MZ세대의 조기 퇴사율을 보면, 입사 후 1년 내 사직하는 비율은 무려 세 명 중 한 명 꼴입니다. MZ세대들이 직장을 떠나는 이유에 대해서는 다양한 분석이 있지만,

우리 사회가 아이들에게 자신이 진정으로 원하는 것에 대해서 고민할 시간을 충분히 주지 않는다는 점이 주요 원인 중 하나로 꼽힙니다.

입시에 몰입하는 아이들만 보아도 자신이 원하는 꿈을 바탕으로 체계적인 방향성을 설계하기보다는 우선 성적을 잘 받아 상위권 대학에 입학하는 것을 목표로 삼는 경우가 많은데요. 하지만 막상 회사에 입사하고 나면 형용하기 어려운 공허함을 느끼게 될 가능성이 큽니다. 특히 자신이 원하는 것을 스스로 선택하고 그 결과를 책임져 보지 못한 아이일수록 사회에 나와서도 길을 잃은 것과 같은 느낌을 마주하게 되는데요. 주도적으로 자신의 인생을 이끌어간 경험이 없으면 공부만 하느라 놓쳐버린, 더 좋은 길이 존재할지도 모른다는 생각에 일에 대한 성취감이나 사명감을 느끼기도 힘듭니다.

실제로 프로 퇴사러(자주 퇴사를 하는 사람) 비율이 많은 MZ세대가 신입사원의 주축이 되면서 기업이 원하는 가치에도 변화가 생겼습니다. 커리어테크 플랫폼 사람인이 최근 기업 538개를 대상으로 한 연구에 따르면 절반 넘는 기업들이 직원 채용 시 과거에 비해 성적과 같은 객관적인 지표보다 책임감, 소통 능력, 그리고 성실성과 같은 비객관적인 역량을 중시한다 밝혔는데요. 특히 설문에 응한 기업의 86.1퍼센트가 이를 토대로 채용을 결정한 바가 있다고 답했을 정도로, 사회정서적 역량은 취업 가능성에도 상당한 영향력을 끼치고 있습니다.

책임지는 아이로 키우기 전략 1: 개인적 책임감

그렇다면 미래 인재의 가장 중요한 조건으로 반복되어 거론되는 '책임감'은 도대체 무엇일까요? 책임감은 크게 개인적인 책임감과 사회적인 책임감, 두 가지로 나누어집니다. 그중 개인적인 책임감은 자기가 맡은 일을 최선을 다해 완수하려는 의지를 말하는데요. 어린아이들의 경우 등교 시간에 늦지 않게 준비하기, 개인 위생 관리, 물건 잃어버리지 않고 챙기기와 같이 자신이 해야 할 일을 스스로 하는 자세 자체가 개인적 책임감을 다하고 있다고 볼 수 있습니다. 하지만 나이를 먹고 중고등학교에 진학하게 되면 스스로 책임져야 하는 영역 또한 커지기 마련입니다. 이때에는 학교 프로젝트를 시간 내에 제출하기 위해 구체적인 공부 목표 세우기나 장래희망 설계와 같이 아이가 주도해 선택을 내려야 하는 상황이 많아지는데요. 최근 들어 미국에서는 이 시기에 다양한 커리어에 대해 탐구하는 기회를 만들어주는 것이 아이의 향후 직업 만족도를 높인다는 주장에 힘이 실리고 있습니다. 본격적인 입시 준비에 들어서기에 앞서 직업에 대한 현실적인 감각을 키워주는 것은 적성에 대한 메타인지적 성찰을 가능하게 해주기 때문입니다.

따라서 공교육도 오래전부터 특별 활동으로 여겨지던 미술이나 음악, 제2외국어 외에도 코딩, 임시 법정, 로보틱, AI 등 현존하는 직업군과 밀접한 관련을 가진 수업들을 제공하려 노력하는 추세인데요. 요즘에는 지역의 회사나 언론 매체가 학교와 협업해 진로 탐방 기회를 제공하거나 멘토어를 연결해 주기도 합니다. 같은 이유로 고등학교를 졸업하고 대학에 진학하기 전 한 해 동안 직업군을 탐구하는 갭이어와 자신이 관심 있는 분야에 대해 조사하고 체계적인 방향성을 설계하는 '진로길career path' 수업 또한 인기가 많습니다.

소규모 그룹으로 진행되는 이 수업은 아이들이 자신이 지원하고 싶은 분야에 요즘 어떤 문제가 이슈화되고 있는지 동향을 분석해 발표하는 PBL형식으로 운영되는데요. 막막하게 느껴지는 진로 탐색의 터널을 또래 친구들과 함께 걸어가며 아이들은 진정 자신이 원하는 인생을 설계하게 됩니다.

물론 한국 정부 또한 아이들에게 스스로 꿈을 찾을 수 있는 기회를 만들어주려는 노력을 기울이고 있습니다. 2016년부터 한 학기 또는 두 학기 동안 중간, 기말 고사를 보지 않고 체험 및 진로 교육에 집중하는 자유학기제를 실시한 것인데요. 다만, 아직 다양한 미래 진로 관련한 교육을 담당할 인력이 부족한 것은 물론이고 예산도 충분하지 않아 현재까지는 주목할 만한 성과를 거두지 못하고 있는 실정입니다.

2021년 《서울경제》가 자유학기제를 경험한 학생 2800여 명을 설문한 결과에 따르면 응답한 아이들의 과반인 55퍼센트가 "자유학기제를 후배들에게 추천하지 않는다"라고 말했습니다. 더불어 아이들은 자유학기제가 적성을 찾는 데 전혀 도움이 되지 않았다고 응답했는데요. 그렇다 보니 홀로 진로 탐구의 짐을 지고 가는 아이를 바라보는 부모는 '무엇을 도와주어야 할까?' 같은 시선으로 아이를 바라보게 됩니다. 하지만 아이러니하게도 아이가 주도적으로 자신의 길을 개척하고 책임지게 하는 것은 한걸음 떨어져 바라보는 부모의 노력입니다. "인생에는 두 가지의 선택이 주어진다. 현재 존재하는 상황을 그대로 받아들이거나, 그 상황을 변화시켜야 한다는 책임감을 받아들이는 것이다"라는 미 해군 사관학교 출신의 성공 멘토 데니스 웨이틀리의 말처럼 자신에게 주어진 상황을 변화시키는 힘은 평소 책임감을 발휘해 보는 것에서 시작합니다.

실제로 자신의 진로에서 주도적인 모습을 보이는 학생들을 살펴보면 생활 속에서 선택을 내리고 책임지는 것에 매우 익숙하다는 특징이 있습니다. 이런 친구들은 학교의 개입이 없이도 자신이 관심 있는 분야의 롤 모델을 설정하고 그들의 행보를 주시하는데요. 더 나아가서는 꿈을 이루는 데 발판이 될 수 있는 여러 정보, 이를 테면 장학금이나 각종 공모전, 경시대회 등을 알아봅니다. 어영부영 상황에 떠밀리듯 진로를 선택하는 대신 스스로 시행착오를 겪으며 자신이 걸어갈 인생의 길을 결정하는 것은 결코 시간 낭비가 아닙니다. 공들인 선택인 만큼 더 큰 성취감이 뒤따를뿐더러 설사 훗날 다른 길로 진로를 바꾸더라도 도전에는 책임이 따른다는 현실적인 인사이트가 되기 때문입니다.

미국은 어린아이들에게도 충분한 선택의 기회를 준 뒤, 그 선택에는 반드시 책임이 따른다는 것을 강조하는 문화가 널리 퍼져 있습니다. 아장아장 걷기 시작한 아이에게 스스로 입고 싶은 옷을 고르게 하거나 유치원생들에게 두세 가지의 메뉴 중에서 자신이 먹고 싶은 음식을 선택하게 하는데요. 한겨울에 반팔 티셔츠를 입겠다는 아이에게도 오늘 날씨에 대한 조언을 줄 뿐, 부모가 나서서 옷을 입히는 경우는 매우 드뭅니다. 다만 공원에 나가 느끼게 될 추위를 감당하는 것 또한 온전히 아이의 몫이 됩니다. 엄마가 아이 짐을 바리바리 가지고 다니며 겹겹이 싸매주는 한국의 모습과 비교하면 다소 차갑고 냉정하게 느껴지기까지 하는데요. 날씨에 어울리지 않는 옷은 고른 자신의 선택으로 인해 예정보다 일찍 집에 돌아가야 하는 책임을 져본 아이는 상황에 알맞는 옷을 고르는 데 중요한 교훈을 얻었을 가능성이 높습니다. 선택의 대가를 치루며 다음번에는 더 오래 놀 수 있도록 편하고 따뜻한 옷을 챙길 것이기 때문입니다.

미국 학교 일과에서 필수로 여겨지는 '선택 놀이choice time' 또한 아이들의 경험 폭을 넓히는 동시에 독립적인 결정권을 부여하는 데 일조합니다. 선택 놀이는 아이가 주체가 되어 자신이 흥미를 느끼는 활동에 참여하는 시간을 이야기하는데요. 구조물 만들기, 종이 접기, 보드게임과 같이 대부분이 교과목과는 관련이 없는 창의적인 놀이 형태로 구성되어 있으며, 아이들은 그 안에서 자유롭게 학습하고 소통합니다. 심지어 수업 중 또래 간의 상호작용에도 특별한 자율성이 부여되는데요. 교실에서는 선생님이 2인 1조처럼 팀을 정해주거나 '한 번씩 번갈아가며 질문하기'와 같이 교류를 돕는 규칙들을 부여하는 반면, 선택 놀이 시간 동안은 아이들이 직접 누구와, 언제, 얼마큼, 그리고 어떻게 소통할 것인지 자체적으로 선택한다는 특징이 있습니다.

이와 같이 느슨한 환경 속에서 아이들은 예측할 수 없던 상황, 예를 들어 이쑤시개를 활용해서 구조물을 만들다 보니 생각한 것보다 더 넓은 면적이 필요하다든지, 여러 명이 한꺼번에 탑을 쌓다 보니 중심을 잡기가 힘들다든지와 같은 미처 생각지 못했던 일들을 마주하기 마련인데요. 문제 상황을 즉흥적으로 풀어나가는 경험은 아이의 주도성을 향상시켜 줍니다. 특히 부모가 보기에는 따분해 보여 시간 낭비로 생각되는 놀이도 아이가 자신의 세계를 탐구하는 과정일 수도 있다는 것을 기억해야 합니다. 이는 훗날 아이의 건강한 미디어 활용 습관에도 큰 영향을 가합니다. 자신이 무엇을 하며 즐거움을 느끼는지 고민해 본 아이들은 미디어의 활용을 또 하나의 취미로 여기는 반면, 놀이 독립의 경험이 없는 아이들은 디지털 매체를 유일한 재미로 느낄 가능성이 크기 때문입니다.

요즘 우리나라 아이들의 생활을 살펴보면 지루함을 느낄 겨를도 없이 학교, 집, 그리고 사교육 스케줄이 가득한 경우가 많습니다. 그나마 있는 놀이 시간 또한 '보드게임 과외'와 같이 어른이 주체가 되어 노는 방법을 가르치는 수업이 등장할 정도로 우리 아이들이 스스로 만들어가는 시간은 극히 드문데요. 일상 속 작은 선택과 결정을 내리는 경험은 책임감 형성에 핵심적인 역할을 하기 때문에 의식적으로 아이에게 주도권을 양보하는 노력이 필요합니다. 집 앞 놀이터를 갈 때에도 어떤 친구와 무슨 놀이를 할지 스스로 정하게 하는 것처럼 주체적인 놀이 시간을 만들어주는 것인데요. 특별한 가족 여행을 떠날 때에도 미리 이와 관련된 정보를 함께 공부하고 순서 정하기(어떤 기구를 먼저 탈까?), 맛집 고르기(어떤 식당에서 무얼 먹을까?)와 같은 간단한 미션을 더해주면 이 또한 선택하기 훈련이 될 수 있습니다.

책임지는 아이로 키우기 전략 2 : 사회적 책임감

부모는 아이에게 개인적 책임감뿐만 아니라 사회적 책임감을 교육할 의무 또한 가지고 있습니다. 사회적 책임감을 한마디로 요약하자면 다른 사람의 감정이나 권리를 해치지 않으려는 마음, 즉 '타인에 대한 책임감'이라고 설명할 수 있는데요. 자신이 하는 말과 행동이 남에게 어떠한 영향을 끼치는지 인지하고 긍정적인 지표로 향하기 위해 노력하는 것이 사회적 책임감이 강한 이들의 특징입니다. 예를 들어 방을 청결하게 유지하고 정리정돈을 하는 것이 개인적 책임감에서 비롯된 행동이라면, 가족 구성원 모두의 기분과 건강을 챙기기 위해 공동 공간을 청소하는 것은 사회적 책임감에서 비롯된 행동이라는 것이지요. 우리가 쉽게 예상할 수 있듯이 다른 사람들과 공존하며 조화로운 관계를 형성하기 위해서는 바로 이 사회적인 책임을 다하는 것이 매우 중요합니다. 매번 시간 약속을 지키지 않는 친구, 직장 내에서 맡은 임무를 마무리하지 않는 직원과 서로에게 영양분이 되는 관계를 맺고 유지하는 것은 불가능하게 느껴집니다.

성숙한 인간관계는 사람과 사람 사이에 문제가 발생했을 때 더 빛을 발합니다. 애정과 책임이 바탕이 된 관계는 의견이 충돌하는 상황에서도 서로를 끊임없이 이해하려고 노력하는데요. 한국 청소년 상담원 이호준 선임상담원은 요즘 아이들의 교우 관계를 일컬어 "컴퓨터 작동이 제대로 되지 않을 때 리셋 버튼을 누르면 시스템이 다시 시작하는 것처럼, 친구 사이에 갈등이 생기면 화해할 노력을 아예 하지 않고 '다른 친구 사귀지 뭐'라고 생각해 버리는 아이가 많다"라는 우려를 표했습니다.

안타깝게도 요즘 아이들은 유독 먼저 사과를 건네는 것을 꺼려합니다. 마치 백기를 드는 듯해 자존심이 상하기 때문이라는데요. 특히 "방귀 뀐 놈이 성낸다"라는 속담처럼 자신의 행동을 정당화하기 위해 상대를 비난하는 아이들은 자신의 부족함을 직면하는 것을 두려워하는 자기방어 기제를 가지고 있는 경우도 많습니다. 이 때문에 잘못을 인정하는 것은 용기 있는 행동이라는 인식을 심어주는 것이 중요합니다. 나의 이미지는 '타인의 눈에 보이는 나'를 통해 만들어지지만 진정 나라는 사람이 멋있게 느껴지는 것은 '나만 아는 나'의 모습이 떳떳할 때입니다. 따라서 아무리 내 잘못을 숨기고 사과하기를 외면하더라도 스스로 그릇됨을 알고 있는 한 마음의 평온을 찾기는 어렵습니다.

사회적 책임감을 길러주기 위해서는 아이가 잘못을 했을 때에도 부모가 나서서 대신 사과를 하기보다 스스로 죄송하다 말할 수 있는 기회를 주는 것이 좋습니다. 예를 들어 아이가 학교 선생님에게 무례하게 굴었을 때는 부모가 "아이를 잘못 교육해서 죄송합니다" 하고 사과할 것이 아니라 아이가 스스로 자신이 잘못한 점, 그리고 이 문제에 대해 어떤 변화를 꾀할 것인지 구체적인 계획을 전달할 수 있도록 이끌어주는 것이 자신의 행동에 책임을 다하는 아이로 키우는 길입니다. 자신의 잘못을 인정하고 관계를 회복하려는 노력을 해본 아이는 마음을 억누르던 돌덩이가 사라지는 경험을 하게 되는데요. 사과를 했을 때와 안 했을 때, 자신의 마음에 어떠한 변화가 일어나는지 알게 되면 잘못 그 자체보다 이를 애써 외면하는 시간들이 더 괴롭다는 사실을 이해하게 됩니다. 이때 부모가 아이를 위해 해줄 수 있는 최고의 선물은 바로 그 어떤 잘못도 부모의 사랑을 위협하지는 못한다는 점을 가르쳐주는 일입니다. "우리는 네가 잘한 날도, 잘못한 날도 너를 사랑해"라는 부모의 말이 잘못을 저질러 혼이 날까 봐 괜히 툴툴거리는 아이의 마음을 녹여주는데요. 이는 훗날 아이가 자신의 의무를 두려워하지 않는 아이로 자라나게 만들어줍니다.

스스로를 귀하게 여기는
자기 옹호력

미국 원주민 체로키 부족의 전설 중에는 모든 사람의 마음 안에 두 마리의 늑대가 공존한다는 이야기가 있습니다. 욕심이 많고 무례하며 질투와 미움이 가득 차 있는 늑대와 사랑과 빛, 친절함이 가득한 늑대가 매일 사투를 벌이며 마음의 주도권을 잡기 위해 대립 중이라는 것인데요. 어느 날 체로키 부족의 한 꼬마 아이는 이 두 마리 늑대에 대한 전설을 전해 듣고는 자신의 할아버지에게 둘 중 어떤 늑대가 싸움에서 이기게 되는지 묻습니다. 그러자 할아버지는 "네가 먹이를 주는 편이 이기지"라고 답합니다. 우리의 내면에 어떠한 에너지를 담을 것인지는 각자의 결정에 달려 있다는 교훈이지요.

우리는 타인보다 자기 자신에 대한 평가에 유독 인색한 경우가 많아 무의식중에 질투쟁이 늑대에게 먹이를 던져주는 선택을 하곤 합니다. 공부를 잘하거나 인기가 많은 친구를 보고 자신을 깎아내리거나 그들의 리그에 끼기 위해 무조건 순응하는 관계를 맺기도 하는데요. 멋진 사람을 시기하기보다 자신의 롤 모델로 삼는 마음의 여유는 자기 자신을 귀하게 여기는 마음에서 시작됩니다. 동시에 탄탄한 자존감은 자신의 생각을 똑부러지게 말할 수 있는 자신감의 원천이기도 한데요. 학교생활을 하다 보면 아이가 친구들 사이에서 억울한 상황, 혹은 위축되는 경험을 만나기도 하기 때문에 사회생활이 시작되는 학령기 이전부터 아이가 자신을 위해 맞설 힘을 키워주어야 합니다. "나는 꽤 괜찮은 사람이다"처럼 자신에 대해 자신감을 가지고 있을 때는 도움을 요청하는 것도 더욱 수월해집니다. 긍정적인 자기 인식을 가진 아이는 나에게 필요한 것, 혹은 원하는 바를 표현하는 일이 절대 결핍을 나타내는 일이 아님을 이해하고 있기 때문인데요. 그렇다면 나를 위해 나서는 힘, 즉 자기 옹호력을 키우기 위한 방법에는 어떤 것이 있을까요?

자기 옹호력을 키우는 전략 1: 자기 확언 외치기

숙제 없는 교실을 지향하는 제가 매년 학생들에게 내주는 몇 안 되는 과제 중 한 가지가 바로 매일 아침 등굣길에 "난 할 수 있어! 난 멋진 하루를 보낼 거야! 내 운명의 주인은 나야!" 같은 자기 확언 문장을 되뇌이는 일입니다. 이는 하루의 시작을 긍정적인 에너지로 채워줄 뿐만 아니라 장기적인 자기 존중감을 키워줄 수 있기 때문인데요. 스탠퍼드대학교 교수였던 클로드 스틸에 의해 널리 알려진 자기 확언 이론은 뇌과학적으로도 그 효과가 입증된 바 있습니다. 우리가 자신을 응원하는 확신의 메시지를 읊으며 일종의 자기암시를 실천할 때, 뇌에서도 스스로에 대한 정보를 처리하는 영역이 활성화된다고 밝혀진 것인데요. 이는 구체적인 자기 확언을 반복하는 것이 해당 메시지를 잠재의식 속에 각인하는 것과 똑같은 효과를 갖는다는 것을 의미합니다.

우리나라 전 역도 국가대표 선수였던 장미란도 자기암시를 효과적으로 활용한 것으로 알려져 있는데요. 그는 훈련 외에 명상 시간을 따로 마련해 자신이 올림픽에서 목표 중량을 번쩍 들어올리는 상상을 반복했다고 합니다. 그리고 이러한 그의 꾸준한 자기암시 루틴은 육체 훈련과 시너지를 내며 장미란 특유의 집념과 열정을 불러일으켰다 평가되는데요.

실제로 아이들은 매일 자신 고유의 장점을 확언에 접목하며 뿌듯함을 표현하는데요. 따라서 부모가 아이의 자기 확언 시간에 귀를 기울이면 "나는 정말 친절해!", "나는 피아노를 정말 잘 쳐!", "오늘도 철봉에 10초 동안 매달릴 거야!"와 같이 자녀가 스스로 자긍심을 느끼는 면모를 들여다보는 통로가 되기도 합니다.

자기 옹호력을 키우는 전략 2 : 내가 나를 챙기는 경험

아이가 놀이터에서 놀다 넘어져 울음을 터뜨린다면 단숨에 달려가 아픈 곳을 어루만져 주고 싶은 것이 부모의 마음입니다. 하지만 이를 행동으로 옮기기 전에 우리가 꼭 기억해야 하는 중요한 점이 있습니다. 바로 아이 스스로 자신을 챙길 기회를 해치지 않는 선에서 내미는 도움의 손만이 진정 아이를 위한 배려라는 사실인데요. 자녀가 자신의 상태를 점검하기도 전에 부모가 나서서 호들갑을 떨게 되면, 아이는 스스로 내가 지금 얼마나 다쳤는지 파악하고 대처하는 대신 감정에만 호소하게 됩니다. 메타인지를 발휘해 자신을 알아가는 과정은 내가 원하는 바를 더 명확하게 알게 해줄 뿐만 아니라 이를 표현하는 기회로 이어지므로, 필연적으로 겪게 해주어야 하는 일입니다. 특히 놀라거나 다쳤을 때 큰 울음으로 일관할 뿐, 그 외의 적극적인 표현을 어려워하는 자녀를 키우고 있다면 도움을 요청하는 방법에 대해서도 구체적인 지도가 필요한데요. 지금 우는 것이 아파서 우는 것인지, 아니면 놀라서 우는 것인지 등을 물으며 아이 스스로 상황을 이해하고 감정을 추스리도록 해주는 것이 중요합니다.

우리 아이의 자기 챙김 능력은 어느 정도일까 하는 의문이 든다면, 아이가 친구와 함께 블록을 가지고 노는 모습을 상상해 보는 것도 도움이 될 수 있습니다. 만약 아이가 원하는 모형을 만들기 위해 꼭 필요한 블록 조각을 친구가 깔고 앉아 있는 상황이라면 여러분의 자녀는 어떻게 대처할까요? 이런 경우 자기 자신을 옹호할 줄 아는 능력을 갖춘 아이와 그렇지 않은 아이의 행동에는 차이가 있습니다. 자신에게 필요한 것을 요구하는 데 익숙치 않은 아이들은 친구를 밀치거나 짜증을 내는 등 신체적인 표현에 의존하는 경우가 많습니다. 그중 소극적인 성향의 아이는 손안에 있는 블록만 사용하기도 하는데요. 이는 주어진 환경에 유연하게 대처하는 모습이라고 오해하기 쉽지만 놀이 시간 내내 아이의 마음속엔 실망감이 자리할 뿐더러 친구와의 교류 또한 이루어지지 않아 긍정적인 반응이라고 보기 어렵습니다.

반면 탄탄한 자기 옹호력을 가진 아이는 단순히 자신의 욕구를 채우기 위한 요청을 넘어 상대가 이를 수용할 수 있도록 설득력을 더하는 대화를 활용합니다. "나 그거 쓸래"라는 단순 요청의 표현보다 "지금 네가 앉아 있는 곳 아래에 내가 원하는 초록색 블록이 있는데, 혹시 쓰고 있는 게 아니라면 나한테 그 블록 좀 줄래? 내가 만들고 있는 건 우주선인데 그 조각으로 우주선 꼬리를 만들 거야"와 같이 구체적이고 근거 있는 주장을 펼치는데요. 지금 내가 원하는 블록이 상대의 엉덩이 밑에 깔려 있다는 점을 부각하는 것은 이것이 상대에게 그다지 중요한 도구는 아니라는 점을 강조하는 대화 기술입니다. 자신의 계획을 적극적으로 공유하는 자세는 또한 원할한 교류가 이루어질 가능성을 높여줍니다. 이처럼 자신을 챙길 줄 아는 힘은 같은 상황에서도 슬기롭게 대처하는 차이를 만드는데요.

만약 자기 옹호 능력이 부족한 자녀를 양육하고 있다면, 부모가 직접적인 개입을 하기보다 아이가 적용할 수 있는 대처 방안을 교육하는 것이 중요합니다. 예를 들어 등하교 버스에서 지속적으로 아이의 마음을 불편하게 하는 친구가 있다면, 버스 안에서 도움을 요청할 수 있는 어른은 누구인지 알려주고 믿을 만한 사람들이 해당 문제를 함께 주시하고 있다는 것을 가르치는 것만으로도 아이의 불안감을 완화해 줄 수 있습니다. 특히 격한 감정의 상태에서 아이들은 문제 핵심보다도 자신의 감정을 표현하는 데 치중하는 경우가 많은데요. 따라서 누구와 언제, 어디에서 무슨 일이 발생했는지 육하원칙을 따라 차근차근 상황을 설명하는 방법을 연습시키는 것처럼 자신의 생각을 표현하는 훈련이 도움이 됩니다.

때로는 "고자질은 나쁘다"라는 선입견이 아이가 필요한 도움을 요청하는 데 방해가 되기도 하기 때문에 나의 안위를 지키기 위한 정당한 요구는 존중받아야 함을 가르치는 것도 필요합니다. 또래뿐만 아니라 어른과의 관계에서도 마찬가지입니다. 예의를 중시하는 한국의 경우 선생님의 말씀에 순종하는 것을 '착한 아이'라고 생각하는 경향이 있는데요. 교사도 사람이기에 의도치 않은 실수를 하거나 아이에 대해 오해를 할 수 있다는 것을 기억하기 바랍니다. 이 때문에 아이가 선생님의 말씀에 무조건 순종하길 강요하기보다는 예의 바른 태도로 자신을 설명할 수 있는 소통 방법을 가르치는 것이 더 우선시되어야 합니다.

자기 옹호력을 키우는 전략 3 :
동의 문화 적용하기

2006년 여성 사회운동가 타라나 버크가 조직 내 성폭행과 성희롱 피해 사실을 드러내며 시작한 미투me too 운동이래, 미국에서는 동의 문화consent culture의 중요성이 갈수록 강조되고 있습니다. 동의 문화라는 표현은 사실 성인들이 성관계를 가질 때 서로의 동의를 바탕으로 해야 한다는 뜻의 성적 의미로 널리 사용되기 시작했지만, 이제는 그 범위가 넓어져 상대의 바운더리를 존중하고 자신을 옹호하는 자세 자체를 일컫는 용도로 쓰입니다.

특히 자녀 교육과 관련해서는 부모 혹은 친지들이 아이를 대할 때 흔하게 요구하는 스킨십과 관련해 화두에 오르기도 합니다. 아이가 예쁘다고 안아주거나 쓰담는 것, 뽀뽀를 하는 등의 친밀감 표현이 과연 동의받은 행동인가 고찰해 보아야 한다는 주장이 갈수록 더 힘을 얻고 있기 때문입니다. 연구에 따르면 어릴 때부터 자신의 몸에 대한 인지도가 높고, 신체 접촉에 대한 결정권을 행사해 온 아이들은 훗날 원하지 않는 관계에 대한 압력에도 적절하게 대처할 가능성이 크다고 하는데요. "할머니한테 뽀뽀해 드려야지", "친구 안아줘야지"와 같은 신체적 접촉을 권장하기보다는 아이에게 "할머니한테 뽀뽀해 드리고 싶니? 싫다면 어떻게 인사를 전하고 싶니?", "엄마가 안아주고 싶은데, 그래도 될까?" 하고 묻는 것이 아이의 권리를 존중해 줄 수 있는 대표적인 방법입니다. 또래 친구들에게 다가갈 때에도 상대의 동의를 구하는 연습을 하는 것도 좋습니다. "우리 악수할까?", "굿바이 포옹할까?"와 같이 상대에게 직접적인 의사를 물어보도록 지도하는 것인데요. 이런 질문은 모두가 편안한 범위 안에서 교류할 수 있게 만들어줄뿐더러, 거절할 수 있는 권리를 보장하기 때문에 존중이 바탕이 된 관계를 만들어줍니다.

아이들만의 세계, 또래 관계

새로운 교류가 어려워요

아이들에게 또래 관계란 마치 행복을 좌지우지하는 열쇠와 같습니다. 하지만 새로운 친구를 만드는 것은 생각보다 꽤 다양한 기술이 필요한 고난도 과제인데요. 학기 초 아이들이 또래 친구들과 교류하는 모습을 살펴보면 새로운 대상과 소통할 수 있는 능력에 어마어마한 격차가 존재한다는 것을 쉽게 알아차릴 수 있습니다. 어떤 아이들은 관계 형성을 숨쉬는 것만큼 자연스러운 일로 받아들이지만, 정교한 사회적 교류 방법을 익히고 적용하는 데 꽤 오랜 시간이 필요한 아이도 많은데요. 아이에게 새로운 대상과 이야기를 나누는 법을 가르칠 때는 공통적으로 흥미를 느낄 법한 대화 소재를 찾는 일을 시작하는 것이 좋습니다. 이야기 보따리가 고갈된 상황에서는 꼬리에 꼬리를 무는 대화가 어려워 중간중간 어색한 적막을 피하기 어렵기 때문이지요. 그 외에도 소셜 신호를 읽는 법, 긍정적인 반응을 보이는 것과 같이 인간관계에 필요한 규칙들을 인지하고 적용하게 되기까지는 수많은 시행착오가 따르는데요.

이 과도기의 자녀에게 부모님이 해줄 수 있는 일은 바로 가정 내 '소속감'을 느낄 수 있게 도와주는 것입니다. 주변 또래 친구들 사이에 잘 어우러지지 못하는 아이들은 "다른 아이들은 다 잘 노는데, 나만 친구가 없다"라는 생각에 사로잡히기 쉬운데요. 가정이라는 중요한 집단에 자신이 소중한 일원으로 속해 있다는 믿음은 이러한 스트레스 요인들을 헤쳐나가는 데 큰 힘이 되기 때문입니다.

마음이 맞는 친구를 만나는 것은 원래 매우 어려운 일일뿐더러, 수많은 아이가 또래 관계에 대한 고민을 가지고 있다는 사실을 상기시켜 주는 것도 바람직합니다. "마음 맞는 친구를 아직 만나지 못했다니 참 힘들겠다. 하지만 넌 정말 좋은 아이니까 분명 누군가에게 좋은 친구가 되어줄 수 있을 거야. 우리 같이 한번 고민해 보자." 이렇게 아이의 속상한 마음을 읽어주고 또래 관계에 대한 스트레스로 상처받았을지 모르는 자존감을 챙겨주는 것이 아이의 사회생활 첫 단추를 잘 꿰어주는 일입니다.

또래 관계 도모 전략 1:
매치메이킹

때로는 아이에게 매치메이킹^{matchmaking}과 같은 도움이 필요할 때가 있습니다. 좋은 벗을 만들기 위해서는 먼저 나와 통하는 상대를 만나는 것이 전제되어야 하는데요. 만약 아이가 스스로 의미 있는 또래 관계를 형성하지 못하고 있다면 부모가 대화를 통해 아이의 시선을 확장해 주어야 하기 때문입니다. 여기서 주의할 점은 단순히 부모가 자녀의 친구 관계를 설계하고 조종하는 것과는 분명 다르다는 것입니다. 부모로서 우리 아이에게 어떤 친구가 생겼으면 좋을지 따져가며 관계를 조장하는 것이 아니라, 아이가 바라는 친구상을 이해하려는 노력에서 출발한다는 점이 그 차이인데요. 자녀에게 "친구가 있으면 좋은 점이 무엇일까?"라는 질문을 던지면 아이에게 지금 친구가 가장 절실한 순간이 언제인지 알아가는 계기가 될 수 있습니다. "점심시간에 같이 밥을 먹을 수 있어요", "쉬는 시간에 같이 놀 사람이 있어요", "버스에서 지겹지 않아요"처럼 아이가 겪는 고민들을 이해하게 되면 해당 환경에서 "우리가 적극적으로 다가갈 수 있는 친구는 누가 있을까?"와 같이 더 현실적인 대책을 함께 구상하는 길이 열리기 마련입니다.

미국 초등학교 교실에서 매년 학기 초에 진행하는 '우정의 요소^{quality in friendship}' 활동 또한 부모가 아이가 바라는 친구상에 대해 알아가는 좋은 기회가 되어줍니다. 이는 솔직함, 유머러스함, 똑똑함, 리더십, 신뢰, 융통성, 공통 관심사, 친절함, 도덕성 등 우리가 흔히 인간 관계에서 중요하게 생각하는 요소들을 나열해 놓고 각자 자신에게 중요한 순서대로 순위를 매기는 활동인데요. 물론 후보로 주어진 역량들은 모두 긍정적인 인간관계를 형성하는 훌륭한 조건들이지만 사람마다 각자 어떤 성격을 더 선호하는지에는 차이가 있습니다. 따라서 자녀의 답변을 살펴보면 아이는 어떤 성향을 가진 친구를 이상적으로 생각하는지 파악할 수 있는데요. 이를 바탕으로 아이의 주변 인물들을 바라보면 새로운 인연을 발견하는 계기가 되기도 합니다.

유년기의 또래 관계는 나와 상대의 비슷한 면을 발견하면서 자연스레 싹트는 경우가 많으므로 같은 학급 내에서 마음이 통하는 친구가 없다면 아이의 관심사에 맞는 대외활동 기회를 늘리거나 "○○이랑 너는 어떤 공통점이 있는 것 같아?", "○○이도 축구공을 들고 다니더라? 그 친구도 쉬는 시간에 축구 하는 걸 좋아하니?", "○○이가 포켓몬 셔츠를 입었던데 그 친구도 포켓몬을 좋아하니?"와 같이 주변의 인물들을 살피게 만드는 질문을 던져주는 것이 좋습니다. 이때 부모의 역할은 적극적인 개입이 아니라 아이가 친구와 교류하는 모습을 지켜보는 관찰자가 되어야 합니다. 아이가 또래 친구들과 소통하는 모습을 살펴보면 우리 아이가 타인에게 관심이 없는 것인지, 하고 싶은 말이 있는데 표현하는 데 어려움을 느끼는 것인지, 혹은 이와 정반대로 너무 강한 주장을 펼쳐 다른 아이들이 관계를 형성하기 어려워하는지 등 소위 내 아이의 아직 채워주어야 할 사회성 빈칸이 확연히 보이기 시작합니다.

또래 관계 도모 전략 2 :
친구의 친구를 사랑했네

초등 저학년은 사회성에 대한 감각이 늘어남과 동시에 질투심도 상승하는 시기로 형제자매 사이에서 간간이 보이던 시샘이 점차 또래 집단 속에서도 발생하게 되는데요. 특히 우정에 대한 소유욕이 생기며 '제일 친한 친구'라는 이름표에 대한 관심 또한 커지는 모습을 볼 수 있습니다. 따라서 아이들은 종종 '내 친구'에게 새로운 우정이 싹트는 모습을 보며 친구를 뺏긴 기분에 괜히 샐쭉해진다거나 새로운 친구를 미워하기도 하는데요. 태어나 처음으로 인간관계로 인해 가슴앓이를 하는 아이가 안쓰럽기도 하지만, 한 친구를 독점하려 한다면 어른이 나서서 중재를 해주어야 합니다. 지나친 집착은 인간관계에 독이 될뿐더러 타인의 자율성을 존중하는 것은 꼭 배워야 하는 일이기 때문인데요. 이럴 때에는 "내가 좋아하는 친구가 좋아하는 상대라니, 그 친구에게는 어떤 좋은 점이 있을까?"처럼 아이가 새로운 친구의 장점을 바라볼 수 있는 계기를 만들어주는 것이 효과적입니다.

데릭 먼슨의 《골탕메롱파이》는 아이들의 이런 질투 어린 마음에 대처하는 현명한 부모의 모습을 그린 그림책입니다. 주인공 남자아이는 얼마 전 동네에 이사 온 제레미가 마음에 들지 않습니다. 이 친구가 자신의 절친인 스탠리의 바로 옆집에 살고 있을 뿐더러 트램폴린 파티에 자신을 초대하지 않아 소외감을 느꼈기 때문인데요. 어느 날 아이의 '좋아하지 않는 친구 리스트'를 발견한 아빠는 아들에게 한 가지 제안을 합니다. 바로 적군을 무찌르기에 안성맞춤인 '골탕파이 레시피'를 알려주겠다는 것이었는데요. 하지만 이 파이가 효과를 발휘하기 위해서는 제레미에게 하루동안 아주 친절하게 대해주어야 한다는 다소 엉뚱한 조건이 붙습니다. 주인공 아이는 '골탕파이'에는 얼마나 요상하고 맛없는 것들이 들어갈까 상상하며 아빠의 제안을 받아들이지만 이내 제레미와 시간을 보내면서 그가 나쁘지 않은 친구라고 생각하게 됩니다.

현명한 아버지의 솔루션처럼 때로는 아이들의 관계가 개선되기 위해서 필요한 것이 함께 보내는 시간 그 자체인 경우도 많습니다. 단숨에 서로에 대한 호감이 생긴 관계가 아닐지라도 서로를 알아가는 과정 속에서 공감대를 형성하게 되거나 마음이 움직이는 계기가 생기기 때문이지요. 따라서 적당한 불편함은 사회적 교류의 반경을 넓혀나가는 데 득이 될 수 있다는 것을 기억하는 것이 중요합니다.

또래 관계 도모 전략 3 : 핑퐁 대화 연습하기

노아는 뱀을 좋아하는 아이였습니다. 노아 부모님의 말에 따르면 유치원에 입학하기 전, 우연히 과학전집 뱀 편을 보게 된 후로는 하루도 빠짐없이 뱀에 대한 질문을 했을 정도였는데요. 노아는 제게 뱀은 혀를 사용해 냄새를 맡는다는 사실과 뱀의 독이 당뇨 치료제 등 다양한 약물의 재료가 된다는 사실을 알려준 장본인이기도 했습니다. 그는 집에서 키우는 뱀 세 마리와 고양이 한 마리에게 정을 쏟는, 마음이 따뜻한 아이였지만 매우 특정화된 관심사 탓에 또래 아이들과 관계에서는 어려움을 겪었는데요. 간혹 노아가 학교에 자주 입고 오는 뱀 무늬 재킷을 보고 멋있다며 다가오는 친구들이 있었지만 뱀에게만 관심을 보이는 노아와 지속적인 교류를 하려는 아이는 없었습니다. 하지만 '핑퐁 대화 연습'을 시작하자 노아의 사회생활에는 큰 변화가 생기기 시작합니다.

핑퐁 대화란 서로 공을 주고받는 탁구처럼 상대의 말에 관련된 반응을 보이며 지속적인 대화를 주고받는 것을 이야기하는데요. 7세 아이들이 좋아하는 '포켓몬스터'라는 주제에 핑퐁 전략을 접목하자 또래 관계에 청신호가 켜졌습니다. 노아가 뱀에 대한 정보를 나열할 때에는 관심을 보이지 않던 아이들이 포켓몬스터의 뱀 캐릭터인 아보와 세비퍼로 주제를 살짝 변경하자 노아에게 적극적으로 질문을 해왔기 때문입니다. 학기 초 포켓몬스터에 큰 관심을 보이지 않던 노아 또한 뱀과 공통적인 필살기와 생김새를 가진 캐릭터의 매력에 빠졌고 매끄러운 대화가 이어지기 위해서는 때로는 나보다 상대의 관심사를 살펴야 한다는 것을 배우게 되었습니다. 그 뒤부터 노아는 마치 소재 주머니를 두둑히 챙기기라도 하는 듯 자발적으로 포켓몬스터의 세계를 탐구하기 시작했습니다. 그리고 학년이 끝날 때쯤 노아는 포켓몬 박사라 불릴 정도로 새로운 관심사를 찾은 듯했는데요. 노아의 성장은 '내 말만 하지 않고 상대의 이야기도 경청하기', '상대의 말과 연관된 답변하기' 같은 기본적인 대화 규칙들을 배우고 적용하는 것 만으로도 관계를 송두리째 바꿀 수 있다는 것을 보여줍니다.

또래 관계 도모 전략 4 : 관계를 유지하는 소셜 미션

매일 아침 아이를 유치원에 데려다주는 길, 저는 아들에게 소셜 미션을 전달합니다. 친구에게 기분 좋은 말해주기, 교실에 있는 쓰레 기 두 개 줍기, 도움이 필요한 친구가 있나 잘 살피기 등 간단하지만 하루를 보다 의미 있게 보낼 수 있는 목표 정하기는 어느새 2년이 넘 는 기간 동안 유지된 저희 집만의 작은 루틴인데요. 소셜 미션의 가 장 큰 장점은 뭐니 뭐니 해도 아이에게 구체적으로 '친절하고 사려 깊 은 친구가 되는 법'을 교육할 수 있다는 점입니다. 친구를 다정하게 대해야 한다는 추상적인 가르침은 머리로는 이해가 될지라도 실천까 지 이어지기 어려운 반면, 하루 단 하나일지라도 구체적인 형식을 가 진 미션은 행동으로 옮겨질 가능성이 큰데요. 이런 작은 실천은 아이 가 타인을 대하는 태도로 자리 잡아 평생 아이의 인간관계를 바로잡 을버팀목이 됩니다.

아이에게 처음 소셜 미션을 소개할 때에는 '칭찬하기' 미션을 시 작하는 것을 추천합니다. 이는 새로운 관계를 만드는 데 도움이 될 뿐 만 아니라 기존에 관계를 더욱 끈끈히 만들어주는 데에도 탁월한 효과가 있기 때문인데요. 그중에서도 친구의 옷이나 필기구 등에 대한 칭찬은 진입 장벽이 낮아 미션을 수행하는 아이의 부담감이 적습니다. "오늘 네 신발 너무 예쁘다. 나도 노란색 좋아하는데", "이 연필 너무 귀엽게 생겼다. 나도 뒤에 지우개 끼는 연필 사려고 했는데!"와 같은 칭찬을 통해 상대에게 나의 호감을 표현하는 것인데요. 외적인 칭찬을 건네는 연습 뒤에는, 점차 친구의 행동 혹은 특징을 칭찬해 주는 미션으로 그 형태를 발전시켜 나가는 것이 좋습니다. 친구의 행동이나 성취에 대한 이야기를 해주기 위해서는 타인에게 관심을 가지고 관찰하는 과정이 필요하므로 이런 목표는 자연스레 또래 아이들을 알아가야 하는 이유가 되기 때문입니다. 나중에는 친구에게 쉬는 시간에 같이 놀자 말하기, 지금까지 이야기를 나누어보지 않았던 친구와 점심 먹기와 같이 직접적인 교류를 만드는 미션으로 그 형태를 발전시키는 것 또한 가능합니다.

또래 관계 도모 전략 5 : 외로움과 고독의 차이 이해하기

부모가 또래 관계 중재에 나설 때에는 외로움과 고독의 차이를 인지하고 존중하는 것이 필요합니다. 두 단어의 사전적 의미는 큰 차이가 없지만 심리학적으로는 뚜렷한 구분이 가능한데요. 외로움은 타인과의 교류를 원함에도 거절당한 소외감을 내포하는 반면, 고독은 내가 원하는 '나 혼자만의 시간'을 나타냅니다. 유년기와 학령기에 타인과 소통하는 방법을 연습해 나가는 것은 매우 중요하지만 얼마만큼의 교류가 필요한가에는 개인차가 크다는 점을 기억하는 것도 필요한데요. 사교적인 환경에서 에너지를 얻는 사람이 있는가 하면, 혼자만의 시간이라는 재충전의 공간이 필요한 사람도 있기 때문에 아이에게 사회적 교류에 대한 선택권을 부여하는 것이 가장 바람직합니다.

그렇다면 우리 아이에게 더 많은 또래 자극이 필요하다는 것은 어떻게 알 수 있을까요? 대부분의 경우 우리는 관찰을 통해 그 신호를 찾을 수 있습니다. 친구의 생일 파티에 초대받지 못했을 때나 누나의 친구가 놀러와 노는 모습을 볼 때 아이에게 어떤 감정 변화가 있는지 살피면 내 아이의 독립적인 성향이 외로움과 고독 중 어디에 더 닿아 있는지 실마리가 보입니다. 만약 아이가 혼자만의 시간을 즐긴다거나 소규모의 친구들과 교류하는 데에서 만족감을 얻고 있다면, 친구 관계를 꼭 확장할 필요는 없습니다. 아이의 주변에 부모가 이상적으로 생각하는 폭넓은 범위의 인연이 존재하지 않더라도 아이가 행복하다면 그것은 그만큼 짜임새가 촘촘한 인연들이 곁에 있다는 신호이기 때문입니다.

또래 압력에
대처하는 법

아이들은 아주 어릴 때부터 친구를 사귀지만 대개 그 관계에 대한 정확한 의미는 꽤 오랜 시간이 흐른 뒤에서야 이해하기 시작합니다. 그도 그럴 것이 우리 일상에서 '친구'라는 표현은 복합적인 의미로 사용되는 경우가 많은데요. 길을 가다 마주친 또래 아이나 같은 반 학우들을 통틀어 친구라고 칭하는 사회적 환경 탓에 아이에게 이는 아리송하게 느껴지기 쉽습니다. 하지만 친구와 지인 사이에는 엄밀한 차이가 있을뿐더러 우정의 형태와 같이 다양합니다. 따라서 아이들에게도 세상에는 서로에게 정서적인 안정을 가져오는 건강한 관계뿐만 아니라 독이 되는 인연들도 있다는 것을 알려줄 필요가 있습니다.

만나는 모든 친구와 사이좋게 지내야 한다는 인식은 겉보기에 무해해 보이지만 좋은 관계와 그렇지 못한 관계를 제대로 분간하는 것을 어렵게 만들기 때문인데요. 그럴 경우 소극적으로 상황에 순응하기만 하거나 마음의 상처를 입게 될 수도 있어 바람직한 관계의 특징을 제대로 교육하는 것이 중요합니다. 주변의 가까운 친구 다섯 명을 보면 그 사람이 보인다는 말처럼 우리가 긴밀한 관계를 맺는 사람들이 삶에 끼치는 영향은 거대한 데다가 가치관이 형성되는 유년기의 인연은 그 힘이 더 크기 때문입니다.

건강한 관계 vs. 독이 되는 관계

'건강한 또래 관계'는 양측의 노력이 필요합니다. 따라서 아이가 특정 관계를 두고, '좋은 친구'인지 아리송해할 때에는 그 친구와 함께 시간을 보낸 후에 느끼는 기분에 대해 이야기를 나누어보는 것이 도움이 됩니다.

또래 친구에 대한 의존도가 높은 경우, 아이는 독이 되는 관계 안에서도 "어떤 점은 좀 석연치 않지만 그래도 알고 보면 좋은 점도 있는 친구"라며 상대를 두둔하는 모습을 보이는데요. 좋은 친구는 꼭 말로 하지 않더라도 은연중에 "널 좋아해", "같이 놀자"라는 메시지를 보내므로 함께 시간을 보내는 동안 자신에 대한 만족감을 높여준다는 특징이 있습니다. 따라서 친구와의 소통, 그리고 그 뒤 자신의 감정을 들여다보는 것은 해당 관계의 실태를 파악하는 데 매우 유용합니다.

건강하지 못한 또래 관계를 뜻하는 영문 단어 toxic friendship
은 때로는 우정도 독이 든 음식을 취하는 것과 같이 득보다 실을 초
래한다는 뜻을 담고 있습니다. "네가 이렇게 하면 너랑 더 이상 안 놀
거야"라는 조건부 대화가 주를 이루거나 아이의 자존감을 깎아내리
며 순응하게 만드는 상대가 그 대표적인 예인데요. 충고라는 이름으
로 단점을 지적하거나 원하지 않는 행동을 부추기는 친구도 조심해
야 할 대상입니다. 이런 관계는 상대의 기분을 맞춰주어야만 유지가
되고 친구를 잃을까 두려워하는 마음을 담보로 하기 때문에 더 많은
시간을 보낼수록 아이는 혼란스러운 감정에 사로잡히기 쉽습니다.
만약 이와 같은 여러 적신호가 보이는 관계임이 분명함에도, 아이가
유독 좋아하는 친구가 있다면 부모는 어떻게 대응하는 것이 좋은지
알아보겠습니다.

또래 압력에 대처하기 전략 1: 독이 되는 관계 전환하기

자녀가 또래 압력을 겪고 있을 때 부모는 상대 아이 또한 건강한
관계를 맺는 법을 잘 모르는, 배움의 단계에 있는 어린아이라는 사실
을 기억해야 합니다. 그렇지 않으면 자칫 미숙한 아이를 상대로 지나
치게 감정적인 반응을 보이게 돼 독이 되는 관계를 건강한 형태로 전
환할 기회를 잃게 되기 때문인데요. 우리에겐 다른 집 아이가 내 자녀

에게 어떤 대우를 하는지 통제할 수 있는 능력과 권한이 없습니다. 따라서 부모가 나서서 상대 아이의 잘못을 꼬집는다고 해도 문제 행동이 바로 교정되거나 장기적으로 유지되는 것은 쉽지 않지요.

그래서 우리는 자녀가 친구와의 교류에서 자신의 부정적인 감정을 있는 그대로 표현할 수 있도록 적절한 소통 방법을 가르쳐주어야 합니다. "그때 네가 한 말을 듣고 사실 기분이 좀 안 좋았어. 그 말이 무슨 뜻이었는지 다시 이야기를 좀 해볼 수 있을까?", "나만 빼고 단톡방을 다시 만들어서 소외감을 좀 느꼈어. 혹시 나한테 서운한 일이 있니?"와 같이 감정에 치우치지 않고 관계를 회복하고자 하는 표현을 가르치는 것이 그 예시입니다. 이때 하고자 하는 말의 내용뿐만 아니라 거울을 보며 당당한 목소리와 표정으로 이를 전하는 연습까지 하는 것은 더욱 도움이 되는데요. 어떤 아이들은 악의를 품었다기보다 주도권을 잡기 위해 친구를 함부로 대하기도 하기 때문에 이런 경우 단호한 비언어적 반응을 보이는 것만으로도 관계 분위기가 전환될 수 있습니다.

또래 압력에 대처하기 전략 2 : 괜찮아, 모든 우정이 영원한 건 아니야

하지만 이런 노력에도 독이 되는 관계에 대한 개선이 이루어지지 않거나 오히려 악화되는 경우에는 단호하게 우정을 떠나보내야 합니다. 특히 상습적인 거짓말이나 주도적 따돌림과 같이 자녀의 정서에 악영향을 미치는 행동은 어른이 적극적으로 개입해 매듭을 지어주는 것이 좋습니다. 이때 가장 우선해야 할 일은 아이 스스로 관계의 문제점을 인지할 수 있게 도와주는 것인데요. 만약 그렇지 못한 상태에서 부모가 성급히 개입하면 아이는 자신의 마음을 솔직하게 표현하기보다는 친구를 보호하려는 태세를 취하려 할 것입니다. 따라서 이 단계에서는 그림책이나 영화를 참고 삼아 긍정적인 우정의 표본을 단단히 해주는 것이 가장 중요합니다.

건강하지 못한 우정은 아이의 감정을 쥐고 흔들어 격동적인 상태로 만드는데요. 이 때문에 이런 관계에 속해 있는 아이는 문제 행동을 보이는 경우도 적지 않습니다. 이럴 때는 내 자녀나 상대 아이를 탓하기보다 행동 자체에 대한 객관적인 사실을 나열해 주는 것이 더 효과적입니다. 예를 들어 "○○이랑 놀면서 못된 것만 배워가지고. 오늘부터 핸드폰 금지!"라고 하기보다 "요즘 ○○이랑 놀고 오면 화가 나 보일 때가 많은 것 같네"와 같은 반응을 보일 때 아이 스스로 자신의 우정이 삶에 어떤 영향을 끼치고 있는지 돌아볼 기회가 생기기 때문입니다. 아이가 스스로 친구와 거리 두기를 원하는 시기가 오면, 그때부터는 현명하게 멀어지는 방법을 함께 고민해 주는 것이 좋습니다. 특히 한번 인연을 맺었다고 해서 모든 우정이 평생 유지되는 것은 아니라는 점, 그리고 상대에게 친절함을 유지하면서도 거리를 넓혀나갈 수 있다는 점을 가르치는 것은 관계를 끝맺을 때 느껴지는 죄책감을 덜어줍니다.

만약 같은 반 친구처럼 관계를 정리한 후에도 계속 마주쳐야 하는 대상과 멀어지는 중이라면 담임선생님과 상의해 환경적인 분리를 꾀하거나 바쁜 스케줄, 선약과 같은 외부적인 요소를 이유로 들며 천천히 거리를 두는 것이 상대의 반감을 사지 않으며 관계를 매듭짓는 방법이 될 수 있습니다. 앞으로 있을지 모를 어색한 상황에 대처하는 방법을 미리 나누어보는 것도 장기적인 측면에서 도움이 됩니다. 평소같이 점심을 먹던 사이라면 그 친구 대신 누구와 식사를 할 것인지, 복도에서 마주치게 된다면 어떻게 행동할지 준비해 예상치 못한 순간에 일방적으로 상처받는 일을 방지할 수 있기 때문입니다.

딱히 서로 나쁜 영향을 미치지 않았더라도 시간이 흐름에 따라 우정 또한 자연스레 쇠퇴하는 경우도 있습니다. 오랜 시간 좋은 친구 관계를 유지한 사이더라도 각자의 가치관과 관심사가 달라지며 멀어지는 것은 성장하며 겪는 지극히 자연스러운 일인데요. 예전만큼 긴밀한 사이를 유지하지 못하더라도 마음으로 서로를 응원한다면 이 또한 의미 있는 관계라는 것을 교육하면, 아이가 느낄 상실감 해소에 도움이 됩니다. 이를 대비해 미국의 부모님들 중에는 어릴 때부터 학교 친구, 동네 친구, 동아리 친구 등 다양한 소셜 그룹에 참여하며 하나의 관계에 집착하지 않도록 하는 경우도 많은데요. 아이들이 성장하면서 관계가 변형되는 것은 막을 수 없는 일이기에 아예 처음부터 사회적 집단을 분리하는 선택을 내립니다. 설령 그중 한 집단과의 관계가 시들해지더라도 다른 모임 집단 안에서의 사회적 교류는 그대로 유지되기 때문입니다.

잘 싸우는 것도
능력입니다

하루가 멀다고 형제자매끼리 싸운다거나 또래 친구와 다툼이 잦은 아이를 보고 있자면 부모는 그간 자신의 양육 방식이 잘못되었던 것은 아닌지 조바심이 듭니다. 잦은 싸움이 우애를 상하게 할까 봐 "그만 싸워! 각자 방으로 들어가!" 하며 큰소리를 내기도 하는데요. 하지만 억지로 아이들을 분리한다고 모든 문제가 해결되지 않을뿐더러 갈등이 없다는 것이 꼭 이상적인 관계를 의미하진 않습니다. 서로 다른 사람들의 소통 과정에서 때때로 충돌이 일어나는 것은 자연스러운 현상이기 때문에 전혀 부딪힘이 없다는 것은 그만큼 서로에 대한 관심이 부재한 상태이거나, 한쪽이 곪아 터질 때까지 자신의 감정을 꼭꼭 숨기고 있을 가능성이 크기 때문인데요. 저는 학기 초 부모님에게 아이들끼리 다툼 한 번 없는 학급을 만들겠다는 비현실적인 포부보다는 아이들에게 '잘 싸우는 능력'을 가르치겠다는 말씀을 전합니다. 물론 여기서 '싸운다'는 표현은 신체적인 해를 입힌다거나 폭력적인 행위를 뜻하는 것은 아닙니다. 간혹 아이들에게 "맞으면 가만히 있지 말고 너도 때려!"와 같이 눈에는 눈, 이에는 이 정신을 가르치는 부모님도 있는데요. 내가 피해를 입은 만큼 상대에게 상처를 주겠다는 마음은 문제를 해결하는 데 도움이 되기는커녕 해가 되는 경우가 많아 지양해야 합니다. 그렇다면 정말 잘 싸우는 능력은 도대체 무엇이고 어떻게 키워줄 수 있을까요?

잘 싸우는 기술 1: 문제의 쟁점 파악하기

잘 싸우는 아이들의 가장 큰 특징은 문제의 쟁점을 파악하는 능력이 뛰어나다는 점입니다. 문제 상황을 마주하면 사람은 본능적으로 감정적인 상태에 접어드는데요. 이와 같이 이성적인 판단이 흐려진 채로는 발전적인 취지를 갖기 힘들고 말투나 표정과 같은 제3의 요소가 추가적인 충돌을 일으킵니다. 이런 사태를 방지하기 위해서는 갈등의 원인을 제대로 파악하고 다른 부수적인 문제들로 부정적인 감정이 번지지 않도록 관리하는 것이 중요합니다. 특히 어린아이들의 경우 눈앞의 상황에 치중하는 경향이 많은데요. 예를 들어 쉬는 시간, 친구가 자신의 어깨를 치고 간 상황에도 아이는 그 이유를 이해하려 하기보다는 자신이 해를 입었다는 사실 자체에 더 많은 감정적 에너지를 쏟습니다. 하지만 적절한 대처를 하기 위해서는 문제의 쟁점을 아는 것이 중요합니다. 단순히 실수로 충돌이 일어난 상황이라면 서로의 안부를 묻고 조심하면 그만이지만, 만약 그 친구의 행동이 예전부터 쌓여온 앙금에서 비롯된 것이라면 선생님의 개입과 관계 개선이 필요하기 때문입니다. 따라서 미국 초등학교 교실에서는 갈등 상황에 반응하기 이전에 잠시 멈춰서 '정신적 리와인드mental rewind'를 실행하도록 교육하고 있습니다. 이는 친구와 나 사이의 최근 다섯 가지 상호 작용들을 머릿속에 떠올리는 연습으로 지금 당장 눈앞에 일어난 문제의 단면에 과도하게 몰입하는 것을 방지해 줍니다. 장기간 쌓아온 관계를 객관적으로 바라보면 사태가 투명하게 보이기 때문입니다.

잘 싸우는 기술 2 : 해결 방안 찾기

대부분의 또래 관계에서 발생하는 문제들은 다양한 대처가 가능합니다. 따라서 그중 최선의 대응책을 선택하는 힘을 길러주는 것이 목표로 삼아야 하는데요. 하지만 아이들은 제일 먼저 떠오른 생각을 충동적으로 따르곤 합니다. 미국 초등학교 교실에서 자주 사용하는

'문제 해결 야구장 차트'는 아이가 여러 해결 방안을 고안하게 이끌어 주는 탁월한 도구입니다. 학급 내에서는 야구장을 연상시키는 네모 판을 사용하지만, 머릿속에 네모를 떠올릴 수 있다면 꼭 그림이 없더라도 얼마든지 적용이 가능합니다.

활동은 다음과 같이 진행됩니다. 먼저 아이는 홈 베이스 위에 손가락을 얹은 후 '내가 파악한 문제의 원인'을 이야기하며 상황을 객관적으로 바라보는 시간을 갖습니다. 그 뒤 1루, 2루, 3루를 나타내는 사각형의 꼭짓점으로 손가락을 옮기는데요. 이동이 이루어질 때마다 지금 내가 취할 수 있는 행동을 하나씩 이야기하며 최소 세 가지의 각기 다른 선택지를 구상합니다. 마지막으로 야구장 홈베이스로 들어와 득점하기 위해서는 "그중 최선의 방안은 어떤 것일까?" 반문하는 관문을 거쳐야 하기 때문에 자연스레 충동적인 대처를 방지하는 효과를 가져옵니다. 이와 더불어 '누가, 언제, 어떻게', 그리고 '무엇을' 준비해야 하는지 나열하는 공식을 사용하는 것 또한 문제 해결을 수월하게 만들어줍니다. 예를 들어 학급 공용 물건을 사용하는 데 잦은 갈등이 일어난다면 아래와 같은 해결 공식이 도움 됩니다.

- 누가: 학급 퍼즐을 가지고 놀고 싶은 아이들
- 언제: 쉬는 시간 동안 번갈아 가며 우선권을 갖기
- 어떻게: 먼저 15분을 사용하는 규칙을 따르기로 약속한다
- 무엇을: 15분을 설정할 수 있는 알람 시계

이러한 계획 세우기는 논점에 집중하는 것을 도울뿐더러 집단 구성원들이 함께 각 항목을 결정함으로써 모두가 만족하는 지점에 도달할 가능성 또한 높여줍니다.

잘 싸우는 기술 3 : 효과적인 의사 전달

문제의 원인을 파악하고 이에 맞는 해결방안을 모색했어도 이를 효과적으로 전달하는 능력이 부족하면 갈등을 해소하기 어렵습니다. 특히 상대를 비난하거나 심증만 가지고 의심하는 것처럼 무자비한 감정 싸움은 문제를 더 키우기 쉬운데요. '좋은 다툼'은 큰 목소리로 일방적인 감정을 퍼붓는 것이 아니라 문제를 해결하기 위해 필요한 논쟁을 벌이는 것입니다. 따라서 아이에게도 "친구랑 싸우지 마"라고 지시하기보다는 구체적인 의사 전달 기술에 대해 알려주는 것이 바람직합니다.

네 행동이 나에게 미친 영향

갈등 상황에서 상대가 나의 불만을 경청하게 만드는 첫 번째 기술은 바로 상대가 아닌 행동에 중점을 맞춘 표현을 사용하는 것입니다. "너는 아주 나쁘고 이기적인 애야!"라고 말하는 것과 "지금 네가 친구들에게 폭력적으로 구는 건 다른 사람을 배려하지 않는 행동이야"라는 말에는 엄연히 큰 차이가 있는데요. 상대의 인격 자체를 규정하는 표현은 '네가 뭔데 날 판단해!'라는 부정적인 감정을 들끓게 만드는 반면, 행동을 지적하는 단호한 표현은 상대가 자신의 언행을 점검하게 만듭니다.

"넌 맨날 거짓말만 하잖아", "항상 말로만 그러더라"와 같은 극단적인 표현도 상황을 악화시키는 대표적인 대화 패턴으로 지양해야 합니다. 상대가 여러 번 같은 실수를 반복했더라도 '매일, 항상, 절대'와 같이 잘못을 보편화하는 단어의 사용은 문제를 극단적으로 몰아가기에 피하는 것이 좋은데요. 따라서 미국 교실에서는 또래 갈등을 해결할 때 상대의 행동이 나의 감정에 미친 영향을 담백하게 표현하는 '나 메시지 전달법'의 사용을 권장합니다. 이는 "네가 내 어깨를 밀쳤을 때(상대의 행동) 일부러 그런 건가 싶어 속상했었어(나의 감정)"와 같이 불만을 제시하되, 그 주어를 상대의 행동과 나의 감정에 맞추는 소통 방식인데요. 문제 해결에 초점을 둔 이런 표현은 상대가 내 말을 경청할 가능성을 높여줍니다.

핑계 없이 진심으로

상대의 의견을 듣지는 않고 내 할 말만 늘어놓는 것만큼 논쟁에 열기를 더하는 일도 없습니다. 상대의 말을 자르는 이유가 변명을 늘어놓기 위해서일 때는 더더욱 그러한데요. 자신의 언행에 책임을 지기보다 회피하려는 의도가 다분한 핑계형 대화는 상대를 이해심 없는 사람으로 몰아가는 대표적인 부정 화법입니다. 변명은 행동에 정당성을 더함으로써 자신이 이해받아야 할 명분을 주장하는 것이기 때문에 지양해야 합니다. 하지만 많은 부모가 이를 인지하지 못한 채 사용하고 있습니다. "엄마가 약속 못 지켜서 미안해. 그런데 회사 일이 너무 바빴어", "아빠가 화내서 미안해. 아까는 너무 피곤했어"와 같은 말처럼 잘못은 인정하지만 그럴 수밖에 없었다는 이유를 덧붙이는 것은 진솔한 사과가 아닙니다. 아이에게 진심 어린 마음을 전해야 하는 상황에는 핑계 없이 "미안해. 내 잘못이야" 하고 인정하는 태도를 보이는 것이 바람직합니다. 이런 말을 들으며 자라 온 아이들은 친구와 갈등 상황을 겪을 때에도 담백한 사과를 건네는 것을 두려워하지 않는데요. 잘잘못을 가리는 것보다 자신의 실수를 책임지고 건네는 사과가 관계에 더 중요한 역할을 한다는 사실을 몸소 느끼며 성장했기 때문입니다.

문제의 크기를
잘 아는 아이

　"선생님! 수아가 제 발을 밟고 지나갔는데 사과를 안 해요!" 화가
나 벌게진 얼굴로 씩씩대며 친구의 실수를 고하거나 "오렌지에 실 같
은 껍질이 묻어 있어!"라며 사소한 일에도 유독 세상이 무너지는 것
과 같은 반응을 하는 아이들이 있습니다. 부모는 도대체 우리 아이는
왜 그런 걸까 의문을 품게 되는데요. 가장 큰 원인은 문제 크기를 제
대로 파악하는 능력의 부재인 경우가 많습니다. 우리 하루는 날씨처
럼 예측하거나 통제하기 어려운 일로 가득 차 있습니다. 특히 과거의
비슷한 경험을 통해 쌓아 온 순발력과 노하우를 발휘하는 어른과 달
리 문제 대처 능력이 미숙한 아이들에게는 이러한 상황들은 더욱 당
혹스럽게 느껴지기 쉬운데요. 그나마 다행인 것은 우리가 일상에서

마주하는 문제들의 실체는 대부분 아이들이 느끼는 것보다 사소한 일일 때가 많다는 사실입니다. 따라서 아이가 문제의 크기를 제대로 들여다보도록 도와주는 것만으로도 작은 일에 극도로 슬퍼하거나 기뻐하는 불균형한 반응을 줄여나가는 데 큰 도움이 될 수 있습니다.

문제의 크기 파악하기

우리가 살면서 만나게 되는 문제들은 크게 소, 중, 대 세 가지로 나누어 생각해 볼 수 있습니다. 여기서 작은 문제는 아이들이 주가 되어 스스로 해결할 수 있는 종류를 이야기하는데요. 연필이 부러지거나 친구와 실수로 부딪힌 상황과 같이 세세한 갈등을 매번 선생님에게 이르는 것은 또래 관계에도 부정적인 영향을 끼치기 십상입니다. 따라서 작은 문제들은 독립적으로 해결할 수 있게 하는 것이 초등 저학년 사회성 기르기의 궁극적인 목표이기도 합니다. 하지만 요즘 아이들은 부모가 나서서 자신에게 필요한 것을 쉽게 제공하거나 갈등을 해결해 주는 데 익숙해져 있는 경우가 많습니다. "목말라" 한마디면 눈앞에 물이 대령 되고 "더워" 하고 이야기하면 선풍기가 틀어지기 때문이겠지요. 물론 부모로서 아이의 욕구를 살피는 것도 필요하지만 작은 문제일 경우 스스로 해결하려는 의지력을 키워주는 것도 그 못지 않게 중요합니다.

초등 교실에서 중간 크기의 문제로 여겨지는 상황들은 주로 선생님 혹은 다른 믿을 수 있는 어른의 도움이 필요한 경우입니다. 스스로 또래 갈등을 해결해 보려고 했으나 잘되지 않았을 때, 우유를 쏟아 옷이 다 젖었을 때, 혹은 중요한 물건을 잃어버린 상황 등이 이에 속하는데요. 아이가 자라며 독립적인 해결 능력이 향상하면 한때 중간 크기로 여겨졌던 문제들도 작은 문제가 되기도 합니다. 예를 들어 똑같이 운동장에서 넘어져 무릎에 피가 나는 상황이더라도 초등학교 1학년 아이는 선생님의 도움이 필요한 반면, 중학교 아이는 양호실에 가서 소독해야 한다는 사실을 이미 인지하고 있을 것입니다. 작은 문제에는 작은 반응이 필요하듯, 중간 크기의 문제에는 중간 강도의 대처가 적합합니다. 초등 저학년 아이들의 경우, 따라야 할 규칙들을 딱딱하게 가르치는 것보다 반대되는 예시를 유머러스하게 보여주는 것이 좋습니다. 상황극을 통해 그다지 심각하지 않은 상황에도 불같이 화를 내거나 통곡을 하는 시늉을 내면 아이들에게 불균형한 대처가 상대에게는 얼마나 당혹스럽게 느껴질지 간접적으로 체험하는 기회가 되는데요. 이는 평상시 문제에 반응하는 자신의 태도를 점검하는 계기가 됩니다.

그렇다면 큰 문제는 어떤 상황을 이야기 하는 걸까요? 미국 초등학교는 큰 문제를 분별하는 데 세 가지 질문을 사용하도록 지도합니다. 첫 번째, 누군가가 신체적인 상해를 입었는가? 두 번째, 누군가가 위험한 행동을 하는가? 세 번째, 누군가가 의도적으로 해를 가하고 있는가? 이 세 가지 질문 중 하나라도 "그렇다"라는 답변이 나오는 상황이라면 어른들의 빠른 개입이 필요하다 여겨지는데요. 유년기는 자기 중심적인 사고가 강한 시기이기 때문에 이처럼 명확한 기준점을 제시하는 것이 상황의 과대해석을 방지하는 장치가 될 수 있습니다. 반면 누군가 크게 다치거나 불이 난 상황, 혹은 학교 폭력과 같이 큰 위험성이 있는 상황에서는 그에 상응하는 반응을 보이는 것이 필요합니다. 상황의 심각함을 인지하지 못하고 작은 문제를 대처하듯 스스로 해결하려 하다가는 안전이 위협되거나 초기 진압이 어려워지기 때문입니다.

문제의 크기를 나누어 생각하는 방법과 알맞은 대처 방법을 교육한 뒤에는 다양한 시나리오를 통해 그 차이를 구분하는 연습 기회를 동반해 주는 것이 좋습니다. 특히 내가 제일 좋아하는 학용품이 망가졌을 때, 혹은 친구가 원치 않는 별명으로 나를 부를 때와 같이 실제로 학교생활에서 겪을 법한 상황을 예시로 사용하면, 해당 문제에 알맞는 반응을 미연에 교육할 수 있습니다. 초등학생보다 어린아이들과는 '소, 중, 대'라는 명칭 대신 작은 크기의 동물인 쥐, 중간 크기의 고양이 그리고 커다란 황소와 같은 비유를 사용해 '꼬마 쥐 문제', '고양이 문제', '황소 문제' 등의 이름을 붙여주는 것도 추천합니다.

문제 크기 분별력을 키워주는 동안 부모는 아이가 느끼는 감정을 축소하지 않기 위해 특히나 노력해야 합니다. 양말이 쭈글쭈글하다고 대성통곡을 하는 아이에게는 "별일도 아닌데 뭘 울어!"라고 말하기 쉽지만 아이가 동의하지 않는다면 이는 부모의 의견에 그칠 뿐인데요. 이처럼 부모가 문제를 축소한다면 아이는 마음에 무거운 짐을 꼭꼭 숨기는 양상을 보이게 됩니다. 따라서 이런 경우에는 "양말에 주름이 져서 속상하구나. 주름이 진 건 어떤 크기의 문제일까?" 하고 물으며 아이의 의견을 듣는 것으로 대화를 시작하는 것이 더 효과적입니다. 그 뒤에 "주름을 없애고 싶다면 옷을 벗어 다리미로 다려보거나, 스프레이로 물을 뿌려보는 방법이 있어. 그것도 싫으면 옷장에서 다른 양말을 찾아보겠니?"와 같이 구체적인 대안들을 제시하며 선택권을 주는 것이야말로 독립적인 문제 해결 능력의 향상으로 이어지는데요. 이는 당장의 빠른 행동 교정보다 몇 배는 더 값진 일입니다.

성공의 열쇠,
유연성 기르기

천재 과학자로 우리에게 잘 알려진 알버트 아인슈타인은 "지능의 척도는 변화할 수 있는 능력에 달려 있다"라는 명언을 남겼고 유전학의 아버지라 불리는 찰스 다윈 또한 "끝까지 살아남는 것은 가장 강하거나 지능이 높은 자가 아니라 변화에 제일 잘 반응하는 자다"라며 유연성을 강조했습니다.

이들이 공통적으로 강조하고 있는 '변화할 수 있는 능력'은 새로운 방법으로 문제를 해결하려는 창의적인 태도와 직결되기 때문에 학업과 사회생활에서도 중요한 역할을 하는데요. 교육의 주요 과목인 읽기, 쓰기, 수학에는 어김없이 유연한 사고력이 요구됩니다. 예를 들어 영어를 읽으려면 하나의 알파벳이 쓰임에 따라 여러 소리를 낸다는 사실을 받아들여야 하고, 글을 쓰기 위해서는 문법과 예외를 적용해야 하기 때문입니다. 특히 과학이나 수학은 같은 문제도 다양한 방법으로 증명하고자 하는 학문이기에 유연한 사고력과 떼려야 뗄 수가 없습니다.

아이들은 왜 그렇게 유연하지 못한 걸까요?

평균적으로 아이들은 만 4세경이면 놀이 중 아직 차례를 갖지 못한 친구에게 양보하거나 자신이 매번 줄의 맨 앞에 설 수는 없다는 사실을 받아들이는 것과 같이 조금씩 융통성을 발휘합니다. 하지만 유연성 또한 아이가 가지고 있는 기질의 영향을 받는 것은 부정할 수 없는 사실입니다. 따라서 별다른 지도를 받지 않았어도 이를 발휘하는 데 큰 어려움을 겪지 않는 아이가 있는 반면, 유독 탄력성을 가지는 것을 힘들어하는 아이도 있습니다.

미국 엄마들은 타고난 유연성이 좋아 여러 의견을 쉽게 수용하는 아이들을 보고 '민들레형 아이들dandelions'이라는 표현을 사용합니다. 바람이 부는 대로 자유롭게 날아다니는 민들레 씨앗과 같이 주어진 상황에 적응하는 능력이 높다는 이유에서인데요. 이런 기질을 가진 아이들에게는 주관을 심어주고 자기 옹호 능력을 키워주는 부모가 필요합니다.

그와 반대로 변화에 예민하게 반응하고 고집이 센 아이들에게는

'난초형 아이들^{orchids}'이라는 별명이 붙습니다. 유연성이 낮은 아이들은 작은 스트레스에도 크게 반응하고 새로운 환경에 적응하기까지 다소 시간이 걸리는 경우가 많은데요. 이 때문에 평소 즐겨 사용하던 빨간색 그릇이 깨져 파란색 그릇으로 밥을 먹어야 하는 상황이나 날씨로 인해 나들이 계획에 차질이 생기는 것과 같이 예상치 못한 사건에도 크게 흔들립니다. 안타깝게도 이런 성향은 또래 갈등의 원인이 되기도 합니다. 술래잡기할 때 각 팀의 인원수가 똑같지 않으면 불공평하다 여기고, 블록 놀이를 하더라도 자신이 원하는 모양을 고집하는 바람에 소통이 불가능하다는 오해를 사게 되기도 하기 때문입니다.

전문가들은 신체감각이 예민한 아이들 중에 유독 '난초과' 아이들이 많다는 점을 근거로 들며, 해당 성향의 중심에는 '통제권'이 있다고 말합니다. 빛, 소음, 촉감과 같이 세상을 가득 메우고 있는 자극들을 민감하게 받아들이는 아이일수록 그 불편함을 최소화하기 위한 자신 나름의 규칙을 만든다는 것인데요. 이처럼 우리가 고집이라고 여기는 행동의 실체가 스스로 처한 환경을 개선하려는 아이의 본능이라는 것을 이해하면 이를 통제하기보다 아이의 유연성 그릇을 채워주는 것에 집중하게 됩니다. 물론 이런 친구들에게 유연성을 지도하는 것은 많은 시간과 인내가 필요한 일인데요.

깨진 빨간 그릇을 잊지 못해 엉엉 우는 아이를 보면 빨리 새 그릇을 사주고 싶어지지만, 이럴 때일수록 지금 내 아이에게 정말 필요한 것은 욕구 충족이 아니라는 것을 기억해야 합니다. 그보다는 "빨강 그릇이 아니면 안 된다"라고 생각하는 고정관념이 깨지는 경험이 필요한 것인데요. 그러기 위해서는 "파란 그릇으로 3일 동안 먹어보고 어떤지 다시 이야기해 보자", "새로 빨간 그릇을 사기 전까지 집에 있는 접시 중에 쓰고 싶은 걸 골라볼래?"와 같이 초연한 반응을 보이는 것이 좋습니다. 이상적이지 않는 상황을 조금씩 직면하다 보면 아이도 서서히 눈앞의 상황이 생각만큼 심각한 문제는 아니라는 것을 뉘우치게 되기 때문입니다.

부모부터 융통성 있게

"선생님, 저 옛날에 아기 때는 이거 잘 못했었잖아요." 길어야 3, 4년 전의 일을 두고 힘주어 옛날이라 강조하는 아이들을 보고 있자면 절로 웃음이 지어집니다. 아마도 당사자인 아이들에게는 몇 년의 시간이 까마득한 옛날처럼 느껴지기 때문일 텐데요. 하지만 자녀를 키우다 보면 아이의 세상살이가 이렇게 짧았다는 사실을 잠시 망각하고 과도한 기대를 품게 됩니다. 기껏 재미있으라고 여행을 데리고 왔는데 다리가 아프다고 찡찡댄다든지, 얼마 전 사준 장난감은 뒷전인 채 또 다른 놀잇감을 요구하는 모습을 볼 때면 "도대체 뭐가 문제냐!" 소리를 치게 되기도 하는데요. 하지만 아이는 아이 같은 행동을 하고 있을 뿐, 이런 상황들에 본질적인 문제는 아이가 아닌 부모에게 있다는 것을 인지하는 것이 중요합니다.

어른들은 아이의 '기본값'이 행복하고 말을 잘 듣는 상태라고 착각하는 경향이 있습니다. 그러나 아이들에게도 기분이 별로인 날, 그래서 왠지 삐뚤어지고 싶은 날이 있다는 것을 기억해야 합니다. 따라서 꼭 훈육이 필요한 상황이 아니라면 평소보다 좀 지저분하게, 음식을 흘리고 먹더라도 "그런 날이 있지" 하고 융통성 있게 기대치를 조율하는 부모의 자세가 필요합니다. 이런 반응을 통해 유연하게 사고하는 방법을 배워갈 수 있습니다. 친구랑 다투고 기분이 안 좋아 우울해하는 아이에게 매너를 가르치겠다고 "음식은 흘리지 말고 먹어야지"와 같은 잔소리가 와닿을 리 없기 때문입니다.

평소 변화를 두려워하지 않는 부모의 자세 또한 유연한 아이를 만드는 열쇠입니다. "아이고, 오늘 슈퍼 휴일인 걸 몰랐네. 지금 장을 볼 수는 없으니 새로운 계획을 짜봐야겠다. 집에 있는 재료로 만들 수 있는 요리를 생각해 볼까?"와 같이 당황스러운 상황에서도 긍정적인 사고를 보여준다면 아이 또한 자연스레 내가 바라던 대로 흘러가지 않은 상황은 새로운 계획을 만들 기회라는 인식을 가지게 되는데요. 그와 반대로 변수로 인해 지나치게 스트레스를 받는 부모는 변화를 걱정할 만한 일로 인식하게 만듭니다. 따라서 갑작스럽게 아이의 일과에 변화가 생겼다면 담담한 태도로 소식을 전하는 것이 중요한데요. "엄마가 중요한 은행 볼 일이 늦게 끝나서 오늘은 아빠가 데리러 왔어. 엄마랑 하듯이 똑같이 집에 가서 간식을 먹고, 오후 4시에 피아노 학원에 갈 거야"와 같이 앞으로 있을 일, 그리고 변화의 이유를 전하는 것이 아이가 상황을 수용하고 유연성을 발휘하는 데 도움이 될 수 있습니다. 평소 변화를 받아들이기 어려워하는 성향의 아이일수록 불안감을 느끼기 쉽기 때문에 그에 대한 반응으로 투덜거리거나 불편한 마음을 내비칠 수 있습니다. 이때 "어쩔 수 없는 일이잖아. 왜 짜증을 내고 그래!" 하고 혼내기보다는 아이가 좋아하는 음악을 틀어주거나 흥미로운 이야기를 하며 주의를 다른 곳으로 돌려주는 것이 좋습니다. 그 외에도 시간적 여유가 생긴 날에 집에 일찍 와 서프라이즈로 아이를 반기거나 주로 아침으로 먹던 시리얼을 저녁 식사로 내놓는 것처럼 아이가 재미있어할 만한 특별한 이벤트를 활용하는 것도 예측 불가능한 상황에 대한 긍정적인 인식을 심어주는 방법이 될 수 있습니다. 미국 초등학교에서는 아이들의 유연성 확장을 위해 깜짝 팝콘 파티를 연다거나, '자리 바꾸어 앉는 날'과 같은 서프라이즈 요소를 자주 활용하곤 하는데요. 즐거운 변수를 수용하는 경험은 불편한 변수를 포용하는 연습이 되기 때문입니다.

유연성 키워주기 전략 1: '와우'를 즐겨라

미국 어린이 공영방송인 PBS Kids에서 방영되는 〈다니엘 타이거Daniel Tiger〉는 아이들에게 사회정서적 교훈을 주는 에피소드와 중독성 있는 음악으로 특히 유명합니다. 그중에서도 유연성에 대해 다룬 에피소드는 많은 아이들이 공감할 법한 내용을 담고 있는데요. 해당 편에서 아기 호랑이 다니엘은 엄마와 여동생 마가렛과 공원을 거닐던 도중, 아이스크림을 파는 아저씨를 만나게 됩니다. 신나는 마음으로 블루베리 아이스크림을 골라 한 입 베어 물은 것도 잠시, 다니엘은 뒤늦게서야 자신이 제일 좋아하는 초콜릿 맛 아이스크림도 있었다는 사실을 알게 되는데요. "나는 원래 초콜릿 맛을 제일 좋아하는데. 미리 알았으면 난 분명히 그걸 골랐을 텐데…" 하고 속상해하는 다니엘에게 호랑이 엄마는 이런 가사의 노래를 부릅니다. "지금 일어나고 있는 '와우'를 즐겨야지." 여기서 와우^{wow}는 '즐겁고 행복한 일'을 뜻하는데요. 유연성을 발휘하는 데 어려움을 겪는 친구들을 가르치면서 가장 안타까웠던 점이 틀에서 벗어난 일을 속상해하는 동안 지금 즐길 수 있는 상황들을 흘려보내는 경우였기에 크게 공감이 가는 가사로 기억됩니다.

체육시간만 되면 참여하기를 거부하던 샘 또한 유연성이 부족해 평소 '와우' 순간들을 제대로 만끽하지 못하는 학생 중 한 명이었는데요. 샘은 혼자서 공을 튕기며 드리블 연습을 하는 것은 좋아했지만, 수비수와 공격수의 역할을 배우는 체육시간의 축구에는 영 관심이 없는 듯 보였습니다. 그래서인지 샘은 체육시간만 되면 여러 가지 핑계를 대며 교실에 남아 있을 궁리를 했는데요. 사실 미국 초등학교에서는 저학년 아이들 중 신체 활동에 극도의 부담감을 느끼는 경우, 가정의 동의하에 대체 특별 활동이 허가되기도 하는지라 샘의 요구가 전혀 이례 없는 일은 아니었습니다. 하지만 평소 샘의 유연성을 확장해 주고 싶었던 샘의 아버지는 결단력 있는 모습을 보였는데요. 바로 일주일에 한 번, 목요일 오후 시간 업무를 비워 체육시간 학부모 헬퍼로 지원했던 것입니다.

"공을 막는 수비수 역할이 부담스러우면 당장 시도하지 않아도 된다. 하지만 수업이 걱정된다고 네가 좋아하는 공놀이 자체를 아예 포기하는 것은 너무 아쉬운 일이야. 걱정되면 아빠가 같이 해줄게. 찬찬히 네가 편안한 만큼씩 하면 된단다." 아빠의 조언을 따라 자신이 통제할 수 있는 범위 안에서 공놀이를 즐기게 된 샘은 교실에 남아 있을 때는 미처 몰랐던, 친구들의 움직임을 관찰하는 기회를 얻었는데요. "체육시간에 참여하기 무서운 마음이 들었지만, 용기를 내었구나"라는 주변의 격려가 더해지자 걱정거리였던 체육수업도 도전해 볼 만한 일로 여기게 되었습니다.

수비수 역할을 하다가 공이 손에 맞더라도 아무렇지 않게 툭툭 털고 일어나는 친구들의 모습을 보니 '공을 맞아도 많이 아프진 않은가 보다'라는 위안을 얻었고 그로 인해 자신이 느끼는 '두려움'의 근원은 스스로 정한 한계라는 것을 알게 되었기 때문인데요. 샘처럼 다소 큰 두려움을 극복해야 하는 상황이 아니라, 원했던 사과주스 대신 오렌지 주스를 마셔야 되는 것과 같이 사소한 문제더라도 아이가 융통성을 발휘할 수 있게 도와주는 방법은 같습니다. 제일 좋아하는 맛의 주스를 먹지 못하는 문제가 즐거운 간식 시간 전체를 울면서 보낼 만큼 속상한 문제인지 돌아보게 하며, 모든 것이 만족스럽지는 않더라도 지금 그 순간을 즐길 수 있는 최선의 방법을 강구할 수 있도록 지도하는 것인데요. 이때 작더라도 아이가 유연성을 발휘한 순간들을 사진이나 글로 기록해 두면, 노력으로 지켜낸 와우 순간들을 함께 추억하며 삶의 동기로 삼을 수 있습니다.

유연성 키워주기 전략 2 : 놀이로 키우는 융통성

유연성을 키워줄 수 있는 또 다른 훌륭한 매체로는 역할놀이를 꼽을 수 있습니다. 상상력을 발휘해야 하는 역할놀이는 내가 아닌 다른 존재가 되어 다양한 관점을 이해하게 해준다는 장점이 있는데요. 특히 아이들은 고양이나 슈퍼맨과 같이 자신이 좋아하는 역할을 수행할 때에는 어디서 나오는지 모를 용기를 장착하고 평소 잘 하지 않던 행동까지 스스럼없이 도전하는 모습을 쉽게 목격할 수 있습니다.

미국 영재 초등 교실에서는 이런 아이들의 특징을 잘 이해한 도구라는 평을 받는 '슈퍼 플렉스' 사회정서교육 커리큘럼을 사용하는데요. 이 프로그램을 개발한 갈시아 위너는 아이들에게 슈퍼 히어로라는 자아를 부여하고 '생각지도 못한 팀'을 물리쳐야 한다는 미션을 쥐어줍니다. 여기서 '생각지도 못한 팀'은 걱정투성이인 '걱정 벽'과 타인의 개인 공간을 침해하는 '스페이스 침략자'와 같이 우리가 지양하는 습관을 가진 캐릭터들로 구성되어 있는데요. 그중 한 일원인 '돌멩이 뇌'는 돌처럼 딴딴한 녀석으로 우리의 생각을 제한하고 유연한 사고를 방해하는 악당 역할을 담당합니다. 아이가 '돌멩이 뇌'를 만나 변화를 받아들이기 어려워하는 상황이 되면, 스스로 슈퍼 히어로의 역할에 몰입해 무찌르는 상상을 하도록 이끌어주는데요. 평소 스스로 규정 지은 한계에서 벗어나는 것을 어려워하는 아이들에게 용기를 더해주는 기회가 됩니다.

딱딱한 돌멩이와 말랑한 찰흙을 만지며 시각적으로 유연성을 표현해 보는 시간 또한 아이에게 좋은 자극이 되는데요. 언뜻 보기에는 돌멩이가 더욱 단단하고 강해 보이지만, 한 가지 모양을 유지하는 돌멩이와 달리 유연하게 늘어나는 찰흙은 더 많은 것을 수용하고 표현해 낼 수 있는, 또 다른 종류의 강력한 힘이 있다는 것을 배우는 계기가 될 수 있기 때문입니다.

투 머치
토커

"여행하는 동안 차에서 엄마랑 아빠랑 계속 싸웠어요!", "어저께 우리 오빠가 침대에 오줌을 싸서 혼났어요." 주말이나 방학이 끝나고 오랜만에 학교에 돌아오는 날이면 선생님의 귀는 더욱 바빠집니다. 아이들은 종종 필터가 전혀 없는 듯 자신, 혹은 가족에 대한 이야기를 시시콜콜 전하는데요. 그 무한한 신뢰가 너무 사랑스럽고 고마우면서도 한편으로는 내 아이는 선생님에게 어떤 이야기를 전하고 다닐까 우려가 되기도 합니다.

캐나다 정부가 운영하는 부모 교육 단체의 전 회장이자 아동심리학자인 에스터 콜에 따르면 아이들의 이러한 행동은 자신에게 흥미롭게 다가온 사실을 상대방에게 공유하면서 사회적 교류를 만들어나가려는 순수한 의도에서 비롯되는데요. 하지만 길에서 만나는 사람에게까지 "우리 엄마는 우유를 먹으면 설사를 해서 라떼는 못 마셔요" 같은 불필요한 'TMI'를 남발하는 아이를 그냥 두고볼 수만도 없는 노릇입니다. 특히 아이로 인해 지나치게 개인적인 이야기가 원치 않게 노출되는 상황이 오면 부모는 당황스럽다 못해 화가 나기도 하는데요. 이럴 때일수록 이 또한 세상과 소통하는 법을 배워가는 아이의 악의 없는 행동이기 때문에 꾸짖기보다는 교육이 필요한 상황이라는 것을 기억하는 것이 중요합니다.

투 머치 토커too much talker형 아이들에게는 우리와 친분이 있는 사람들과 잘 알지 못하는 사람 사이에는 함께 나눌 수 있는 대화의 주제에 차이가 있다는 사실과 적절한 소통의 바운더리를 알려주는 것이 필요한데요. 길에서 처음 본 사람에게는 날씨나 인사와 같은 기본적인 인사를 건네는 것이 적합하고, 같은 반 친구와는 학교생활, 좋아하는 음악, 연예인, 음식 등과 같이 조금 더 개인적인 이야기를 나눌 수 있다는 것을 알게 해주면 과도한 정보 공유가 발생하는 사고를 줄여나갈 수 있습니다. 물론 아무리 지도를 해도 예상치 못한 상황에서 사적인 이야기가 튀어나오는 경우도 있는데요. 그럴 때는 그 자리에서 화를 내거나 아이의 행동을 교정하기보다는 대화의 흐름을 옮겨갈 수 있는 대체 주제를 준비해 두었다 툭 던지는 것을 추천합니다. "선생님께 엄마 아빠 싸운 이야기보다는 여행에서 먹었던 정말 맛있는 아이스크림에 대해서 말씀드려 봐! 토끼 모양의 아이스크림이 정말 신기했잖아!"와 같이 새로운 주제를 제시한 뒤, 추후에 아이와 함께 이 대화를 떠올리며 어느 부분이 사적인 대화의 영역에 속하는지 이야기를 나누어 보는 것이지요.

아이들의 솔직함과 TMI 사이의 경계선이 흐려질 때 발생하는 과도한 정보 나눔은 비단 엄마 아빠의 비밀이 노출되는 문제로만 그치는 것이 아닙니다. 특히 관계 형성 능력이 미숙한 초등 저학년 아이들은 또래 관계에서 어느 정도의 속마음을 공유하는 것이 좋은지 고민하게 되는 경우가 많은데요. 좋아하는 이성 친구가 있는지, 용돈은 얼마를 받는지와 같은 사적인 부분에 대해서 말하기 부담스러우면서도 친구들의 성화에 못 이겨 털어놓게 된다거나, 반대로 사사건건 자기 이야기를 너무 많이 해서 친구들에게 "안물안궁(안 물어봤고 안 궁금해)"이라는 소리를 듣는 아이들도 있기 때문입니다.

문제는 또래 압력에 끌려당기거나 무리에서 소외당하는 경험은 아이의 자존감에도 부정적인 영향을 끼칠 수 있다는 점인데요. 다행히도 이런 상황들은 자기 옹호 능력과 비언어적 표현 인식이 향상되면서 충분히 개선될 수 있는 부분이지만 솔직함이 필요한 상황과 돌려 대답할 수 있는 영역을 확실하게 구분 짓고 여러 친구 중에도 정말 속깊은 마음을 나눌 수 있는 상대를 잘 판단하도록 지도한다면 그 사이 마음 다칠 일을 예방할 수 있습니다.

서프라이즈와 비밀

미국 학교는 개인적인 이야기는 가까운 사람끼리만 공유하도록 지도하지만 그와 동시에 집단 내에서 소수의 인원끼리 비밀을 갖는 것은 권장하지 않습니다. 이런 행위가 간혹 아이에게 소외감을 불러 일으킬 수 있다는 이유에서인데요. 이와 같이 모호한 기준은 해도 되는 말과 하지 않아야 할 말의 구분을 어렵게 만들 수 있습니다. 따라서 아이에게 서프라이즈와 비밀의 개념을 설명하고 그 미세한 차이를 교육하는 것이 필요한데요. 이는 아이가 적절한 대상과 적정선에 맞춘 대화를 할 수 있게 만들어주기 때문입니다.

이 두 단어는 얼핏 보기에는 비슷해 보이지만 엄연히 차이가 있습니다. 먼저 서프라이즈는 짧은 기간 일시적으로 공개를 보류해야 하는 성질을 띱니다. 예를 들어 생일 선물로 준비한 물건이 무엇인지 미리 고지하지 않는다든지 갑작스레 합격 소식을 전하는 것과 같이 그 목적 또한 누군가에게 긍정적인 감정을 일으키기 위함입니다. 따라서 일반적으로 서프라이즈는 학교나 가정에서도 충분히 수용되고는 합니다.

반면 비밀은 '특정 대상에게 어떠한 정보를 숨기려는 의도'를 바탕으로 하고 있기 때문에 주로 오랜 기간 동안 정보가 단절된다는 차이가 있습니다. 여러 명이 모여 한 친구를 흉본다거나, 따돌릴 계획을 세우는 것과 같이 누군가를 속상하게 할 법한 정보라면 그 또한 '비밀'로 정의될 가능성이 높은데요. 따라서 아이가 비밀과 서프라이즈

간의 차이를 인식하는 것을 어려워한다면 '그 사실이 알려졌을 때 상대가 어떤 반응을 보일 것 같은지', '이 정보를 공개하지 말라고 요구하는 사람은 왜 그러라고 하는 것인지' 생각해 보도록 이끌어주며 그 경계를 파악하는 힘을 길러주어야 합니다. 특히 아이에게 누군가가 부모님을 포함한 다른 사람 누구에게도 말하지 말라는 요구를 해온다면, 그 자체가 위험 신호라는 것을 교육하는 것 또한 매우 중요한데요. '착한 아이는 비밀을 잘 지키지', '남자라면 입이 무거워야지'와 같은 사회적 분위기가 아이에게 비밀은 약속한 이상, 꼭 지켜야만 한다는 생각을 품게 만들기 때문입니다. 따라서 누군가가 불쾌한 감정이 느껴지는 신체 접촉을 해오거나 내 마음을 불편하게 만드는 요구를 한다면, 아무리 비밀로 하기로 약속을 했어도 이를 깨는 것은 절대 잘못이 아님을 이해시키는 노력이 필요한데요. 그러기 위해서는 평소 가족 간의 대화에서도 서프라이즈와 비밀을 구분해 사용하며 그 경계를 더 확실히 하는 분위기를 형성해 주어야 합니다. "아빠 선물 산 거 비밀이야"처럼 뭉뚱그려 이야기하기보다는 "오늘 산 아빠 생일 선물은 서프라이즈로 전달할 수 있도록 내일까지 말하지 않기로 하자. 그러면 우리가 다 같이 아빠가 행복해하는 모습을 볼 수 있을 거야"와 같이 긍정적인 의도를 함께 설명하는 것이 좋습니다. 이는 어째서 사랑하는 아빠에게 정보를 숨겨야 하는 것인지, 가족 간에 나중에 공유해도 되는 내용은 어떤 성질을 띠는지 등은 자칫 아이의 마음을 혼란스럽게 만들 수 있는 요소들을 은연중에 설명해 주는 효과를 가져옵니다.

착한 거짓말은 괜찮을까?

《속임수의 심리학》이라는 책을 펴낸 심리 전문가, 파멜라 메이어는 인간은 하루에 적게는 10회, 많게는 200번의 거짓말을 한다고 말했습니다. 게다가 누군가와 첫 대면을 하는 최초의 10분 동안에는 그 빈도가 더 높아 평균적으로 약 3회 이상의 거짓말이 발생한다고 하는데요. 물론 그의 대부분은 상대의 기분을 배려해 "옷이 잘 어울린다"라고 칭찬을 건네는 것처럼 자신의 행동을 방어하기 위한 경우가 많습니다. 따라서 악의를 품지 않은 거짓말은 해롭다기보다는 사회생활에 필요한 교류의 수단으로 여겨지는 경우가 많은데요.

하지만 미국 캘리포니아주립대학교의 한 연구는 선의의 거짓말도 반복될 경우 부정적인 영향을 가져온다 말합니다. 특히 거짓말을 대하는 부모의 태도는 아이의 가치관 형성에도 상당한 비중을 차지하기 때문에 우리 가정의 실태를 주의 깊게 살펴야 할 필요가 있습니다. 아무리 정직함을 강조하더라도 부모가 이와 일치하는 행동을 보이지 않는다면 아이는 거짓말을 해도 큰일이 일어나지 않는다고 여기기 마련입니다.

더 큰 문제는 거짓말을 하는 행위가 우울증과 불안 증세를 악화시키는 등 정신 건강 또한 해친다는 점입니다. 따라서 아이가 거짓말을 대수롭지 않게 여기지 않는 것은 매우 우려스러운 현상입니다. 캐나다 맥길대학교 심리학 교수인 빅토리아 텔워가 9~11세 아동을 대상으로 한 연구에 따르면 아이들은 거짓말을 줄여나갈수록 자신에 대해 더 긍정적인 인식을 쌓는데요.

이는 즉 어린아이들조차 거짓을 말하는 자신을 달가워하지 않는다는 의미를 나타냅니다. 따라서 아무리 선의를 담고 있더라도 사실이 아닌 것을 사실인 양 말해야 하는 상황은 아이의 자존감에 생채기를 낸다는 뜻이기도 합니다. 그렇다면 할머니가 마음에 들지 않는 선물을 주었을 때와 같이 솔직함이 상대의 마음을 상하게 만들 것 같은 상황에는 어떠한 대처가 필요할까요? 바로 거짓말을 하기보다는 진실로 감사함을 표현할 수 있는 부분을 찾는 것이 중요합니다. 선물이 마음에 들지 않는 상황에서 굳이 "할머니가 준 스웨터가 최고의 선물이에요! 앞으로 매일 입을게요!"라고 포장하지 않더라도 부드러운 촉감, 혹은 화사한 색감처럼 마음에 드는 요소를 콕 찝어 칭찬하는 것인데요. "제가 좋아하는 초록색이에요!", "촉감이 정말 포근해요"와 같은 화법은 거짓말을 사용하지 않으면서도 친절함을 표현하는 방법입니다.

좋은 리드^{lead}는
상대를 리드^{read}할 때 나온다

"가자, 나를 따르라!" 자아가 급격히 성장하는 시기가 오면, 아이들은 유독 앞장서기를 좋아하는 모습을 보입니다. 실제로 어린아이들에게 인기 있는 영상물이나 책 속 주인공들을 살펴보면 주변 인물들을 능숙하게 이끄는 모습을 쉽게 만날 수 있는데요. '다른 사람이 바라보는 나의 모습'을 인지하기 시작하면서 아이들은 이와 같은, 사회가 보여주는 멋진 모습을 구현하고 싶은 욕구를 갖습니다. 이럴 때일수록 중요한 것은 진정한 리더란 단순히 '대장 노릇을 하는 권력자' 그 이상의 의미를 가지고 있다는 것을 알려주는 것이 중요합니다.

좋은 리더가 갖추어야 할 역량이 무엇인가에 대해서는 의견이 분분한데요. 주위 사람들을 세세히 잘 챙겨주는 지도자를 좋은 리더라고 표현하는 이도 있는 반면, 디테일보다는 큰 그림을 그릴 줄 아는 것을 리더의 덕목으로 꼽는 사람도 있습니다. 이 때문에 한 가지 역량을 선택하기 어려운 것이지요. 리더에 대한 의견이 분분하다는 사실을 역으로 생각하다 보면, 우리는 모두 자신 고유의 방식으로 훌륭한 지도자가 될 잠재력을 가지고 있다는 이야기가 됩니다. 적극적이고 활동적인 아이뿐만 아니라 평소 소극적이고 조용한 성격을 가진 아이들도 자신과 타인의 장점을 조화롭게 결합한다면 리더로서 충분히 시너지 효과를 불러일으킬 수 있는데요. 지금까지 다루었던 인성, 감정, 사회적 역량과 더불어 타인에 대한 배려가 돋보이는 커뮤니케이션 기술을 갖춘 아이들은 강한 '인싸력'의 여부나 기질적인 성향을 막론하고 '닮고 싶은 친구'로서 멋진 롤 모델이 되곤 합니다.

리더십 있는 아이로 키우기 전략 1: 함께하는 성취, 협동심 길러주기

좋은 리더는 조직의 결속력을 키워줍니다. 반면 지도력이 약한 리더를 둔 집단은 작은 일에도 쉽게 분열되는 경우가 많은데요. 입시를 비롯한 수많은 경쟁 속에서 끊임없이 승부를 가르며 살고 있는 우리 아이들은 친구와 서로를 발전적인 방향으로 이끌어나가려는 목표보다는 비교하거나 이겨야 할 대상으로 여기는데요. 특히 학업 성취도가 중요시되는 고학년에 근접할수록 커지는 학습 부담감은 또래 관계의 유대감을 해치기도 합니다.

지나친 승부욕의 악역향은 이미 《뉴욕 타임즈》가 인용한 캐나다 맥길대학교의 연구 사례를 통해 널리 알려진 바 있습니다. 해당 기사는 학부 성적을 바탕으로 의학 전문 대학원의 진학이 결정되는 의예과 학생들이 타전공에 비해 우울증과 정신질환을 앓는 비율이 현저히 높다는 점을 지적했습니다. 그중 한 아이는 인터뷰를 통해 경쟁에 심취한 나머지, 같은 강의를 듣는 친구에게 일부러 잘못된 정보를 흘리고 합격에 유리한 내용을 숨겼다고 고백했습니다. 이러한 선택은 그를 입시 성공으로 이끌었지만 아이러니하게도 행복과는 더욱 멀어지게 만드는 결과를 초래했습니다.

전문가들은 정신 건강 및 안정은 적절한 승부욕과 협동심의 균형이 이루어질 때 가능해진다고 말합니다. 2011년 베아타 플루타는 만 9~14세 아이들을 세 개의 그룹으로 나누어 흥미로운 연구를 진행했는데요. 그는 첫 번째 실험에서는 아이들에게 일대일 농구 대결을 요청했고, 두 번째 실험에서는 두 명이 한 팀을 이루어 최대한 많은 득점을 하게 했으며, 마지막 세 번째 실험에서는 2 대 2 농구 대결을 시켜보았습니다. 그는 이를 통해 각각 직접적 대결 구조, 두 명의 협동 구조, 그리고 협동과 대결 구조가 반반씩 섞인 환경에서 아이들의 행복도를 측정했는데요. 그 결과 2 대 2로 농구 게임을 한 상황에서 가장 큰 즐거움과 만족감을 느꼈다고 답변한 아이들이 가장 많았습니다. 만약 농구공을 차지한 시간이나 게임당 득점률과 같은 개인 성취를 기준으로 둔다면, 모든 역할을 독점하는 일대일 경기에서 우승하는 것이 더 값지게 여겼을 텐데요. 예상을 뒤엎는 아이들의 답변은 여럿이 함께 모여 공통된 목표를 이루기 위해 협동하는 과정이 창출하는 긍정적인 에너지를 시사하고 있습니다.

사회에서 만나는 대부분의 업무는 어떤 식으로든지 타인과 관계를 맺고 협력해야 하는 요소를 지니고 있습니다. 이 때문에 옆 사람을 경쟁 상대로만 인식하거나 매사에 '일등'을 노리기보다는 함께 하는 시너지를 꾀하는 것이 바람직합니다. 등수를 유일한 성공의 척도로 여기다가는 관계를 귀하게 여기는 마음을 상실하게 되기 쉬워 외로운 길을 걷게 될 가능성 또한 높아지기 때문입니다. 따라서 건강한 경쟁의식을 위해서는 타인이 아닌 '과거의 나 자신'을 목표 대상으로 삼는 것이 좋습니다. 농구를 할 때도 매번 이기는 것을 기준으로 두기보다는 연습 시간이나 슛 카운트처럼 개인 역량의 성장에 집중하는 것인데요.

이와 같이 개인 고유의 발전을 중시하는 문화는 미국 학교의 성적표에서도 쉽게 엿볼 수 있습니다. 전체 학급 석차를 바탕으로 학업 등급을 나누고 백분율로 점수를 표기하는 한국과 달리, 미국의 성적표는 '성장이 두드러짐', '성장이 근소함'과 같은 평가를 담고 있습니다. 이런 환경은 "너보다 내가 잘해야만 성공한다"라는 그릇된 비교 의식을 방지할 뿐만 아니라 "너도 나도 잘하니 우리 함께 잘해보자"라는 협동심, 그리고 "이렇게 해보는 건 어때?" 제안하는 리더십으로 이어지는데요. 당장 한국 교육의 분위기 전체를 전환하는 것은 불가능하지만 가정에서부터라도 시험 점수나 석차보다 건강한 경쟁, 현명한 협력, 그리고 개인적 발전에 초점을 맞춘다면 훗날 함께 세상을 살아가는 사람들을 협동 대상으로 바라보게 만들어줄 것입니다.

리더십 있는 아이로 키우기 전략 2 : 능동적 표현 격려하기

어린아이들은 놀라울 만큼이나 자신의 생각과 감정을 표현하는 데 두려워하는 법이 없습니다. 하지만 다른 사람이 이를 통해 나를 평가하거나 거부할 수 있다는 사실을 인지하면서부터 가치관이나 취향을 드러내는 것에 대한 걱정에 사로잡히게 됩니다. 그런 의미에서 자신감 있게 생각을 주장하고 대대적으로 피력하는 리더의 행보는 매우 용감한 일입니다. 이는 능동적으로 자신을 드러내는 것이 취약점이 될지도 모른다는 사실을 알면서도 그 두려움을 극복했다는 증거이기 때문인데요.

능동적으로 자신을 표현하는 경험을 통해 아이는 세상 앞에 당당히 설 수 있는 담력을 쌓아갑니다. "자리가 사람을 만든다"라는 말처럼 잦은 훈련을 통해서 자신감 또한 성장하기 때문인데요. 이러한 이유로 미국 초등학교는 교과목을 다루는 그룹 프로젝트를 진행할 때, 의식적으로 리더십 증진 프로젝트를 접목하는 경우가 많습니다. 분기별로 소그룹 내 리더를 지정해 이번 주 봉착한 난제 브리핑하기, 팀원에게 조언 구하기, 의견을 나누는 데 소극적인 친구 다독이기와 같이 리더가 갖추어야 할 역량을 다루는 과제를 추가로 부여하는 것인데요. 이 과정 속에서 아이들은 팀원과 공감하고 배려하는 리더의 자질을 배워가게 됩니다. 물론 우리 모두가 리더가 되어야 할 필요는 없습니다. 리더만큼이나 조력자나 중재자의 역할도 중요합니다. 하지만 리더의 자리를 양보하는 것과 타인을 이끌기가 두려워 포기하는 것 사이에는 큰 차이가 있습니다. 로자 팍스, 만델라와 같은 잠재력을 지닌 다음 세대의 리더들이 타인의 평가에 대한 두려움이나 능동적인 자기표현 기회의 부족으로 세상을 이끌지 못한다면 그만큼 슬픈 일도 없을 테니까요.

참고 자료

논문

- 고려대학교 HRD정책중점연구소. 4차 산업혁명 시대의 미래인재 핵심 역량 조사 분석. 2017.
- 김요셉, 김성천, 유서구. 청소년기 스트레스의 영향요인: 긍정적 자아개념과 자기 신뢰감의 영향을 중심으로. 청소년학연구. 2011.
- 김현진. 왜 우리는 사회정서역량에 주목해야 하는가?. 한국교육개발원. 2021.
- 김은정, 김춘화, 이상수. 사회정서학습 프로그램이 초등학생들이 사회정서역량과 공동체의식 개선에 주는 의미 탐색. 교육방법연구. 2015.
- 류정희, 이상정, 전진아, 박세경, 여유진, 이주연, 김지민, 송현종, 유민상, 이봉주. 2018년 아동종합실태조사. 한국교육개발원. 2019.
- 박영신, 김의철. 한국 청소년의 삶의 질과 인간관계. 교육심리연구, 22(4), 801~836. 2008.
- 박진우, 허민숙. 아동 및 청소년의 정신건강 현황, 지원제도 및 개선방향. 국립 입법조사처. 2021.
- 신현숙 역. 사회정서학습: 정신건강과 학업적 성공의 촉진. Merrell, K. W., Gueldner, B. A.의 A social and emotional learning in the classroom: Promoting mental health and academic success. 파주: 교육과학사. (원본 발간일, 2010). 2011.
- 신현숙. 학업수월성 지향 학교에서 사회정서학습의 필요성과 지속가능성에 관한 고찰. 한국심리학회: 학교. 2011.
- 신현숙. 교과수업과 연계한 학급 단위의 사회정서학습: 사회 정서적 유능성과 학교관련 성과에 미치는 효과. 한국심리학회:학교. 2013.
- 양정호. "한국의 사교육비 지출에 대한 종단적 연구: 한국노동패널의 위계적 선형 모형 분석", 〈제5차 한국노동패널 학술대회 논문집〉. 2004.
- 조미숙. 그림책을 활용한 감정코칭이 만 2세 반 영아의 정서조절과 또래상호작용

376

에 미치는 효과, 총신대학교 교육대학원 유아교육학과 유아교육학 전공 국내석사 논문. 2016.

• 황혜진, 황예경. 외국인이 인지하는 한국인의 문화간 비즈니스 커뮤니케이션의 장애요인에 관한 연구-다국적기업의 국제회의를 중심으로. 비서 · 사무경영연구. 2008.

• Abrams, Daniel A., Percy, K., Mistry, Amanda E., Baker, et al. A Neurodevelopmental shift in reward circuitry from mother's to nonfamilial voices in adolescence. *Journal of Neuroscience*. 2022.

• Adler J. M., Hershfield H. E., Mixed emotional experience is associated with and precedes improvements in psychological well-being. *PLOS ONE*. 2021.

• Azari, Nina. (2000). Brain Plasticity and Recovery from Stroke. *American Scientist*. 2000.

• Bailen, N. H., Wu, H., & Thompson, R. J., Meta-emotions in daily life: Associations with emotional awareness and depression. *Emotion*. 2019.

• Baumeister R.F., Bratslavsky E., Finkenauer C., Vohs K. D., Bad is stronger than good. *Review of General Psychology*. 2001.

• Beekes, W., The "millionaire" method for encouraging participation. *Active Learning in Higher Education*. 2006.

• Bell, Marlesha C., "Changing the Culture of Consent: Teaching Young Children Personal Boundaries". *USF Tampa Graduate Theses and Dissertations*. 2020.

• Blackwell, L., Trzesniewski, K. and Dweck, C. Implicit Theories of Intelligence Predict Achievement Across an Adolescent Transition: A Longitudinal Study and an Intervention. *Child Development*. 2007.

• Brackett, M. A., Bailey, C. S., Hoffmann, J. D., & Simmons, D. N., RULER: A theory-driven, systemic approach to social, emotional, and academic learning. *Educational Psychologist*. 2019.

• Brackett, M. A., Rivers, S. E., Reyes, M. R., & Salovey, P., Enhancing Academic Performance and Social and Emotional Competence with the RULER Feeling Words Curriculum. *Learning and Individual Differences*.

2012.

- Bradley, R. H., and Corwyn, R. F., Socioeconomic status and child development. *Annual Review of Psychology.* 2002.

- Barraket, J., Teaching research method using a student centered approach? Critical reflections on practice. *Journal of University Teaching and Learning Practice.* 2005.

- Brauer K, Proyer RT., The Impostor Phenomenon and causal attributions of positive feedback on intelligence tests. Pers. *Individ. Differ.* 2022.

- Bruns, E J., Moore, E., Hoover-Stephan, S., Pruitt, & D., Weist, M. D., The impact of school mental health services on out-of-school suspension rates. *Journal of Youth and Adolescence.* 2005.

- Calear AL, Christensen H, Freeman A, Fenton K, Busby Grant J, van Spijker B, et al., A systematic review of psychosocial suicide prevention interventions for youth. *Europe Child Adolesc Psychiatry.* 2016.

- Cameron, J., & Pierce, W. D., The Debate About Rewards and Intrinsic Motivation: Protests and Accusations Do Not Alter the Results. *Review of Educational Research.* 1996.

- Cameron, J., Pierce, W. D., Banko, K. M., & Gear, A. Achievement-Based Rewards and Intrinsic Motivation: A Test of Cognitive Mediators. Journal of Educational Psychology. 2005.

- Cameron, J., Negative Effects of Reward on Intrinsic Motivation—A Limited Phenomenon: Comment on Deci, Koestner, and Ryan. *Review of Educational Research.* 2001.

- Campbell-Sills L., Barlow D. H., Brown T. A., Hofmann S. G., Effects of suppression and acceptance on emotional responses of individuals with anxiety and mood disorders. *Behaviour Research and Therapy.* 2006.

- Cascio CN, O'Donnell MB, Tinney FJ, Lieberman MD, Taylor SE, Strecher VJ, Falk EB., Self-affirmation activates brain systems associated with self-related processing and reward and is reinforced by future orientation. *Soc Cogn Affect Neurosci.* 2016.

- CASEL. Safe and sound: An educational leader's guide to evidence-based social and emotional learning (SEL) programs.Chicago, IL: CASEL. 2003.

- CASEL. CASEL guide: Effective social and emotional learning programs: Middle and high school edition. Chicago, IL: CASEL. 2015.
- Caspi A., Herbener E. S. S., Ozer D. J. J., Shared experiences and the similarity of personalities: A longitudinal study of married couples. *Journal of Personality and Social Psychology.* 1992.
- Cerasoli, C. P., & Ford, M. T., Intrinsic motivation, performance, and the mediating role of mastery goal orientation: A test of self-determination theory. *The Journal of Psychology: Interdisciplinary and Applied.* 2014.
- Cho H, Ryu S, Noh J, Lee J., The Effectiveness of Daily Mindful Breathing Practices on Test Anxiety of Students. PLoS One. 2011.
- Clance, P. R., & Imes, S. A., The imposter phenomenon in high achieving women: Dynamics and therapeutic intervention. *Psychotherapy: Theory, Research & Practice.* 1978.
- Cokley, K., McClain, S., Enciso, A., & Martinez, M., An examination of the impact of minority status stress and impostor feelings on the mental health of diverse ethnic minority college students. *Journal of Multicultural Counseling and Development.* 2013.
- Comer, James., The Yale-Haven Primary Prevention Project: A Follow-up Study. *Journal of the American Academy of Child Psychiatry.* 1985.
- Comer, J. P., The rewards of parent participation. *Educational Leadership.* 2005.
- Demange, P.A., Malanchini, M., Mallard, T.T. et al., Investigating the genetic architecture of noncognitive skills using GWAS-by-subtraction. *Nat Genet.* 2021.
- Devaney, E., O'Brien, M. U., Resnik, H., Keister, S., & Weissberg, R. P., Sustainable schoolwide social and emotional learning (SEL): Implementation guide and toolkit. Chicago, IL: CASEL, *University of Illinois at Chicago.* 2006.
- Diggs, L. L., Student attitude toward and achievement in science in a problem based learning educational experience. Ph.D.Thesis, *University*

of Missouri-Colombia. 1997.

- Downing, K., Kwong, T., Chan, S., Lam, T. and Downing, W., Problem-based learning and the development of metacognition. *Higher Education.* 2009.

- Duckworth, A. and Quinn, P., Development and Validation of the Short Grit Scale (Grit-S). *Journal of Personality Assessment.* 2009.

- Durlak, J., Weissberg, R. P., Dymnicki, A. B., Taylor, R. D., & Schellinger, K. B., The Impact of Enhancing Students' Social and Emotional Learning: A Meta-Analysis of School-Based Universal Interventions. *Child Development.* 2011.

- Dusenbury, L., Calin, S., Domitrovich, C., & Weissberg, R., What does evidence-based instruction in social and emotional learning actually look like in practice? A brief on findings from CASEL's program reviews. Chicago, IL: CASEL. 2015.

- Dyrbye. Liselott., Thomas. Matthew. R., Massie, F. Stanford. Burnout and Suicidal Ideation among U.S. Medical Students. *Academia and Clinic.* 2008.

- Elias, M. J., Zins, J. E., Weissberg, R. P., Frey, K. S., Greenberg, M. T., Haynes, N. M., Kessler, R., Schwab-Stone, M. E., & Shiver, T. P., Promoting social and emotional learning: Guidelines for educators. *Alexandria, VA: Association for Supervision and Curriculum Development.* 1997.

- Ekman, P., Are there basic emotions?. *Psychological Review.* 1992.

- Ekman, Paul., Friesen, Wallace. V., Facial action coding system. *Environmental Psychology & Nonverbal Behavior.* 1978.

- Fine, Ione., Huber, Elizabeth.,Chang, Kelly., Alvarez, Ivan.,et al., Early blindness shapes cortical representations of auditory frequency within the auditory cortex. *The Journal of Neuroscience.* 2019.

- Fishbach, A., Shah, J. Y., & Kruglanski, A. W., Emotional transfer in goal systems. *Journal of Experimental Social Psychology.* 2004.

- Froh, J. J., Kashdan, T. B., Ozimkowski, K. M., & Miller, N., Who benefits the most from a gratitude intervention in children and adolescents? Examining positive affect as a moderator. *Journal of Positive*

Psychology. 2009.

- Geangu E, Benga O, Stahl D, Striano T., Contagious crying beyond the first days of life. *Infant Behavior and Development.* 2010.
- Good,Kayla, Shaw. Alex.,"Why kids are afraid to ask for help." *Scientific American.* 2022.
- Gould M, Shaffer D, Greenberg T. The epidemiology of youth suicide. In: King R, Apter A. editors. Suicide in Children and Adolescents. *Cambridge: Cambridge University Press.* 2003.
- Greenberg, M. T., Weissberg, R. P., O'brien, M. U., Zins, J. E., Fredericks, L., Resnik, H., & Elias, M. J., Enhancing school-based prevention and youth development through coordinated social, emotional, and academic learning. *American psychologist.* 2003.
- Hamilton, L., Fight, flight or freeze: Implications of the passive fear response for anxiety and depression. *Phobia Practice & Research Journal.* 1989.
- Hawkins, J. D., Kosterman, R., Catalano, R.F., Hill, K.G., & Abbott, R. D., "Effects of social development intervention in childhood 15 years later." *Archives of Pediatrics & Adolescent Medicine.* 2008.
- Hayes. Chelsea., Carver, LEslie J., Follow the liar: the effects of adult lies on children;s honesty. *Developmental Science.* 2014.
- Haynes, Norris & Comer, James & Hamilton-Lee, Muriel., The School Development Program: A Model for School Improvement. *The Journal of Negro Education.* 1988.
- Helmers. K.F, Danoff. D., Steinert. Y., Leyton. M., Young. S. N., Stress and depressed mood in medical students, law students, and graduate students at McGill University. *Academic Medicine.* 1997.
- Hurrell KE, Houwing FL, Hudson JL., Parental Meta-Emotion Philosophy and Emotion Coaching in Families of Children and Adolescents with an Anxiety Disorder. J *Abnorm Child Psychology.* 2017.
- Im Y, Oh WO, Suk M., Risk Factors for suicide ideation among adolescents: five-year national data analysis. *Archives of Psychiatric Nursing.* 2017.

- Ike M. Silver, Alex Shaw. Pint-Sized Public Relations: The Development of Reputation Management. *Trends in Cognitive Sciences.* 2018.
- Jones, D. E., Greenberg, M., & Crowley, M., "Early social-emotional functioning and public health: The relationship between kindergarten social competence and future wellness." *American Journal of Public Health.* 2015.
- Jones, S. M., Brush, K.E., Ramirez, T., et. al., Navigating Social and emotional learning from the inside out. *Harvard Graduate School of Education.* 2021.
- Jones, P. J., Bellet, B. W., & McNally, R. J., Helping or Harmi*Clinical Psychological Science*.ng? The Effect of Trigger Warnings on Individuals With Trauma Histories. 2020.
- Kidd, Celeste., Palmeri,Holly., Aslin,Richard N., Rational snacking: Young children's decision-making on the marshmallow task is moderated by beliefs about environmental reliabiliy. *Cognition.* 2014.
- Kiknadze, Nona. Comfort Zone Orientation: Moving Beyond One's Comfort Zone. Honors thesis, *Duke University.* 2018.
- Kiknadze, Nona C., Leary, Mark R., Comfort zone orientation: Individual differences in the motivation to move beyond one's comfort zone. *Duke University.* 2020.
- Krishnan,S. Shunmuga., Sitaraman. Ramesh. K., Video Stream Quality Impacts Viewer Behavior: Inferring Causality Using Quasi-Experimental Designs. University of Massachusetts, *Amherst & Akamai Technologies.* 2012.
- Langford, J., & Clance, P. R., The imposter phenomenon: Recent research findings regarding dynamics, personality and family patterns and their implications for treatment. *Psychotherapy: Theory, Research, Practice, Training.* 1993.
- Larsen, Jeff & To, Yen & Fireman, Gary. Children's Understanding and Experience of Mixed Emotions. *Psychological Science.* 2007.
- Lepper, M. R., Greene, D., & Nisbett, R. E., Undermining children's intrinsic interest with extrinsic reward: A test of the "overjustification"

hypothesis. *Journal of Personality and Social Psychology*. 1973.

• Liddle MJ, Bradley BS, Mcgrath A., Baby empathy: infant distress and peer prosocial responses. *Infant Mental Health Journal*. 2015.

• Li, S., Hughes, J. L., & Thu, S. M., The links between parenting styles and imposter phenomenon. *Psi Chi Journal of Psychological Research*. 2014.

• Maguire, Eleanor A., Gadian, David G., Johnsrude, Ingrid S., et al., Navigation related structural change in the hippocampi of taxi drivers. *Scientific American*. 2000.

• Mauss. I.B., Tamir. M., Anderson. C.L., Savino. NS., Can seeking happiness make people unhappy? [corrected] Paradoxical effects of valuing happiness. *Emotion*. 2011.

• McCauley, C. D., & Yost, P. R., Stepping to the edge of one's comfort zone. In V. S. Harvey & K. P. De Meuse (Eds.), The age of agility: Building learning agile leaders and organizations. *Society for Industrial and Organizational Psychology; Oxford University Press*. 2021.

• McCraty, Rollin. Psychophysiological coherence: A proposed link among appreciation. *Cognitive Performance, and Health*. 2001.

• Mekonnen, Fikru D. M., Evaluating the effectiveness of learning by doing teaching strategy in a research methodology course, Hargeisa, Somaliland. *African Educational Research Journal*. 2020.

• Mischel, W., Ebbesen, E. B., & Raskoff Zeiss, A., Cognitive and attentional mechanisms in delay of gratification. *Journal of Personality and Social Psychology*. 1972.

• Miljana, Spasic-Senel., Mila, Guberinic., The ability to experience mixed emotions in children aged 5 to 10 years. Project of the Serbian Ministry of Education. *Science and Technological Development*. 2022.

• Mireault, G. C., Crockenberg, S. C., Sparrow, J. E., Pettinato, C. A., Woodard, K.C., & Malzac, K., Social looking, social referencing and humor perception in 6- and-12-month-old infants. *Infant Behavior & Development*. 2014.

• Moller, A. C., & Deci, E. L., The psychology of getting paid: An integrated perspective. In E. Bijleveld & H. Aarts (Eds.), The psychological science of money (pp. 189–211). *Springer Science + Business Media.* 2014.

- Nouri, Jalal. The flipped classroom: for active, effective and increased learning – especially for low achievers. *International Journal of Educational Technology in Higher Education.* 2016.
- Palmiter RD., Dopamine signaling in the dorsal striatum is essential for motivated behaviors: lessons from dopamine-deficient mice. *Annals of the New York Academy of Sciences Journal.* 2008.
- Pluta, Beata. Andrzejewski Marcin. Characteristics of Team leaders play as exemplified by the European championships in basketball. *Journal of Human kinetics.* 2011.
- Robinson S, Sotak BN, During MJ, Palmiter RD., Local dopamine production in the dorsal striatum restores goal-directed behavior in dopamine-deficient mice. *Behavioral Neuroscience.* 2006.
- Roelofs K., Freeze for action: neurobiological mechanisms in animal and human freezing. Philosophical Transactions of the Royal Society B-Journals. *Biological Sciences.* 2017.
- Shibly, Sirajul & Chatterjee, Subimal. Surprise rewards and brand evaluations: The role of intrinsic motivation and reward format. *Journal of Business Research.* 2020.
- Schultz W, Apicella P, Ljungberg T., Responses of monkey dopamine neurons to reward and conditioned stimuli during successive steps of learning a delayed response task. *Journal of Neuroscience.* 1993.
- Schultz W., Predictive reward signal of dopamine neurons. *Journal of Neurophysiology.* 1998.
- Schultz W, Romo R., Dopamine neurons of the monkey midbrain: Contingencies of responses to stimuli eliciting immediate behavioral reactions. *Journal of Neurophysiology.* 1990.
- Schwab, Y., & Elias, M. J., Raising test scores: Using social-emotional learning and cognitive behavioral techniques to increase math test performance. *Symposium at 40th Annual Convention of the Association for Behavioral and Cognitive Therapies.* 2006.
- Schwenck, C., Göhle, B., Hauf, J., Warnke, A., Freitag, C. M., & Schneider,

W., Cognitive and emotional empathy in typically developing children: The influence of age, gender, and intelligence. *European Journal of Developmental Psychology.* 2014.

- Sesso G, Brancati GE, Fantozzi P, Inguaggiato E, Milone A., Masi G. Measures of empathy in children and adolescents: A systematic review of questionnaires. *World Journal of Psychiatry.* 2021.
- Silk JS, Lee KH, Elliot RD, Hooley JM, Dahl RE, Barber, & Siegle GJ., "Mom-I don't want to hear it": Brain response to maternal praise and criticism in adolescents with major depressive disorder. *Social Cognitive and Affective Neuroscience.* 2017.
- Šimić G, Tkalčić M, Vukić V, Mulc D, Španić E, Šagud M, Olucha-Bordonau FE, Vukšić M, R Hof P., Understanding Emotions: Origins and Roles of the Amygdala. Biomolecules. 2021.
- Steele, C. M., The psychology of self-affirmation: Sustaining the integrity of the self. In R. F. Baumeister (Ed.), The self in social psychology. *Psychology Press.* 1999.
- Sturgeon JA, Zautra AJ. Social pain and physical pain: shared paths to resilience. *Pain Management.* 2016.
- Talwar.V., Lee, K., Emergence of white lie-telling in children between 3 and 7 years old of age.Merrill-Palmer Quarterly *Journal of Developmental Psychology.* 2002.
- Talwar.V., Murphy. S.M., Lee, K., White lie-telling in children for politeness purposes.*International Journal of Behavioral Development.* 2007.
- Tanaka, S., The assumed effects of positive feedback paired with success on motivation to do a task: The cases of characters with high and low initial levels of interest. *Japanese Psychological Research.* 2001.
- Taylor, R., Oberle, E., Durlak, J., & Weissberg, R., Promoting positive youth development through school-based social and emotional learning interventions: A meta-analysis of follow-up effects. *Child Development.* 2017.

- Thompson, N. M., van Reekum, C. M., & Chakrabarti, B., Cognitive and affective empathy relate differentially to emotion regulation. *Affective Science.* 2021.
- Uzefovsky, F., & Knafo-Noam, A., Empathy development throughout the life span. In J. A. Sommerville & J. Decety (Eds.), Social cognition: Development across the life span. *Routledge/Taylor & Francis Group.* 2017.
- Vaccaro, A. G., Kaplan, J. T., & Damasio, A., Bittersweet: The Neuroscience of Ambivalent Affect. *Perspectives on Psychological Science.* 2020.
- Vanessa K. Bohns, Francis J. Flynn. Why didn't you just ask?" Underestimating the discomfort of help-seeking *Journal of Experimental Social Psychology.* 2010.
- Verkuyten, M., & Thijs, J., School satisfaction of elementary school children: The role of performance, peer relations, ethnicity, and gender. *Social Indicators Research.* 2002.
- Walsh, David. Why do they act that way? : A survival guide to the adolescent brain for you and your teen. *Atria.* 2014.
- Want, J., & Kleitman, S., Imposter phenomenon and self-handicapping: Links with parenting styles and self-confidence. *Personality and Individual Differences.* 2006.
- Wei1, M., Liu1, S., Ko1, S.Y., Wang, C., & Du, Y., Impostor Feelings and Psychological Distress Among Asian Americans: Interpersonal Shame and Self-Compassion. *The Counseling Psychologist 2020.* 2020.
- Winston R, Chicot R., The importance of early bonding on the long-term mental health and resilience of children. *London J Prim Care (Abingdon).* 2016.
- World Economic Forum. New vision for education: Unlocking the potential of technology. *British Columbia Teachers' Federation.* 2015.
- Yaffe Y., The Association between Familial and Parental Factors and the Impostor Phenomenon—A Systematic Review. 2022.
- Youyou, W., Stillwell, D., Schwartz, H. A., & Kosinski, M., Birds of a Feather Do Flock Together: Behavior-Based Personality-Assessment

Method Reveals Personality Similarity Among Couples and Friends. *Psychological Science*. 2017.
- Y. Shoda, W. Mischel, P.K. Peake. Predicting adolescent cognitive and social competence from preschool delay of gratification: Identifying diagnostic conditions. *Developmental Psychology*. 1990.

도서

- 김소영. 《어린이라는 세계》. 사계절. 2020.
- 데릭 먼슨. 《골탕메롱파이》. 봄의정원. 2020.
- 리사 손. 《임포스터, 가면을 쓴 부모가 가면을 쓴 아이를 만든다》. 북이십일. 2022.
- 마크 맨슨. 《신경 끄기의 기술》. 갤리온. 2017.
- 비스켓게임즈. 부모 자녀 마음 대화 질문 카드. 다이스베이커리. 2021.
- 양명희., 김정남. 《한국어 듣기교육론》. 신구문화사. 2011.
- 장대익. 《공감의 반경》. 바다출판사. 2022.
- Ekman, P., *Emotions Revealed: recognizing faces and feelings to improve communication and emotional life*. Henry Holt, New York. 2007.
- Ekman, Paul., Friesen, Wallace. V., *Unmasking the Face: A guide to recognizing emotions from facial clues*. Cambridge, MA. Ishk. 2003.
- Emmons, R. A., & McCullough, M. E. (Eds.)., *The Psychology of Gratitude*. Oxford University Press. 2004.
- Glei Jocelyn K., *Manage Your Day-to-Day: Build Your Routine, Find Your Focus, and Sharpen Your Creative Mind*. Amazon Publishing. 2013.
- Goleman, Daniel. *Destructive Emotions: How Can We Overcome Them?* New York, Bantam Books. 2004.
- Goleman, Daniel. *Emotional Intelligence* (10th ed.). Bantam Books. 2007.
- Greene, Ross W., *The Explosive Child: A New Approach for Understanding and Parenting Easily Frustrated, Chronically Inflexible Children*. New York,

Harper. 2014.

- Haugaard, Rasmus., Carter, *Jacqueline. Compassionate Leadership: How to Do Hard Things in a Human Way.* Harvard Business Review Press. 2022

- Jensen, F. E., *The Teenage Brain.* Harper Thorsons. 2015.

- Jones, Charlotte. *Mistakes That Worked.* Delacorte Press. 2016.

- Kurzweil, Ray. *The Singularity Is Near: When Humans Transcend Biology.* New York, Viking. 2005.

- LBerh, Gregg., Rydzewski, Ryan. *When You Wonder, You Are Learning.* Hachette Go. 2021.

- Lewis, M., & Brooks-Gunn, J., *Social Cognition and the Acquisition of Self.* New York, Plenum Press. 1979.

- Nadella, Satya., Nichols, Jill Tracie., Shaw, Greg. *Hit Refresh: The Quest to Rediscover Microsoft's Soul and Imagine a Better Future for Everyone.* Harper Business. 2017.

- Merlán, Paula., Gómez, and Dawlatly, Ben. *The Finger and the Nose.* Nubeocho. 2019.

- Meyer, Pamela M., *Liespotting: Proven Techniques to Detect Deception.* New York: St. Martin's Griffin. 2011.

- Mischel, W., *The Marshmallow Test: Mastering self-control.* Little, Brown and Co. 2014.

- Rosenthal, Amy Krouse., Lichtenheld, Tom. *Duck! Bunny!.* Chronicle Books. 2009.

- Schmidt, Eric, et al., *How Google Works.* London, John Murray. 2014.

- Scieszka, J., & Smith, L., *The True Story of the 3 Little Pigs.* New York, Puffin Books. 1996.

기사

- 김창영. "적성 못 찾고 학력 격차만 커졌다… 자유학기제 실효성 논란." 서울경제,

2021.5.6.

- 사람인, "MZ세대가 주축되자 인재상도 변해!" 사람인 취업뉴스, 2022.3.22.
- 이지영, "[우리아이어떡해요!] 코쿤 키드.", 중앙일보. 2006.7.9.
- 이채린. "[한국계 첫 필즈상 수상] 허준이 교수 인터뷰 '수학은 자유로움'을 학습하는 일⋯ 얽매이지 않고 생각해야." 동아사이언스, 2022.7.5.
- 은희경. "'시민의 덕목' 강요는 그만." 한겨레신문. 2001.7.13
- Amado-Boccara, I., Donnet, D., & Olie, J., "The concept of mood in psychology." 1993.
- Atwell, M.N., Yoder, N., Godek. D.et al. "Preparing Youth for the Workforce of Tomorrow." CASEL. 2020.6.29.
- Kyle Benson. "The Magic Relationship Ratio, According to Science." The Gottman Institute.
- Elizabeth Bernstein. "Want to Win a Negotiation? Get Mad." The Wall Street Journal. 2017.9.6.
- Marc Brackett. "The Colors of Our Emotions." Marc Brackett, Ph.D., 2020.1.19.
- Po Bronson. "How Not to Talk to Your Kids." New York Times, 2007.2.9.
- Brittini Carter. "Self-Soothing Tips for High Conflict Couples." The Gottman Institute.
- Lisa Fields. "How to tame your kid's TMI syndrome." Today's Parent. 2018.11.21.
- Aimee Groth. "Everyone Should Use Google's Original '70-20-10 Model' To Map Out Their Career." Business Insider. 2012.11.28.
- "Izzy, Did You Ask a Good Question Today?." New York Times. 1988.1.19
- Lauraine Langreo. "How much time should schools spend on social-emotional learning?." EducationWeek. 2022.5.24.
- Loren Stein. "Depression Recovery: Keeping a Mood Journal." HealthDay. 2022.12.16.
- Vanessa Vega. "Social and Emotional Learning Research Review: Evidence-Based Programs." Edutopia. 2012.11.7.

- Nick Woolf. "Social-Emotional Learning Curriculum: 20+ Leading SEL Programs." Panorama Education.

기간 발표

- 통계청. 2021년 하반기 지역별고용조사 맞벌이 가구 및 1인 가구 고용 현황 보도 자료, 2022.6.21.
- Bishop, J. L., & Verleger, M. A. The flipped classroom: a survey of the research. In ASEE National Conference Proceedings, Atlanta, GA. 2013.
- Kramer, Adam D., The spread of emotions via Facebook. ACM Conference on Human Factors in Computing Systems (CHI). 2012.
- World Economic Forum. The Future of Jobs Report 2020. 2020.

웹, 영상

- "94년생 여자가 생각하는 94년생 여자 표준." film94. 15:56. 2021.12.10. https://youtu.be/S5LHRswDHIU
- "서울대 졸업생이 생각하는 서울대 표준." film94. 15:56. 2022.6.21. https://youtu.be/7dcOFsHZ9zM
- "은희경, 내 눈치를 보는 소설가" 104-1. 책읽아웃. 2019.10.9. https://podcasters.spotify.com/pod/show/chyes/episodes/104-1--2--1-e18eduv
- "왜 우리는 대학에 가는가 - 말문을 터라". EBS 다큐프라임. 2014.1.28.
- Frey, Thomas. "Communicating with the Future. Thomas Frey TEDxUChicago2011." TEDx Talks, 2011.5.13. https://youtu.be/aZ6UHFlbFyc
- Peterson, Jordan. "Consequences of over protected children - Jordan Peterson." Valuetainment, 2019.8.9. https://youtu.be/Ll0opgJ9_Ck

- Satoero, Angela C., [Amazon Season 13. Episode 2,Episode 410 Daniel's Blueberry Paws/Wow at the Library]. Daniel Tiger's Neighborhood. PBS Kids. 2012.
- Sinek, Simon. "How to Stop Holding Yourself Back." Simon Sinek. 2021. 5. 5. https://youtu,be/W05FYkqv7hM
- U. S. Department of Education. United States Government. 2017. https://y4y.ed.gov

커리큘럼, 마음 도구

- Family Edition TABLETOPICS, Questions to Start Great Conversations. 2006.
- RULER. Yale Center for Emotional Intelligence.
- Winner, Michelle Garcia., Madrigal, Stephanie. Superflex…A Superhero social thinking curriculum package. The Superflex™ Curriculum (SC). 2008.

결국
해내는 아이는
정서 지능이
다릅니다

초판 1쇄 발행 2023년 8월 31일
초판 12쇄 발행 2024년 8월 20일

지은이 김소연
펴낸이 권미경
편집장 이소영
편집 김효단
마케팅 심지훈, 강소연, 김재이
펴낸곳 ㈜웨일북

출판등록 2015년 10월 12일 제2015-000316호
주소 서울시 마포구 토정로47, 서일빌딩 701호
전화 02-322-7187 **팩스** 02-337-8187
메일 sea@whalebook.co.kr **인스타그램** instagram.com/whalebooks

소중한 원고를 보내주세요.
좋은 저자에게서 좋은 책이 나온다는 믿음으로, 항상 진심을 다해 구하겠습니다.